高等学校软件工程专业系列教材

软件需求工程方法与实践

金 芝 刘 璘 陈小红 李 童◎编著

清華大學出版社
北京

内 容 简 介

本书融汇了编者在软件需求领域多年从事研究和教学工作的经验，重点介绍软件需求工程领域研究者三十余年沉淀的经典方法和编者在近十余年探索中获得的新认知。全书分为12章，第1、2章分别为软件需求工程概述和软件需求过程的介绍，第3～7章介绍主要的软件需求工程方法，包括面向目标的方法、面向主体的方法、问题驱动的方法、面向情景的方法、基于环境建模的方法；第8～12章分别讲解质量需求分析、形式化需求规约和验证、时间需求分析、敏捷开发中的需求活动和新时代的需求工程。

本书配套PPT课件、教学大纲等教学资源，可以作为高等院校软件工程相关专业高年级本科生或研究生“软件需求工程”相关课程的教材或参考书，也可以作为软件工程领域研究人员、软件需求工程实践者及对此领域感兴趣的普通读者的参考书。

图书在版编目(CIP)数据

软件需求工程方法与实践/金芝等编著. —北京：清华大学出版社，2023.5(2024.8重印)
(高等学校软件工程专业系列教材)
ISBN 978-7-302-63306-8

Ⅰ. ①软… Ⅱ. ①金… Ⅲ. ①软件需求—高等学校—教材 Ⅳ. ①TP311.52

中国国家版本馆CIP数据核字(2023)第059254号

责任编辑：付弘宇
封面设计：刘 键
责任校对：焦丽丽
责任印制：曹婉颖

出版发行：清华大学出版社
网 址：https://www.tup.com.cn，https://www.wqxuetang.com
地 址：北京清华大学学研大厦A座 **邮 编**：100084
社 总 机：010-83470000 **邮 购**：010-62786544
投稿与读者服务：010-62776969，c-service@tup.tsinghua.edu.cn
质量反馈：010-62772015，zhiliang@tup.tsinghua.edu.cn
课件下载：https://www.tup.com.cn，010-83470236
印 装 者：三河市人民印务有限公司
经 销：全国新华书店
开 本：185mm×260mm **印 张**：13.5 **字 数**：337千字
版 次：2023年5月第1版 **印 次**：2024年8月第2次印刷
印 数：1501～2300
定 价：59.00元

产品编号：075688-01

前　言

随着互联网向人类社会和物理世界的全方位延伸，一个万物互联的人机物融合泛在计算时代正在开启，新的应用需求也日益涌现，大到国家治理、智慧城市，小到智能家居、智能网联车引擎控制系统。软件作为这些系统中承担中枢协调控制的部件，成为各行各业越来越重要的基础设施。软件是实现这些系统的行为规划和交互协调的关键部件，多姿多彩的人机物融合世界也正是通过软件来构造和定义。什么样的软件，或者说具备何种能力的软件，才能担此重任，成为合格的"中枢协调控制部件"？如何从期望的应用场景中定位待开发软件系统的能力边界和范围？这是成功开发人机物融合系统首先要回答的问题。

软件需求工程的目标是识别现实世界中待解决的问题、可改进的方面、可把握的机会，认知问题的范围，并明确刻画出需要通过软件技术有效解决的目标问题，设计出解决方案，并分析、确认方案的可行性和有效性。换言之，软件需求工程的任务就是观察现实世界的机会和问题，识别定位其对软件技术的需求，分析和建模对期望构造的软件系统的需求(需要具有的能力和需要满足的性质等)，验证和确认这些软件需求并对其进行管理，以便支持后续的软件开发和变更。

软件需求工程对目前正在蓬勃发展的人机物融合系统来说尤为重要。第一，从支撑人机物融合计算场景的现有系统来看，系统规模和复杂性显著增加，有必要在需求阶段控制其复杂性；第二，软件与硬件、软件与人之间交互的紧密性和持续性，使得软硬件协同建模分析和对人的意图的分析成为必需；第三，人机物融合系统将运行在开放和不确定环境中，软件需要具有应对交互环境的动态变化性和不确定性的能力；第四，人机物融合系统内生的安全性需要软件能力的支撑，包括如何消除在系统操作回路中与人相关的安全隐患，如何避免系统对交互环境造成的伤害和破坏，如何消除给在系统操作回路之外的人带来的安全隐患，如何避免泄露在系统操作回路之外的人的隐私。作为发现问题与描述现象的重要方法和手段，软件需求工程将成为这类系统成功构建的过程中不可或缺的一环，成为"软件定义一切"的重要基石。

2008年，本书第一、第二作者和原吉林大学的金英教授共同编著出版了《软件需求工程：原理和方法》，初心是介绍软件需求工程的基本原理、主要方法和技术，为从事软件需求工程研究与实践的读者提供参考。十余年过去，友人驾鹤西去，而我们对需求工程研究与实践的认知和思考却未敢稍停。软件需求工程实践是一个开放和持续发展中的主题，仁者见仁，智者见智，对于不同的系统特征需要从不同视角去观察、定位及描述其中能够通过软件系统的支撑来解决的问题，进而推断现实世界问题的软件解决方案。本书是几位作者在原作基础上群体再创作的结晶。我们希望将软件需求工程领域研究者们三十余年沉淀下来的经典方法和我们在近十余年探索中获得的新认知用最平实的方式呈现和分享给大家。

本书由全体作者共同策划完成，金芝规划了全书内容结构并撰写了第1、7章，刘璘撰写了第6、12章，陈小红撰写了第2、5、9、10章，李童撰写了第3、4、8章，王春晖撰写了第11章，金芝修订统一了全书风格。需求工程方法和实践的内容浩瀚广阔，本书仅仅呈现其概括性介绍，成书过程就非常不易，历时五年才得以完成，期间本书作者的学生通读并检查了书稿中的问题，最后又经过半年的修改才得以完稿。

本书可作为本科生软件工程专业课程或软件通识课程的教材或参考书，用于"需求工程""软件工程引论""创意软件"等课程。如果本书作为本科生"软件需求工程"课程教材，可使用本书的第1～6章和第11～12章，共32学时；其中，第3～6章应作为重点内容进行讲解，旨在使学生掌握主流的需求分析方法。如果本书作为本科生"软件工程引论"课程参考书，可根据学时情况使用本书的第1～2章作为课程教学内容。如果本书作为本科生软件通识课程"创意软件"的课程教材，可以使用本书的第1、6、11、12章。

本书作为软件工程专业高年级本科生或研究生"软件需求工程"相关课程的教材或参考书，教师和学生可以根据课程项目的选题情况，酌情选学本书的全部或部分章节。其中第3～6章应作为重点内容进行讲解，第7～9章的学习可以采用形式化的需求建模与环境建模专题研讨课等形式开展。同时，使学生了解需求分析并没有固定方法，而是应当根据待分析系统的特点灵活地选取最合适的方法。此外，本书的第11～12章内容可作为课程的介绍性内容或作为课外阅读，旨在拓宽学生的知识面。

本书配套PPT课件、教学大纲、习题答案等教学资源，读者关注本书封底的清华大学出版社公众号"书圈"后即可下载相关资源，本书及配套资源的相关问题请联系本书责任编辑(404905510@qq.com)。

编　者

2023年1月

目　录

第1章　软件需求工程概述

1.1　什么是软件需求工程

什么是软件需求工程？软件需求工程要具体做什么？它有什么作用？它对提高软件开发效率和开发质量有哪些帮助？看到“软件需求工程”这个名词，人们经常会有这样一些疑问。这些问题看起来简单，但要真正搞清楚不那么容易，不是三言两语就能回答的。

1.1.1　软件需求案例

先请大家看几个例子。

案例1.1　预约挂号系统

抬头凝望窗外的万家灯火，小红想起远方的妈妈，她上周有些感冒，不知是否好些了。于是小红放下手中审了一半的论文，拨通家里的电话。电话里妈妈的鼻音有些重，妈妈说感冒已经好些了，不过这几天牙疼得厉害，因为顾虑看牙需要很早去排队挂号，所以还没去看医生。小红蓦然想起刚刚上线的“微笑口腔”App，打开该App后进入快速预约挂号功能，选择胶东大学口腔医院牙体牙髓科，给妈妈预约了明天下午三点的专家号。她想即便不能常伴家人身边，自己通过这种方式照顾家人，也不失为一件美事。

上面描述的场景在互联网时代并不罕见。例如，我们在电商网站上给异地求学的孩子订购他爱吃的零食，给深夜生病的家人购买急需的药品，给会议中的同事订购午餐，预订两个月后出国开会的机票和旅馆，随时控制海边度假屋的摄像头、空调和廊灯，等等。对于这类互联网软件产品的研发，最重要的是提供用户想要的能力，提供有用的功能和有价值的服务。那么如何了解用户真正想要的能力？如何发掘应用价值？用户想要的多种能力之间如果相互冲突，如何适当折中呢？如何在纷繁复杂的用户需要的能力中，选择其中最有价值的部分变成产品？如何规划产品能力的持续提升过程？统筹规划产品的能力及其不断的升级演化正是需求工程的任务。

以上面提到的移动预约挂号为例，预约挂号可以改善医疗行业因为排队挂号给用户带来的不良服务体验。利用移动设备，用户可以随时随地预约挂号，省下排队时间，这使得移动医疗产品在众多产品中脱颖而出。但是，看似简单的预约挂号功能，其背后的核心问题其实是诊疗资源的管理。大部分医院为方便不同患者群体就医，会对线上线下的号源进行合理分配，这是一个复杂的医疗资源优化管理问题。既涉及患者和医生之间的服务关系，也涉及医院对医生的管理。例如，对一个患者而言，挂号的目的就是要明确就诊的医院和科室，确定就诊时间，是找普通医生还是专家进行诊断治疗。同时，也涉及流程的合理设计。例如，为了支持上面提到的小红的需求，还需要允许一个账户关联多个就诊人，使用户可以帮助父母和亲人挂号就诊。这会直接影响系统挂号流程的设计，先要选择就诊人，再进入正常的挂号流程。以基本的预约挂号功能为基础，还支持患者进入院内就诊时的一些扩展功能，如院内导诊、候诊信息提示、报告查询、充值缴等，涉及产品功能的多方位呈现，以及产品的便捷性、易用性和安全性。

案例 1.2　智能家居系统

炎炎夏日，小张在单位完成一天紧张的工作后舒服地伸个懒腰，收拾办公桌准备回家。临走之际，小李见小张脸上扔挂着对办公室的一丝留恋，不禁询问起来。原来小张家两个房间全部朝阳，闷热的夏天回到家后就像进了蒸笼，打开空调后要十多分钟家里才能凉爽下来。于是小李向小张推荐了清凉公司最新上市的、支持远程遥控的智能空调。小张听完后感觉这款空调十分符合自己的需求，兴冲冲地赶往电器城。当小张带着智能空调美美地回到家时，猛然发现钥匙落在办公室了！此时的小张真希望防盗门在保护安全的同时，能够更智能、便捷地区分主人和他人……

随着越来越多的电子设备进入千家万户，我们的住宅正变得日益智能化，物联网已经掀起了信息产业发展的新浪潮。除了上面所描述的场景，还有其他许多应用场景：当有老人或小孩独自在家时，我们希望通过电子设备随时查看远程监控，看护挚爱的亲人；当家中长期无人时，我们希望通过智能安防系统，检测发现水管破裂或非法入室等危险情况并及时报警；当打开冰箱看到丰富的食材时，我们希望冰箱系统能够根据我们近期的饮食和运动情况推荐合适的菜单；等等。

智能家居系统是典型的软件使能的信息物理系统(Cyber-Physical Systems，CPS)，一般使用物联网技术将家中的各种物理设备连接到一起，以实现对设备的远程遥控以及可编程智能控制，通过中央处理系统接收不同设备的信息，根据所设置的控制逻辑对设备发送相应的控制指令，从而实现居家舒适、便捷和安全的目标。不同于单一的设备遥控系统，这种软件使能的 CPS 能全面分析不同电子设备上传的控制状态，使它们协调地工作，实现最优的家居控制方案。由于软件成为不同物理设备互连的核心，需要考虑不同的连接方案和技术标准，如有线(双绞线或同轴电缆连接、电话线连接等)或无线(红外线、蓝牙等)等。软件还需要考虑到设备可能出现的故障或异常，并进行合理的规避。个人信息安全与隐私是智能家居系统需要关注的重要问题，但安全/隐私与便捷性经常是冲突的，如何针对具体应用场景选择折中方案，或者设计系统运行时的方案决策等，也需要在系统设计实现和部署之前进行分析决策来确定。

智能家居是根据人们对居家舒适性、便捷性和安全性等不断升级的需求设计出来的。如何利用新的技术手段实现不断升级的居家舒适性、便捷性和安全性需求，也是需求工程需要解决的问题。

案例 1.3　轨道交通系统

快过年了，小明考虑回两千里外的老家，选什么交通工具好呢？随着我国交通的发展，小明的老家通了高铁，不远的地方也有机场。选飞机还是选高铁？飞机花的时间少，但小明总觉得飞机不安全。坐高铁一般不晚点，但也会受到灾害天气的影响，感觉坐高铁也不安全。小明为难了。

我国轨道交通发展迅速。据不完全统计，截至 2020 年铁路营业里程达 15 万千米，其中包括高速铁路 3 万千米。城市轨道交通也发展迅速。以上海为例，截至 2020 年，轨道交通（含磁悬浮）达 19 条，站点达 500 多座，里程达 800 千米。别看轨道交通工具和飞机这些都是庞然大物，要知道软件才是它们的核心。该如何设计这类软件？这类软件需要满足什么约束呢？这可是人命关天的大问题。

先来分析一下这类掌控和协调（一组）大型物理机械系统的运作软件有什么特点。例如，城市轨道交通信号系统通常由列车自动控制系统和车辆段信号控制系统等部分组成，用于列车进路控制、列车间隔控制、调度指挥、信息管理、设备工况监测及维护管理。列车自动监控子系统协调控制中心、车站、车场以及车载设备，完成对列车运行的自动监控；列车自动防护子系统包括地面设备、车载设备，监督列车在安全速度下运行，列车如果超过规定速度，立即实施制动；列车自动驾驶子系统由车载设备和地面设备组成，实现列车运行的自动驾驶、速度的自动调整、列车车门控制；联锁子系统在列车运行时控制道岔和信号灯，防止列车发生相撞或脱轨。

建设自动化的轨道交通系统，目的是“实现既快速又安全的列车调度，从而为乘客提供快捷安全的服务”。从软件系统的角度来看，“快速”和“安全”是两个关于系统的非功能性要求，这样的非功能性要求需要在需求工程阶段尽可能地落实到具体的系统功能点上。如何将这类系统层约束合理地分解并成为特定功能点的约束？如何验证功能点上附加约束的可满足性？所有功能点约束可满足是否就能确保系统级约束的满足？其中某些功能点的变化是否影响其他功能点约束？某些物理机械设备升级会不会影响系统的需求可满足性？等等。

就轨道交通系统这类安全攸关的系统而言，上述问题都是需求工程阶段需要回答的问题，其中重要的任务就是通过系统建模和分析给出正确的、可验证的系统设计决策，在保证系统功能可满足的同时也要满足其非功能性需求。

上面三个案例给出了三个典型的软件应用场景。案例 1.1 中，软件系统是社会组织和个体间联系的纽带，作为纽带，软件系统一方面帮助企业或组织实现业务价值，一方面为人类社会提供更加便捷的社会生活方式。这类软件系统不仅需要完成为实现业务价值所需要完成的信息处理任务，而且要让用户更加方便地参与到价值的实现过程中。

案例 1.2 的应用场景由物理设备互联而成，并通过感应器和作用器与物理世界直接互动，软件系统成为其中的中控机制，它监测物理环境并根据需要调节各类居家设施，目的是为人们提供一个更加舒适和安全的生活环境。这类软件系统需要理解与提升人类生活舒适度相关的需求，并在提供服务的过程中满足系统安全性等约束。

案例 1.3 中，软件系统控制和调度(一组)大型物理机械系统的运行，使这些物理机械装置的运行更加快捷、高效。这类物理机械装置的运行常常直接关系到人身安全，一旦失误则将产生重大生命财产损失。因此，这类软件系统除了完成物理装置的有序调度外，必须严把质量关，而且其中一些任务关键约束，如信号灯感知和响应时间、安全门控制延迟时间等约束，是需要确保能正确定义和严格满足的。

越来越多的软件系统已经进入我们的日常生活，成为万物互联的使能工具，与上述案例类似的场景不胜枚举。软件系统不仅要完成信息处理和计算的任务，它们还需要通过各种感知、互联和交互设备，嵌入人类社会生活的方方面面，成为"人-机-物"深度融合的黏合剂，从而更好地满足人类对实现社会价值、营造美好生活的追求。与此同时，软件系统设计上的复杂性和多样性也随之不断提升。

对这些应用场景而言，获取软件的需求已经不只涉及软件系统将接收什么输入，产生什么输出，而需要考虑如何提升生活质量、安全性和创造价值等人类社会目标。软件系统和外界的交互也不仅仅涉及格式化、规范化的数据，而是通过各类设备与不同角色的用户、形形色色的机械装置及物理环境直接交互，包括直接获取并融合多源多类型信息，直接控制外部设备以实施规划任务等。这些外部场景中的人、物理装置等需要软件系统去感知、交互、管理或控制。在"人-机-物"深度融合的场景下，软件系统处于核心地位，成为系统间互通的桥梁，并通过互通使外部系统产生所期望的价值。

1.1.2 软件需求开发

软件系统不是天生就有的，它是软件工程师通过设计和开发创造出来的。我们要开发一个软件系统，首先要确定需要它来做什么，即确定对这个软件系统的需求。要搞清楚：为什么需要这个软件系统？期待它实现什么业务价值？发挥什么作用？需要它帮助做哪些事情？实现什么业务能力？完成什么任务？完成任务的同时需要遵循什么原则？满足什么约束？等等。其次，在掌握了这些基本情况之后，需要明确待开发的软件系统的能力规约，并用适当的软件规约术语准确地表达出这个软件系统应该具有的能力，确定这些能力在当前的技术条件下能否实现，并完整地描述实施这些能力时需要满足的限制条件或约束，等等。当面对需要用软件来解决的现实问题时，软件需求工程的任务就是通过各种方法和技术，获得对上述问题的回答。

例如，面对像上述案例那样的问题场景，**需求工程师怎样才能搞清楚对软件系统的需求，并一步步地推断和确定出合适的可实现的软件系统需求规约，从而获得软件需求规格说明呢**？粗略的过程可能如下。

第一步，研究问题场景。一般来说，问题场景描述了待开发软件系统将来会处在怎样的交互环境中，以及引入这个软件系统是希望它能发挥什么作用。例如，这个软件系统可能和哪些人、哪些设备、哪些组织部门、哪些其他系统打交道，可能需要参与哪些社会活动、哪些业务流程，完成什么样的任务。很多情况下，需求干系人都是希望引入一个软件系统，从而让已有的业务系统运转更高效，人参与业务过程更方便，等等。

研究并抽取出所关注的问题场景，这个步骤称为**问题识别与需求定位**。例如，考察案例 1.1 中的描述，不难发现其中的主要关注点是人，人可能会生病，需要去医院看医生，看医生需要先挂号预约某个医生的时间，看医生和开药需要交费，等等。期望的情况是：

(1) 不用到医院去就能挂号；

(2) 可以帮别人挂号；

(3) 可以挂指定时间的号或特定医生的号；

(4) 可以在线支付医药费；

……

第二步，需要从初步问题场景中推演出问题求解的各种可能性及其相关条件。一般一开始获得的问题场景描述都只是一个大概情况的介绍，很难表述完整，需要根据常识或业务领域知识或法律法规等进行推演和补充，同时需要考察并结合当前的一些技术手段，获得相对完整的问题描述，获得待开发软件系统的基本呈现形式。如果其中隐含多种情况，也需要一一列出并加以区分。这个步骤称为**问题精化与需求分析**。

还是回到案例 1.1，从第一步的分析所得中推演出的业务期望包括：

(1) 根据常识，看病是针对具体人的，因此挂号是为患者挂号，所挂的号需要和患者一一对应，需要能以患者的姓名、身份证号码等身份标识为依据进行挂号，支持实名制。看病的时候也需要用相对应的身份识别方式进入看病流程，支持患者的身份识别，保证整个看病流程中患者的唯一性；

(2) 因为要支持不去医院就能挂号，所以医院系统需要支持远程服务，目前可能的技术支持方式包括电话挂号、邮件挂号、网站挂号、微信挂号、App 挂号等，这些成为不同技术手段支持的应用场景；

(3) 医生也需要实名制。实名分外部实名和内部实名两类，外部实名主要用于支持患者挂专家号，内部实名主要用于支持医院内部管理。挂专家号意味着患者和医生间在接下来的看病流程中建立了一对一的关系；

……

第三步，根据第二步中的问题精化，明确当前既定的问题场景(即确定问题边界)，根据已经确定的问题场景，从不同方面提炼出软件系统能力需求(即需要什么样的软件能力才能解决这些问题)，最好按能力的重要性或关键性进行排序，对核心能力一般给予较高的优先级，从而规约出软件能力需求表。这个步骤称为**边界界定与能力规约**。如还是讨论案例一，待开发的软件系统的能力规约可能包括以下几方面。

(1) 支持用户作为患者注册：允许用户实名注册；允许用户进行自我信息管理，包括检索查询个人信息、修改更新个人信息等；允许管理员进行用户信息管理，并遵循隐私保护原则。

(2) 支持注册用户的看病流程：允许实名登录，登录后允许进行挂号操作(可以有不同的挂号方式，如带候选时间、不带候选时间、指定专家、不指定专家、复诊等)；允许挂号用户进入候诊队列、生化检查队列等(一般支持先到先服务，以及老人和军人的优先)；允许挂号用户线上结算和支付；等等。

(3) 支持医生的日常工作流程：允许医生实名注册；允许医生管理个人信息；允许医生实名登录；允许医生进入有权限的临床诊疗过程，包括进入候诊队列按序叫号，为病人预约检查并获取检查结果，写病历和下诊断报告，等等。

(4) 支持医院管理流程：医院的收费、药品和耗材管理、人事和薪酬管理等都有各自的业务流程和管理规范，相关步骤和相关信息需要计算机辅助管理。

……

这个步骤完成后，可以获得软件系统的基本功能点需求的集合。每个能力最好都附带有相应的优先级，在需要考虑开发队伍能力、开发周期和开发代价的时候，软件系统一般需要规划多个递进式版本发布周期，需求的优先级（以及其他一些相关因素）是软件系统版本规划时考虑的主要因素 。

第四步，在上面获得的系统功能点需求集合的基础上，需要进一步分析功能点之间的关系，识别功能点之间可能存在的相关性，如功能点之间的依赖关系、等价关系、互斥关系等。确定了功能点以及它们之间的关系后，需要将这些功能点需求交给需求提供方审核，并获得他们的确认。

确认通过后，软件系统开发团队再根据业务支持的轻重缓急，如需求优先级以及需求间的依赖关系，进行当前版本规划。考虑开发过程要满足的约束，如开发团队能力、交付时间和开发代价的约束等，如果这些功能点不可能全部在第一个版本中实现，会考虑规划多个连续版本。一般先选择目前优先级较高的系统能力或核心系统能力等作为当前版本需要提供的功能点。这个步骤称为**需求确认与版本规划**。例如，某医院将第一个版本的医院管理系统确定为医院核心业务过程管理系统，包括用户管理、看病流程管理（参与者涉及患者和医生）等方面的能力规约。

第五步，把软件系统要完成的任务以及相关约束用规范的形式表示出来，并以一定的形式或借助某个工具管理起来，以便支持后续的需求追踪、系统审核、需求驱动的测试、需求变更管理等。这个步骤称为**需求文档化与需求管理**。在这个步骤中，首先需要产生一份可以交付的、软件开发人员能看懂的软件规格说明，以便他们能开发出满足要求的软件系统；其次是根据开发项目需求管理的策略和手段，选择适当的管理工具，并按照工具要求的形式进行管理。

图 1.1 展示了软件需求工程过程的概览，其中每个步骤在发现问题时可以迭代反馈到前一个步骤，不断循环往复，最终获得理想的结果。至此，结合前面的场景描述，我们就可以大致理解软件需求工程的任务。这个过程概览展示的是以功能点识别为主的需求工程过程，本书的后续章节还会涉及各种需求工程方法，具体的方法将展示如何进行这些活动的具体实施。

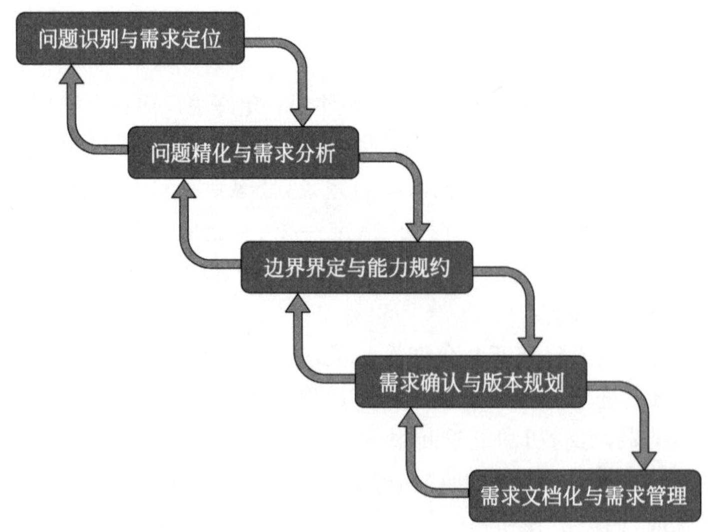

图 1.1　软件需求工程过程概览图

可以看出，**软件需求工程**首先是一个对现实世界问题的认知过程，就是从人们已经意识到的当前系统存在的问题、需要改进的业务场景、可能的市场或发展机会等出发，探索并确定待开发的软件，考虑软件及其相关技术可能在现实问题的求解方案中发挥什么作用，软件技术可能的应用场景，并确定针对当前问题的软件技术方案，在此基础上定义待开发软件系统的能力及其规格说明。

1.1.3 软件需求工程任务抽象

在软件需求工程中，强调软件系统将运行于其中并发挥作用的场景，就是强调软件需求工程的首要任务是发现问题，并在准确定位问题的基础上寻找解决问题的合适方式，构建有效的软件解决方案，并评判问题求解的成效。如果需求工程没有做好，软件工程就是无的放矢，也会导致整个软件开发任务的失败。

软件需求工程的目的是定位现实问题并确定软件问题。同时，软件需求工程还是一个顶层设计过程，在获得对物理世界、现实场景的认知之后，需要按照**软件问题求解的思维**勾画出软件系统的能力，形成问题求解的软件方案，还需要确保这样的系统能力在现有技术条件下是能够实现的。一旦实现了一个具有这些能力的软件系统，并部署到现实场景中，就能产生所期望的效果。

下面的需求三元式用来概括说明软件需求工程的本质：

$$E,S \models R$$

其中，E 是领域性质，表示将来会与待开发软件系统交互的环境或场景，包括信息、设备和人等实体，以及这些实体的静态和动态特性；R 是期望，即期望在引入开发好的软件系统后，其环境或场景将会展现的效果；S 是规格说明，表示为了达到所期望的效果，软件系统应该具有的能力。

这个式子表达了软件需求工程各项任务及其之间的关系。其含义可解释如下，软件需求工程的任务是：首先，确定待开发软件系统会用来解决什么地方的问题、什么人的问题、什么场景下的问题等，从中规约出待开发软件系统将发生作用的场景的特征和属性，即确定并表达关于 E 的特征或属性；其次，确定待开发软件系统的需求干系人对该软件系统有什么期望，即描述期望待开发软件系统将带来的效果，也即确定并表达关于 R 的特征和/或属性；最后，从已经确定的 E 和 R 出发推导出 S，即关于待开发软件系统的能力特征和/或属性，使得具有能力 S 的软件系统一旦开发出来，并被部署到满足 E 的特征和/或属性场景中，则该场景环境将会达到期望的效果 R。如果上述推导不能获得可实现的 S，则通过本过程的迭代进一步精化 E 和 R 的特征和/或属性的描述。

1.2 需求工程为什么有用

软件需求工程有什么实际的用处吗？常常有人会产生这个疑问，他们可能开发过很多软件，如标准函数库软件、排序程序、简单的项目管理系统等，在开发诸如此类的软件时，基本一上来就开始编码，并不考虑前面描述的软件需求工程过程。

如果要开发的软件系统属于这样的情况，例如需求非常简单明晰，业务逻辑间的关系相对单一，不需要考虑开发代价、开发时效等多种因素，不存在多种非功能性需求及其之间的冲突，不需要经过严格审查或验证，等等，那么确实没有必要进行严格的软件需求工程过程。就这类软件系统而言，可能只需要几个或一组程序员在脑子里整理好开发思路，或者用几张纸画一画系统使用场景或应用逻辑图，就可以开始编码，然后再通过反复测试让软件满足可使用的要求。

但现实的问题不总是这么简单，有很多问题在进行软件设计和编码之前需要进行详尽的调研和分析。

1.2.1 功能需求与非功能需求

一般来说，功能需求描述系统应该做什么，例如声明系统必须提供用户身份验证能力。非功能需求是为如何实现这些功能设定的直接约束，例如声明验证过程应该在 4 秒内完成（即性能要求），非功能需求可以是对系统服务质量的约束，例如声明系统必须是安全的、可靠的、友好的；还可以是更抽象的约束，例如系统是易于学习的、可移植的、具有自适应能力的。

功能需求和非功能需求通常不能截然分开，例如用户身份验证能力可能有一个约束，规定必须使用一个特殊的签名验证系统并在 4 秒内完成验证。这既可以解释为功能需求，也可以解释为非功能需求。而且，后面我们会看到（特别在第 3 章和第 10 章），一些高层的非功能需求通常在需求细化过程中会导出功能需求。

1.2.2 需求干系人/利益相关方

需求干系人（stakeholder，又称利益相关方）指将受系统影响和对系统需求有直接或间接影响的人。一般而言，需求干系人包括系统的最终用户、管理者、其他参与或受系统影响的组织过程中的人、负责系统开发和维护的工程师、使用系统来提供服务的组织的客户、监管机构或认证机构等外部团体等。总之，需求干系人是所有与当前系统及待开发系统都存在关联的人，待开发系统必须能实现他们的诉求，或帮他们实现其价值。

1.2.3 为什么需要需求工程

针对现实问题的很多软件系统并不像 1.2 节开头所说的那么简单。例如承载复杂持续业务交互事务的银行管理系统，以情景感知和物理设备控制为核心的航空航天器、轨道交通等的控制系统，实现企业价值的进销存一体化管理系统，还有案例 1.1 中涉及多方交互、同时实现业务价值的医院管理系统，等等。这些软件系统的需求，其涉及的行业知识的丰富性、问题理解的复杂性、多重特征的交互性等，远远超出了程序员个体能够完全掌控的范围，常常需要从多个角度进行分析，需要按不同角度建模并进行模型的分析和验证。

这类系统常常出现多个功能需求和/或非功能需求之间、多个需求干系人的需求之间发生冲突的情况，需要事先通过需求协商和折中等手段达成一致意见。这类软件系统的需求还常常需要需求干系人反复确认，以确保准确无误，等等。总之，这类软件系统不能一上手就开始系统设计和编码，需要在系统设计和编码之前进行充分的讨论沟通、查漏补缺、审查验证。对这样的软件系统，软件需求工程是必需的。

一些看上去并不复杂和安全攸关的软件系统，如手机应用软件，其需求一般来自大量具有不同背景的用户。对这类软件系统，软件需求工程可能要拓展到应用市场调查和对未来应用场景的预测中，需要从大量用户的应用反馈和期望中挖掘和发现新需求，或者挖掘和发现新的应用场景，并根据这些新场景和新需求推断出下一代产品的系统能力。

另外，在敏捷开发过程中，需求过程也不可或缺。如何确定软件系统应该做什么？怎样和不同的人沟通设计决定？这些问题都是敏捷开发过程中比较棘手的问题。因为不同的参与者有不同的需求：项目经理希望跟踪开发进度，开发人员希望尽快实现一个系统，产品经理希望系统有尽可能多的功能并具有功能配置的灵活性，测试人员希望有方便度量的指标，用户希望得到一个好用的产品，等等。如何在这些充满冲突的视角的包围中让开发团队正常工作，开发出具有市场价值的产品呢？使用、规划和管理用户故事成为敏捷开发过程中软件需求方法的经典，基于需求优先级的迭代式开发和面向变化的系统持续演进成为业界的主流。

1.3 为什么强调环境

1.1.3 节强调软件需求工程包括环境、需求和系统规约三要素，其中需求和系统规约比较好理解。为什么环境实体需要作为专门的关注点呢？它在获取和确定软件系统规约上起什么作用呢？1.2 节列举了需要进行需求工程过程的典型系统类型，这类系统实际上有一个专有的名字，即软件密集型系统（software intensive systems），它们是一类由计算技术支持下的相互联系着的一组人和/或物理设备组成的系统，其行为表现为人、物理设备或抽象实体（如外部系统），以及我们所关注的待开发软件系统之间的协作式活动。目前，软件密集型系统已经很普遍，如各类规模不一的嵌入式系统、大型控制系统和企业资源规划系统等；还有各种普适计算环境，如智能家居、智慧建筑和智慧城市等。

这类系统基本具有特定的目的，如完成特定的业务逻辑，实现业务价值。它们基本以软件为中心，通过软件与人发生交互，并协调和调度物理设备或外部系统，完成特定的任务。具体而言，这类系统有如下特点。

首先，这些系统中，环境实体（人、物理设备、外部系统等）和软件系统是紧密耦合的，软件功能的效果可能要依赖环境实体的行为特征，如果不考虑环境实体的行为，只是就事论事地讨论软件系统的需求，那么这个需求可能与现实问题脱节，系统实现后达不到预期的效果。进一步地，在人机物融合场景中系统需要能在适当的时间、适当的场合提供适当的服务。引入软件系统的目的，除了是要完成一些预定义好的信息处理任务外，更重要的是能通过协调并调度物理设备，随时监测交互环境和当前场景并对之作出判断，及时选择并（主动）调度合适的系统能力。在这种情况下，交互环境和场景的动态变化及变化规律或模式等，都是软件系统需要知道的先验知识。

其次，这类软件系统的作用域实际上已经超出了软件自身的范畴，进入了软件系统将支持的现实社会人类活动中。例如，银行系统不仅要处理银行账号相关的信息，还要考虑要处理哪些信息、要实现哪些业务逻辑等，才能帮助银行更好地实现自身的价值，这些都是需求工程师需要考虑的问题。也就是说，银行系统的真正需求要到银行的业务活动和银行客户的日常需要中寻找。预约挂号系统和机票预订系统也不仅仅是为了部署 Web 技术，而是为了让患者更方便地就医，旅客更方便地安排旅行计划，当然也是为了让医院和航空公司更有竞争力。需求工程就是要从人类活动中发掘出软件系统的可能的作用，从而获得对软件系统能力的真实期望。

第三,很多软件系统将置身于相当复杂的人类活动场景,可能涉及多种不同的人,他们可能有不同的兴趣,他们的兴趣关注点一开始可能不是十分明确;还可能存在多种不同的物理设备和外部系统,甚至自然环境中的一些现象也在软件系统要考虑的范畴之内。在这种情况下,要准确地描述在什么场景中存在问题、存在哪些问题,以及可行的问题求解方式,是一件比较困难的事情。需要需求工程师进行全面梳理,识别可能的关注点,需要在不同需求干系人之间达成一致,需要在相互冲突的关注点间寻求折中,等等。需求工程则希望能借助于一些系统化的方法学,定位和分析这些复杂问题,并通过逐步求精的技术,尽可能精确地刻画这些问题,从而能够更好地理解问题,并给出应对这种复杂问题的好的策略。

第四,这类软件系统的复杂性不仅来自功能,即系统要做什么,而且来自软件系统的多方面的非功能性需求,即系统要做得多好,如性能、可靠性、可维护性、鲁棒性、保密安全性、功能安全性等。很多这样的非功能性需求都与软件系统的交互环境和使用场景相关。对具有时间约束的交互环境来说,例如通过刹车指令实现列车停站,当前的交互场景、与停靠点的距离,以及要遵循的时间约束(如列车的减速度),这些是刹车指令的效能约束。又如,对开放环境下的软件系统而言,来自交互环境的可能的威胁,将决定软件系统需要引入哪些安全保障能力。再如,对可能存在交互错误的软件系统而言,如果需要容忍错误,则需要在包含交互动作的功能上嵌入交互容错机制;如果错误可能带来系统威胁,则需要在包含交互动作的功能上附加交互检测和拒绝机制;等等。这些都是由交互环境场景的特性引起的软件系统能力规约。

最后,当新机会出现的时候,如有替代人工/人力的可能性,出现了新的价值实现模式,人们一般自然而然地会想到使用信息技术,从而提出开发软件系统的需求。但引入新的软件系统,意味着人们要去适应这些先进技术带来的变化,从而不可避免地改变已有的人类活动,或导致人类生活方式的改变。例如,微信和各种在线支付手段就是无线通信等新技术出现后带来的新的生活方式,是新技术引入后产生的新需求。这种由于软件系统的引入导致交互环境场景的改变,又由于交互环境场景的改变导致新需求产生的过程,衍生出软件系统能力需求的连续演化性,使得需求的变化成为必然,而变化的源头在于现实问题场景的连续演化。因此,预测需求的变化需要预测交互环境场景的变化。

可以看出,在人机物融合场景下,软件系统具有很强的环境依赖性,交互环境场景模型是系统需求规约的重要依据,当需要软件系统根据交互环境场景的变化而自适应地演进自身能力的时候,交互环境场景模型就成为软件系统的运行时模型,这是软件的自主适应能力需求。

1.4 软件需求工程是否需要方法学支撑

软件需求工程是工程性的知识领域,需要具有可操作性。但是,本书更强调方法学在软件需求工程中的作用,主要因为软件开发问题的复杂性日益剧增,也就意味着软件需求具有的复杂性日益剧增,而系统化的方法有助于解决复杂问题。

1.4.1 需求开发的复杂性

根据图1.1所示的需求工程过程概览，其中前三个步骤负责完成对现实世界问题的认知，以及软件能力规约的获取，即先发现和定位问题，然后提出问题解决方案；后两个步骤是获得客户的确认，并进行需求管理，这是面向客户的项目或工程类项目必须包含的内容。

软件需求工程方法学的作用是在方法学的指导下，发现和定位问题并提出合理的解决方案，从而使得这个过程更有条理、更系统化，也使所获得的软件能力需求规约更加完整且无二义性。人机物融合系统涉及的现实世界问题一般是错综复杂的，方法学是应对软件需求工程任务复杂性的手段。从认识论的角度来说，涉及以下三个层次的复杂性。

第一，现实世界本身的复杂性，即自然复杂性。回想本章开头列举的三个案例(互联网医院、物联网智慧家居和高铁列车调度)，我们还可以举出很多类似的问题，如智慧城市交通等。实现这类软件系统的动机，都是要解决现实世界的问题。就是从本书开头给出的案例描述片段中，我们也能看出其问题的复杂性。例如，所涉及的外部个体以及个体间的交互不仅数量多而且多样化，涉及的外部个体具有自主性而且没有中央控制，其群体行为具有突现性、不确定性和不可预测性。

自然复杂性对软件需求工程提出的挑战，就是如何有序地观察世界、发现问题，从而准确定位软件系统开发的动机和背景。具体而言，就是要回答这样的问题：如何观察现实世界？从什么角度去观察？能否全面地观察到所需要考虑的各个方面？等等。

第二，自然复杂性反映到由人的认知形成的现实世界问题的表示中，形成描述的复杂性，即认识描述的复杂性。对问题的认知，表现为要把对现实世界的观察以及所发现的问题描述下来，即进行所谓的认知过程。当所要观察的现实世界或要解决的问题具有上述自然复杂性时，一定不可避免地要面临认知复杂性。就像一件看上去杂乱无章的事情，一般很难直接用有逻辑、有条理的方式把它表述出来。

这种认知复杂性对软件需求工程提出的挑战，就是如何描述问题并阐述问题的背景，从而表达出对问题的理解。具体而言，就是要回答如下问题：能否准确地定位所发现的问题？能否清晰地表达并传递问题的特征？等等。

第三，软件系统能力规约的复杂性，即功能规约复杂性。软件工程是为了能高效、低成本地开发出满足功能和非功能要求的高质量的软件系统，也就是说，为了最好地实现系统的目的，需要对系统的组成要素、信息流、控制流等进行科学的分析和验证，并设计和实现出一个满足这些要求的软件系统。

由前面提到的需求三元式可知，软件需求工程就是要从系统实现的目标出发，以要解决的问题及问题场景为基础，提炼出系统需要具备的能力。反过来说，系统只有具备了这些能力，才能解决上述问题，满足系统的目标。这些能力的规约决定了待开发软件系统的组成、信息流和控制流等，成为软件设计和实现的基石。系统目标和系统问题的复杂性，也导致了系统功能规约的复杂性。

现实世界问题的复杂性，使软件需求工程面临因素众多、涉及面广、关联紧密、动态变化且具有随机性等问题特征带来的挑战。软件需求工程的任务，即问题的观察和发现、问题的描述和分析、解决方案的确定等，需要有系统的方法论指导。

1.4.2 方法学的作用

本书的后续章节会解释具体的需求工程方法在需求开发中的作用。抽象而言，需求工程方法能起到的作用可以总结为以下四点。

1. 结构化的问题观察和信息抽取过程

需求的抽取过程涉及社会、政治、经济、文化和技术等多方面因素，需要系统分析员与不同需求干系人进行反复交互才能获取足够的需求陈述。一般的软件工程方法通常采用简单一次性的与用户交互的手段去获得用户需求。由于在软件开发的开始阶段，用户和系统开发者对目标系统的构型都没有明确的认识，开发者和需求干系人的交互一般都比较盲目，无从入手，因而也难以获取准确的需求，这是“需求多变”的主要原因之一。软件需求工程方法支持结构化的需求抽取过程，为需求的抽取过程提供构型目标系统的理念，提供需求抽取的线索、需求描述的框架和需求抽取方法论，明确指出需求抽取过程中所涉及的有关问题及正确的处理方法，保证抽取过程的质量，并提供系统化、工程化的指南和有效的支持工具，保证需求陈述的无二义性、完整性和一致性。

2. 系统化的问题描述和需求建模方法

需求干系人一般不能保证所提供的需求陈述就是他们真正想表达的，系统开发者也不能肯定他们已经正确理解了用户的意图和目的。需求建模的目的就是要在需求确定之前，从不同的角度，按不同的模型语义，展现目前所获得的需求陈述的语义特征，为需求干系人和系统开发者提供一个可以进行沟通并验证需求陈述正确性的平台。软件需求工程方法支持系统化的需求建模过程和途径，为软件需求模型提供预定义的语义解释和预定义的语义约束，支持需求干系人和系统开发者从语义上正确地理解所获得的需求陈述的含义，使得需求干系人可以正确地判断当前已提供的需求陈述是否真正表达了他们的意图，也使得系统开发者可以了解自己对需求干系人所提供的需求陈述的理解程度。正确地表达需求干系人的意图，并且这个意图能被系统开发者真正理解，是软件项目成功的关键。

3. 形式化的模型验证和需求确认技术

形式化的验证技术是在形式化的需求模型基础之上进一步保证需求陈述正确性的手段，它采用精确的数学语言来表达需求模型，并借助于数学推导的手段，使得需求模型中含糊的、不完整的、矛盾的、无法实现的表述能够被准确地发现，从而尽早得以纠正。形式化需求验证技术一般分为三类，分别是代数方法、基于模型的方法和基于进程代数的方法，分别适用于描述和分析不同类型的软件系统。形式化需求验证技术的作用至少有两方面，一是验证需求干系人的意图是否可满足(即需求模型的有效性)，二是验证需求模型是否可实现(即需求模型的正确性)。形式化需求验证技术在软件需求工程中的作用，使它不同于一般意义的形式化方法。

4. 规范化的需求管理和演化追踪支撑

采用自然语言表达的需求规格说明，其需求文档的分析和处理都依赖人工完成，难以规范统一，效率和质量难以控制。缺少规范的需求管理机制，难以很好地处理需求的变更以保证维护需求的质量。规范化的需求管理机制，一方面通过建立和推广规范化的需求规格说明方法，使得在需求干系人之间进行高效的需求沟通和磋商，从而达成共识，也有利于对需求规格说明进行机械化的分析和处理；另一方面维护需求的可跟踪性信息，管理需求陈述之间的关联，有效地管理变更的需求，理解需求变更的影响，帮助及时、有效地实现需求变更。这种规范化的需求管理途径可以帮助提高目标软件系统对需求变化和演化的适应性能力。

1.5 本书导读

本书后续的章节中，第 2 章将介绍需求工程过程，围绕需求开发和需求管理两方面介绍主要的需求工程活动。第 3～6 章介绍四种经典的需求工程方法，包括面向目标的方法、面向主体的方法、问题驱动的方法和面向情景的方法。这些相对而言更系统化的方法，分别为特定的问题提供合适的切入点，引导需求工程师从不同的视角观察现实世界问题，并有序地进行需求提取、需求分析和系统建模等需求工程活动。

表 1.1 给出了这四种方法的简单对比，从中可以看出它们在需求工程原理上的区别，当遇到具体的现实问题时，可以由此判别更适合采用哪种需求工程方法。

表 1.1　四种经典的需求工程方法及其对比

方　　法	问题视角	需求获取手段	需求分析途径	对应章
面向目标的方法	现实世界中存在新的需要达成的业务目标	识别高层目标；自顶向下，按照业务目标实现策略进行目标分解，直到获得可操作目标	可操作目标的可实现性分析；自底向上的逐层目标可满足性分析；目标冲突的检测和协商	第 3 章
面向主体的方法	现实世界存在需要维系的自治个体/组织间的关系	个体/组织间依赖关系识别；个体/组织策略的目标建模；个体/组织的反依赖关系以及反依赖关系应对策略	依赖关系的可满足性和鲁棒性分析；依赖路径的脆弱性分析；反依赖关系的防御	第 4 章
问题驱动的方法	软件处于环境实体中，软件在和环境实体的交互中展现自身的能力	识别软件上下文(环境)；抽象并建模环境实体的特征；根据上下文特征，确定软件的交互特征，从而定义软件的能力	构建上下文图。环境实体识别和建模分析，交互的识别和建模分析；构建问题图。识别并根据环境实体的特征确定需求；进行问题投影。子问题识别和子问题交互	第 5 章
面向情景的方法	现实世界中的业务流程需要自动化支撑	现实场景的抽象和建模；现实场景模型的脆弱点分析和改进点确定，如活动改进和流程改进；改进策略确定	场景流合理性分析；场景流可行性分析；场景流资源/环境依赖性分析；场景流最优化分析	第 6 章

需要注意的是，这四种方法并不是完全独立的，它们的区别只是体现于在什么情况下、一般以什么为主线去观察问题，在进行具体问题的分析时，随着问题的不断清晰和精细化，可能需要切换观察的角度，不同的角度也可能会交织在一起。本书相应的章节将结合具体案例展示不同方法的结合，读者将能从中体会其要点。

第 7～10 章介绍针对软件系统需求的某个方面或某个关注点的增强技术。其中，第 7 章强调环境建模的重要性，介绍如何采用本体建模的技术构建软件系统的环境本体，并展示如何基于环境模型和期望的交互效果，推断出软件系统需求规约。当软件系统的交互环境和场景具有多样性、变化性或不确定性的时候，对环境的深入理解能帮助更准确地捕捉软件需求。

第 8 章的内容涉及质量需求，包括质量需求的建模框架，如质量目标、质量目标和功能目标的关系以及质量目标的建模和分析。由于质量需求是一个宽泛的概念，具体的软件项目会有不同的质量关注点，而不同的质量关注点有不同的分析方法，本章选择安全性这个重要且有特点的质量需求为例，从关注点定义、目标精化、精化分析策略等方面介绍其建模和分析方法，最后结合安全性介绍了基于模式的质量需求操作化策略。

第 9 章介绍形式化的需求规约和验证方法，即需求工程中的形式化方法，包括其基本概念，结合具体方法的需求形式化表示，以及可以利用形式化方法进行需求验证的基本性质。安全攸关系统需要从需求模型开始就确保其严格的正确性，形式化需求规约与验证是需求阶段的正确性保证技术，它依赖于需求规约的形式化表示，并利用模型验证工具验证系统需求规约的正确性。

第 10 章介绍如何对自然语言表述的时间需求进行形式化建模，即如何根据时间需求模式，从自然语言中抽取出时间需求，并表示为系统行为的时序约束或实时约束，重点介绍时间约束表达的模式，及其到形式化语言的变换，从而支持系统的时间需求分析和验证。

敏捷需求工程是一类轻量级的需求工程过程，它围绕简洁易懂的用户故事，提取系统功能需求，并根据用户故事的轻重缓急进行项目规划，以及系统的需求验证和测试。本书第 11 章将从用户故事撰写、需求规划、需求验证和测试及目前常用的敏捷需求管理工具四个方面，介绍敏捷需求开发。

最后，本书第 12 章介绍新一代需求工程，包括给出一个基于群智的需求工程的基本框架，还对正在不断涌现的新型应用软件(如大数据分析软件)和面向人工智能应用的需求工程进行展望，以进一步开拓读者的思路。

参考文献

[1] Chung L, Nixon B A, Yu E, et al. Non-Functional Requirements in Software Engineering[C]. International Series in Software Engineering 5, Springer, 2000.

[2] Cheng B, Atlee J. Research Directions in Requirements Engineering[C]//Proceedings of the Future of Software Engineering, 2007: 285-303.

[3] Jin Z. Engineering Modeling based Requirements Engineering for Software Intensive Systems[M]. Amsterdam: Elsevier, 2018.

[4] Lamsweerde van A. Requirements Engineering: From System Goals to UML Models to Software Specifications[M]. Hoboken, NJ: John Wiley and Sons, Ltd., 2009.

[5] Nuseibeh B, Easterbrook S. Requirements Engineering: a Roadmap[C]//Proceedings of the Conference on the Future of Software Engineering, 2000: 35-46.

[6] Pohl K. Requirements Engineering-Fundamentals, Principles, and Techniques[M]. Berlin: Springer, 2010.

[7] Yu E, Giorgini P, Maiden N, et al. Social Modeling for Requirements Engineering[M]. Cambridge, MA: MIT Press, 2011.

第2章 软件需求过程

软件项目的研发活动按特定的生存周期进行，不同的项目其生存周期模型可能不同，但基本遵循某个生存周期模型。常见的生存周期模型包括瀑布模型、迭代模型、增量模型、敏捷模型等。项目遵循的生存周期模型不同，其需求开发过程也可能有所不同。本章介绍需求过程模型及相应的需求开发活动，还介绍需求过程中的需求管理。

2.1 需求过程模型

软件工程的基本思路之一是引入工程化的规范过程，以及时交付高质量的产品。高质量软件需求的开发也同样需要遵循过程规范，用系统有序的过程来管理并控制软件需求的开发。针对不同的应用，需求开发过程会不同，过程活动的组织也依赖参与者的能力和经验，以及团队工作文化等。将不同过程中具有共性的、可复用的活动经验总结出来，并将其结构化和规范化，建立过程模型，对软件需求开发的工程化有重要作用。

本节以两种经典的软件过程模型(即瀑布模型和螺旋模型)为蓝本介绍软件需求工程过程。先介绍迭代式需求工程过程模型，然后介绍产业界比较流行的敏捷需求过程。其中提到的各项需求活动将在2.2节和2.3节中具体介绍，敏捷需求过程的活动将在第11章中介绍。

2.1.1 迭代式需求过程模型

软件工程的瀑布模型，按遵循严格顺序关系的阶段来规范软件开发过程，每个阶段有比较明确的分工，也有特定的制品作为阶段开始和结束的标志。以瀑布模型为蓝本，可以构建线性需求过程模型，即将软件需求工程活动组织为分阶段完成的过程。但在实际项目中，软件开发不是一蹴而就的，常常需要反复迭代，螺旋模型的提出就是为了体现软件开发的迭代。

图2.1给出了结合瀑布模型和螺旋模型思想的需求过程模型。一方面，其过程性体现在以下几个步骤。

(1) 需求获取：根据用户需要、领域信息、现有系统信息、领域规章条例、标准、法律等进行需求获取，得到初始需求。

(2) 需求分析和磋商：对初始需求进行需求分析和协商，得到共识需求。

(3) 需求文档化：对共识需求进行文档化，得到规范的需求。

(4) 需求验证：对规范的需求进行验证。

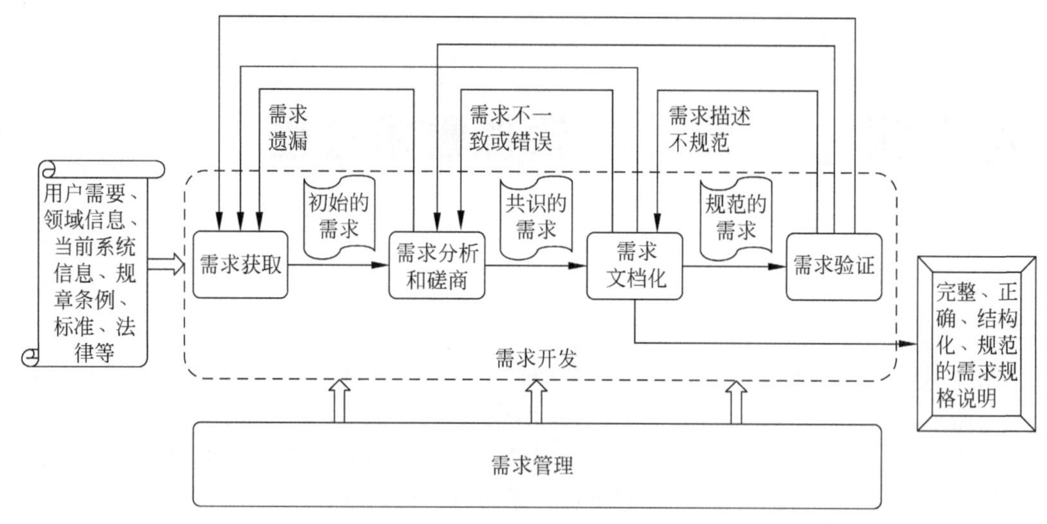

图 2.1　需求工程过程模型

另一方面，每个活动都可以支持迭代性。例如，若在需求分析和磋商、需求文档化和验证时发现需求遗漏，则返回需求获取；若在需求文档化和需求验证时发现需求不一致或需求错误，则返回需求分析与磋商；若在需求验证时发现需求描述不规范，则返回需求文档化。

在不需要进一步迭代的时候，就得到完整、正确、结构化、规范化的需求规格说明。另外，在整个需求开发过程中，需要新增需求和去掉已经获取的需求，而已有的需求也可能发生变化，因此需要支持需求的变更，以及确保需求的有序性和可追踪性，这些就是需求管理的任务。

根据具体项目的情况，实际的需求过程会有不同。有些活动可能会弱化，有些活动可能会加强，还可能需要忽略一些活动，或者把一个活动进一步分成多个活动，这就形成了具体项目的需求工程过程。

需求工程过程需要需求工程师安排和协调各干系人共同完成。干系人来自组织的不同部门，甚至来自组织外部，有不同的知识背景，有各自的目的和任务。大部分干系人不是专门负责需求的，不能要求他们将需求工程活动作为首要任务。有些干系人甚至企图通过影响需求工程过程来实现自己的目的，他们并没有责任去考虑其他干系人的目的。了解这一点对于策划和安排好需求工程活动非常重要。

需求工程过程的不同活动需要不同的干系人参与。需求获取活动涉及的干系人一般包括用户、领域专家、培训师、客服、销售、产品经理、开发人员等，其中用户还可以进行分类，每类用户可以选出用户代表，典型用户可以组成焦点小组，也可以从用户社区选出核心人员作为产品代言人，等等。

需求分析与磋商活动中，需求工程师需要与可以进行需求决策的干系人沟通，如产品代言人、产品负责人、组织高层中的人或事先指定的人。进行需求验证时，需求工程师需要与用户直接沟通。需求文档化主要是需求工程师的工作。

2.1.2 敏捷需求模型

敏捷需求过程采用轻量级的需求文档模型，如用户故事、用例模型等，不过多强调软件需求规格说明和文档的规范性。从对需求的初步理解出发，基于最初的需求描述，迭代式地发现"真正的用户需求"。

与一般需求过程模型类似，敏捷模型也包含需求获取、需求分析和磋商、需求文档化以及需求验证四个活动。但是敏捷模型的活动有其自身的特点。

在需求获取阶段，首先由客户（用户代表、销售人员、领域专家、市场营销人员、客户经理）、开发人员（开发者和测试者）和管理者（产品负责人、敏捷开发项目负责人等）组成敏捷团队。团队成员从不同视角出发，以用户故事为需求表达形式，提出他们对系统的初步需求。

在需求分析和磋商阶段，敏捷团队成员通过定期组织会议，对用户故事进行讨论和磋商，以澄清和细化用户故事。敏捷团队成员同时估算每个用户故事的工作量，列出用户故事的优先级，制订产品发布计划和下一个迭代的开发规划。对进入下一个发布版本的用户故事，敏捷团队为其编写用于验收测试的场景。这样，通过需求分析和磋商，得到获得共识的用户故事，以及用户故事发布和开发规划等制品，形成敏捷模型中的需求文档。

在需求验证阶段，敏捷团队按不同场景对用户故事进行自动/半自动化测试，验证该用户故事是否满足客户或用户的需要。

与传统需求过程相比，敏捷模型更强调开发过程的迭代特性，强调每个迭代周期都产生一个可交付的版本。通常情况下，敏捷项目的每个迭代周期为1～4周。敏捷模型使用用户故事表达共识需求和测试需求，将需求文档轻量化，节省了用于撰写需求文档的时间，减轻了需求工程师的压力，提高了需求开发效率。

2.2 需求开发活动

上面介绍了需求过程模型，其中主要包含四个需求活动。下面将具体介绍这四个需求活动。

2.2.1 需求获取

需求获取是发现软件需求的活动。在需求获取活动中，需求工程师、系统开发人员、客户、最终用户等一起找出待解决的问题、系统要提供的服务、要达到的系统性能要求、要满足的软硬件和网络资源约束等。在需求获取活动中，需求工程师的任务是获得待开发系统应用领域的信息，认识待解决的问题，了解需要待开发系统参与的业务、待开发系统的干系人等的特殊需要等，需要分析待开发系统的运行环境以及系统和环境的可能交互等。需求工程师还需要从中发现待开发系统的环境限制条件，并推断出待开发系统的功能和非功能需求。

需求工程师要像记者一样，按照如表2.1所示的问题列表进行信息采集。表中的问题涵盖了需求工程的7个关注点，包括问题、应用场景、边界、干系人、目标、风险和设计约束。

表 2.1　需求获取问题列表

需求关注点	问题列表
识别问题	哪个问题需要解决
识别应用场景	软件系统将起到什么作用
识别问题的上下文或问题边界	问题出在什么地方
识别干系人	这是谁的问题
识别干系人的目标	为什么需要解决这个问题
识别风险	什么会妨碍我们解决这个问题
识别设计约束	需要什么时候解决

采集到这些信息后，需求工程师要对信息进行整理、组织、分析和理解，常用的信息整理方法包括以下几种。

- 分解：将信息按"整体/部分"关系组织，其中，整体可以用其所包含的部分来描述。例如，机票预订系统中，预订记录包含航班、出发/目的地、旅客信息、票价、日期等字段。
- 抽象：将信息按"一般/特殊"关系组织，即实例需求可以关联到一个抽象需求上。例如，机票预订系统中，建立"旅客"抽象类，来统一描述成人旅客、儿童旅客等。
- 投影：将信息按不同视角来组织。例如，机票预订系统可以有旅行代理视角、航线管理视角、旅客视角等。从不同的视角出发，可以获得待开发系统的不同方面的需求。

需求获取过程中，需求工程师和干系人需要紧密合作，形成良好的合作关系。为有效开展需求获取活动，需求工程师常常采用以下方法：面谈法、工作坊、问卷法、观察法、情景法、原型法和用户界面分析等。

1）面谈法

需求工程师组织干系人就待开发系统进行面对面沟通，通常是一对一采访。一般而言，面谈法对理解干系人要解决的问题、获取对待开发系统的一般性需求比较有效，其效果往往取决于需求工程师的沟通能力。

采用面谈法有以下两个原则：

- 需求工程师思路要开阔敏捷，愿意听取干系人的意见和建议。如果需求工程师不愿意改变自己固有的认识，不倾听需求提供者的真实需要，面谈就毫无意义。
- 需求工程师要引导干系人表达意见，可以问问题或提需求建议，或就现有的系统发表观点等。如果笼统地问"告诉我你们想要什么样的系统"，很可能得不到有用的信息。提供具体场景更容易切入正题。

2）工作坊

工作坊是一种有组织的会议，其目的是兼容并蓄众多干系人的意见。采用这种方式能鼓励干系人在定义需求时紧密合作。会议前，需求工程师需要仔细甄选干系人。会议过程中，大家协同工作，一起定义、构思、细化需求并就需求交付物（如模型和文件）达成最终意见。相比一对一面谈，工作坊的团队工作模式更利于解决分歧。

工作坊常常要求参会者共同抽出若干天时间，所以会前必须仔细规划，尽可能压缩会议时间。要保持尽可能小的团队规模，选择合适的人。会议开始前还需要准备好材料，包括提前制订计划和会议日程，并传达给参与者，让他们了解会议目标和预期结果，做好参会准备。也可以先用其他方式获取需求，如分头起草用例，然后再将干系人组织起来，协作处理难点问题，进行集体评审。

针对工作坊会议，采用如下原则能提高效率。

- 约法三章。如：准时开始和结束；电子设备调为静音；一次只讨论一个话题，守时发言；讨论对事不对人；每个人都要有贡献，各展所长；每个人都保持专注。
- 各司其职。为团队成员分配角色并规范管理；保证参会人能协作完成任务；做好会议记录。
- 严控范围。严格按照业务需求，严格控制所讨论问题属于项目范围，避免跑题和出界。
- 建立缓冲机制。将讨论过程中出现的重要信息如质量属性、业务规则、用户界面构思等信息，放入待处理事情列表中等候处理。
- 计时讨论。为每个讨论话题分配一个固定的时长。

3）问卷法

当需要面向大规模群体用户进行需求调查时，常采用问卷法。这种方式容易进行跨地理和时间区域的信息收集，代价也不高。从信息获取的角度，其优点是回答者可以有时间去思考，而且可以匿名提交；其缺点是回答者对问题的理解可能存在差异。

问卷调查的最大挑战是问卷设计。一般来说，问卷要尽量设计得便于回答，大多数问题都应该是封闭式的，避免使用开放式问题。封闭式问题一般有以下三种形式。

① 多项选择问题：回答者需要从提供的答案中选取一个或多个作为回答；

② 评分问题：回答者通过分值表达对一段陈述的观点，需要预先定义不同等级的分值；

③ 排序问题：回答者用序列、百分比等形式给出对几个陈述的偏好。

问卷设计有以下多种技巧。

- 答案选项全覆盖(不漏项)：提供的答案选项要涵盖所有可能的反馈。
- 答案选项要互斥(不重叠)：列举所有可能选项，未考虑到的地方留白，以便后续补充。
- 问题不带个人偏见(无偏见)：不能暗示有“正确”答案。
- 度量指标要统一(一致性)：如果使用了比例，则在整个问卷中保持其一致性。
- 发放问卷前要充分测试(先测试)：如果发出后才发现问卷措辞含糊或者忽略了重要事项，肯定会令人非常懊恼。

4）观察法

观察法指通过身临其境观察用户的工作，来了解业务流程和附加操作约束等。观察法一般在下述情况下会比较有效：

- 用户不太容易准确描述他们的日常工作，常常会遗漏细节或者描述不准确；
- 用户对日常工作太熟悉，已经形成了惯性，基本不用思考，从而无法准确地表达出需求。

采用观察法，需求工程师观察用户如何完成任务，因此能知道其工作方式。需求工程师在现场环境下观察用户的工作流程，还可以用于检验从其他渠道收集到的需求信息是否准确，帮助发现问题。

观察法一般很耗时，一般选择重要或高风险的任务作为观察的对象。为了不干扰用户的工作，每次观察活动也要有时间限制，如两小时以内。

5）情景法

情景法是指首先开发出一组交互场景，然后基于这些交互场景来澄清待开发系统的需求。对人机交互系统而言，采用情景法进行需求获取非常有效。它以实际应用场景为背景，比与需求干系人讨论抽象功能要容易得多。

一般来说，情景是一段交互过程。采用情景法，需求干系人以交互过程为线索，向需求工程师解释情景中的每个步骤要做什么，并解释系统执行每个步骤时的输入输出信息，从而帮助需求工程师从系统和外界的交互中理解需求。

情景法有两种应用场景。一种情景刻画了当前系统和外界的交互，采用情景法除了帮助理解需求，还可以从交互过程中识别出对现有系统的可能改进；另一种情景表示期望的待开发系统与外界的交互，然后通过情景来模拟待开发系统的执行过程。

情景包含的信息包括情景开始和结束时的系统状态、正常事件流、例外情况以及情景中出现的活动等。本书第6章将详细介绍面向情景的方法。

6）原型法

当需求难以确定，而且需求工程师又无法与需求干系人有效沟通的情况下，通常采用原型法。通过呈现图形用户界面，模拟针对各种用户事件的系统响应行为，以直观的方式与需求干系人沟通，帮助他们确认需求或提出修改意见。

需求获取阶段的原型一般都是抛弃式原型，通常是只针对部分需求，特别是不确定或很难确定的需求进行的快速设计，并不真正实现系统功能。

原型的形式有以下几种。

- 纸上原型：仅勾画出系统模型，来向干系人解释根据目前获取到的需求可以得到的系统。不需要开发可执行系统，只要画出相关交互界面并规划出各种使用场景。干系人围绕这些使用场景来模拟系统怎么用。
- 模拟原型：分派需求干系人模拟系统对用户输入的响应。用户与系统进行交互，输入信息被传送给某个需求干系人，这个需求干系人负责产生系统的响应，进行反馈。
- 自动化原型：采用快速开发环境，开发可执行的系统原型。这种方法一般使用脚本语言写原型，模拟目标系统的功能，或采用原型开发工具进行快速开发。

2.2.2 需求分析和磋商

需求分析和磋商活动是为了发现需求规格说明中的问题，并就其中的问题进行磋商和决策，最终使所有干系人对需求规格说明达成一致意见。完成这个任务常常需要反复迭代、反复讨论，在大家意见不一致的时候，还需要再重新回到需求获取阶段，去寻找可替换的需求；还需要再次进行需求建模和分析，并更新需求规格说明。图2.1演示了这样的迭代过程。

1. 需求分析

需求分析首先需要建立需求模型。需求工程师将需求获取阶段获取的需求，依据其语义构建不同的模型，如系统结构模型、行为模型、数据模型或其他能展示待开发软件特性的模型，形成初步的需求规格说明。

建模方法对指导需求建模有重要作用,采用不同的建模方法,就是从不同的视角去看待现实问题,并构建相应的软件解决方案。本书后续章节将分别介绍各种需求建模方法。

需求分析是为了发现需求中的缺陷,如不正确的、不一致的、遗漏的或冗余的需求。需求建模方法都对需求缺陷给予了特定的解释,软件项目实践中也用一些易于操作的技术进行需求缺陷的检测,如需求检查表、需求关联矩阵和数据操作矩阵等。

1) 需求检查表

需求检查表提供预定的问题,指导需求工程师找出需求规格说明中存在的问题。表 2.2 给出了一个典型的需求检查表,需求工程师按表中列举的问题去审阅需求规格说明,逐项对照,将可能存在问题的地方标记出来。检查表通常只包含一些一般性的问题,以保证检查表的普适性。不同软件公司也可能有不同的需求检查表,这也是软件公司的知识资产。

表 2.2　需求检查表

检查表项目	项 目 描 述
过早的设计	需求是否过早地引入设计和实现信息
组合的需求	一条需求只描述了单一需求,还是可以分成几个不同的需求
不必要的需求	所需要的特征具有实质性含义吗?如果没有实质性含义,则需求只是系统的附属物和装饰品,而不是真正必需的
使用非标准硬件	是否要使用非标准硬件或软件?如果是,则需要明确给出,从而获得对计算平台的需求
遵守业务目标	某个具体的需求描述与需求规格说明中定义的业务目标一致吗
需求二义性	需求有二义性吗?不同的人是否对需求有不同的理解?什么是需求的可能解释?当然,二义性并不一定全是坏事,它蕴含了一定的设计自由度,但是二义性需要在开发过程的某个阶段前消除掉
需求可实现性	需求在当前技术条件下是可能实现的吗
需求可测试性	需求可测试吗?它是否按照测试工程师能够理解的方式来表达?根据测试结果是否能显式地判断需求的可满足性

2) 需求关联矩阵

设计需求关联矩阵是为了表达需求间的关系,以发现可能存在的需求冲突和重叠。表 2.3 是需求关联矩阵的一个示例,行列两个表头都是需求标号,表格按如下规则填写,来记录需求间的关系:

- 如果两条需求发生冲突,则在行列交叉单元填“1”;
- 如果两条需求重叠,则在行列交叉单元上填“1000”;
- 如果两条需求独立,则在行列交叉单元上填“0”。

表 2.3　需求关联矩阵示例

	R_1	R_2	R_3	R_4	R_5	R_6
R_1	0	0	1000	0	1	1
R_2	0	0	0	0	0	0
R_3	1000	0	0	1000	0	1000
R_4	0	0	1000	0	1	1
R_5	1	0	0	1	0	0
R_6	1	0	1000	1	0	0

在表 2.3 中，R_1 与 R_3 重叠，R_1 与 R_5、R_6 有冲突，R_2 是独立需求，R_3 与 R_1、R_4、R_6 重叠。这些重叠和冲突需要在需求磋商时讨论并解决。

采用数值表示冲突和重叠，可以通过累计行和列的值来判断需求集的冲突和重叠的程度，累计值高的需求集表示冲突和重叠比较严重，需要再进行需求分析和磋商。需求关联矩阵只适合于需求集中、需求数量比较少的情况，一般不超过 200 条需求。

3）数据操作矩阵

数据操作矩阵主要表达数据操作和所操作的数据，它将数据实体与操作这个数据实体的系统行为联系在一起，分析每个数据实体是如何创建、读取、更新及删除的，从而检测遗漏的需求。常用数据操作有创建（Create）、读取（Read）、更新（Update）和删除（Delete），因此也叫作 CRUD 矩阵。

表 2.4 给出了一个化学品跟踪系统中部分实例/用例的数据操作矩阵。每个单元格表示其所在行最左列的用例是如何操作该单元格所在列对应的数据实体的。用例能够创建、读取、更新或者删除实体。创建 CRUD 后，就可以检查每列中所有单元格是否包含了 C、R、U、D 这四个字母，若有缺失则存在需求遗漏的可能。如一列中只有 R、U、D 而缺 C，则说明这个实体被读取、更新和删除，但从来没有被创建，因此明显遗漏了涉及创建的需求（用例）。

表 2.4　化学品跟踪系统的数据操作矩阵实例

用　例	实　体			
	订单	化学品	申请人	供货商名录
提出订单	C	R	R	R
修改订单	U,D		R	R
管理化学品库存清单		C,U,D		
订单报表	R	R	R	
编辑申请人			C,U	

例如，表 2.4 中，申请人（提交化学品订单的人）所在列的单元格缺少字母 D，即没有用例能从提出化学品申请的人员清单中删除申请人的名字。有以下三种可能的情况：①删除申请人不是化学品跟踪系统所期望的功能；②遗漏了“删除申请人”这个用例；③“编辑申请人”用例（或者其他用例）是一个不完整的用例。这样，数据操作矩阵帮助检测到了可能遗漏的需求。

2. 需求磋商

就一个项目而言，需求一般来自不同的需求干系人，当发现需求之间存在冲突，则需要让需求干系人共同磋商，以消除冲突。磋商过程一般围绕冲突的需求展开，需求干系人共同协商，找到大家都能接受的解决方案。因此磋商过程也是权衡决策过程。

解决冲突的常用方式包括：①合作探索可能的候选方案空间和范围，找出尽可能满足冲突方需求的方案，这是博采众长或者建设性的协商；②竞争优先满足某些特殊干系人的需求，忽略与之冲突的需求；③引入第三方权威，通过外力推动决策，例如，可以借助参考规则手册或通过随机决策来取舍，或者通过权威意见进行外部裁判。还可以引入讨价还价等决策机制。

可以借助工具来支持需求辩论和需求协商。例如使用问题辩论结构，即用层次结构记录需求决策过程，决策点包括问题（设计决定或论点中涉及的问题）、立场（针对一个问题的一种可行的解决方案)和论点(支持或反驳一个立场)。决策过程从根问题出发,创建多个立场,再针对每个立场提出支持或反驳的论点。以此扩展,构造出层次化的辩论树结构,支持冲突需求消解的协同决策。整个辩论过程表示为一个超文本图的形式,如图 2.2 所示。

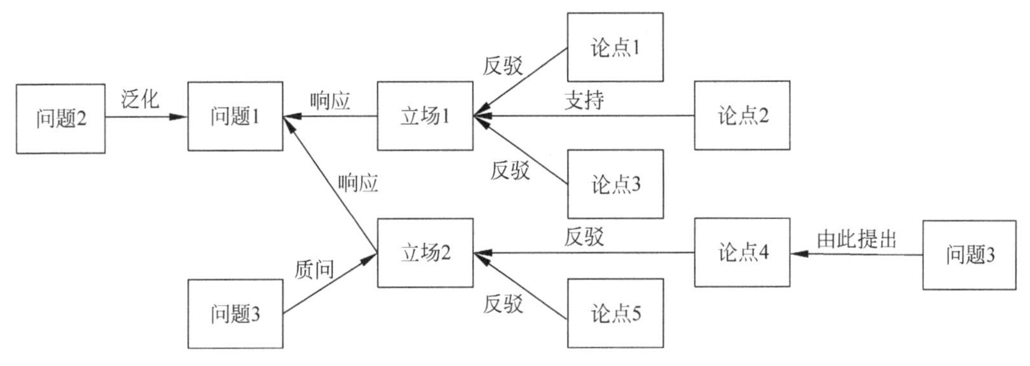

图 2.2　冲突需求消解的辩论结构

2.2.3　需求文档化

需求的集合需要组织成有规范格式的文档,不同需求干系人在沟通需求时可以以此为参照。将所获得的需求按规范的文档格式形成标准文档的活动就是需求文档化。需求文档还有其他名称,如需求定义、功能规格说明、系统需求规格说明、软件需求规格说明(SRS)等。

根据待开发系统的类型、需求的详细程度、开发组织的实践经验以及需求工程过程的预算和日程安排等,需求文档可以有不同的结构。为了确保所要求的信息包含在其中,可以定义自己的需求规格说明模板,设定必须包含的内容。

IEEE/ANSI 830—1998 给出了软件需求规格说明标准模板,其文档结构如表 2.5 所示。其中,第 1 节是引言,介绍软件系统的背景、常用术语等;第 2 节是软件系统总述;第 3 节是按特征组织的功能需求;第 4～6 节分别给出了外部接口需求、其他非功能需求以及其他需求。

表 2.5　IEEE/ANSI 830—1998 需求规格说明标准模板

1. 引言
2. 总体描述
3. 系统特性
4. 外部接口需求
5. 其他非功能需求
6. 其他需求
附录 A：术语表
附录 B：分析模型
附录 C：待确定问题的清单

这个需求规格说明标准模板是一般性的文档格式,不涉及特定的需求建模方法,不同的需求建模方法的需求规格说明模板会有不同,后续相关章节中会给出进一步的介绍。

上面是需求文档在结构和章节安排上的规范,从需求表述的质量上,需求文档还应该具有如下特性。

1. 需求陈述的质量评估维度

需求陈述的特性包括以下几点。

- 完整性：每条需求要包含所有的必要信息。对于功能性需求，需求描述包含的信息可以让开发人员正确理解并实现。
- 正确性：每条需求要能够准确描述符合用户要求的性能，同时也要清楚描述它所具有的功能。
- 可行性：需求可以在现有条件下实现，包括研发技术能力、系统的限定、运行环境，还有项目所限制的时间、预算和人力资源。
- 必要性：每条需求的必要性。
- 优先级：根据对达到预期目标的重要程度来对需求排序。
- 无歧义：自然语言容易出现两种歧义，一种是可能有多种方式解读某条给定需求，另一种是多人阅读某条需求有多种不同理解。这些都是需要避免的。
- 可验证：可以基于客观的分析检查是否恰当地实现了每条需求。

2. 需求规格说明的质量评估维度

需求规格说明的特性包括以下几点。

- 完整性：不漏掉需求或必要的信息。
- 一致性：需求之间不要隐含逻辑矛盾和冲突。
- 可修改性：需求可以重写，但应该维护每条需求的修改记录。
- 可追溯性：从需求出发要能追溯到它的来源，也可以追溯到从需求延伸出去的其他需求、设计元素、实现代码以及测试。

2.2.4 需求验证

需求验证就是检查需求规格说明，以确保需求的正确性和有效性，如保证需求无错误、遗漏和二义性等。

需求验证主要针对需求规格说明进行。需求验证活动的结果主要是问题列表，即包含从需求规格说明中发现的问题，按问题类型(如二义性、不完整等)来组织，还可以包括针对问题列表中问题的解决方案。

需求验证常用的手段包括人工审查、原型法、模型验证和需求测试等。

1. 人工审查

人工审查由一组专家完成，通过阅读和分析需求文档寻找问题，并开会讨论就如何解决这些问题达成一致意见。人工审查包括以下步骤。

(1) 审查计划：选择审查组成员，安排举行审查会的时间和地点。

(2) 文档分发：分发需求规格说明和其他相关文档给审查组成员。

(3) 审查准备：审查组成员阅读需求规格说明，识别出其中可能的冲突、遗漏、不一致、违背标准的条款等。

(4) 举行审查会：讨论各成员的审查意见，确定问题列表，提出并确定解决问题的方案。

(5) 需求获取、分析和磋商的迭代过程：审查组组长确定问题是否解决。

(6) 文档修改：结合需求迭代过程的结果相应地修改文档，进行下一轮审查。

人工审查一般参照检查表进行，检查表中列出了需求规格说明中常见错误的特征，如表 2.6 就可以用来作为人工审查的检查项。也可以针对项目的特点制定自己的问题检查表。例如，表 2.7 给出了一些特殊的用于审查需求规格说明的问题举例，作为通用检查表的补充。

表 2.6　需求质量属性

检查项	含　义
可理解	文档的读者能理解需求的含义吗？这可能是需求规格说明最重要的质量属性，如果不可理解，需求就无法验证
无冗余	需求规格说明中的某些信息有必要重复吗？某些信息的重复可以帮助理解，但必须掌握在无冗余文档的简练和文档的可理解性之间的平衡
完整	存在任何被遗漏的需求吗？或者某条特定需求是否遗漏了信息
无二义	是否有需求是用未明确定义的术语来表达的？不同背景的读者是否会对需求有不同的解释
一致	不同的需求描述间是否隐含矛盾？某条需求和系统需求之间是否存在矛盾
组织合理	文档是否有好的结构？需求的描述是否组织得很好，使得相关的需求都集中在一起？是否存在其他的组织方式比这种方式使得需求更易理解
符合标准	需求规格说明和某条需求是否与所定义的标准相符？如果存在背离，这种背离合理吗
可追踪	所有需求是否都无二义性地标识出来了，并已经标识出需求的来源和引入的原因？在软件需求和系统需求间是否存在清晰的对应

表 2.7　检查表问题举例

检查表问题	质量属性
每条需求都唯一标识了吗	可追踪、与标准的符合
特殊的术语在词汇表中定义了吗	可理解
各条需求都是独立的吗？还是和其他需求有关联	可理解、完整
不同需求间是否用不同的方式使用了相同的术语	无二义
不同需求请求了相同服务吗？如果是，这些请求是否矛盾	一致、无冗余
是否存在需求参考了文档以外的信息	完整
相关的需求是否相对集中？如果没有，是否添加了引用	组织合理、可追踪

针对问题列表中的问题，一般会有如下解决方案。

- 澄清含糊需求：如果导致问题的原因是需求表述不清楚或者明显地在需求获取时忽略了一些信息，可以要求需求干系人重写这段需求。
- 补充遗漏需求：需求规格说明中丢失了部分信息，需要从需求干系人那里或者其他需求来源中去发现这些信息。
- 解决冲突需求：发现需求间的冲突，需求干系人需要协商解决冲突。
- 放弃不切实际的需求：如果需求在当前技术条件下明显不可实现，则需要与需求干系人沟通，确定是否放弃该需求，或将其修改为更现实的需求。

2. 原型法

2.2.1 节曾提到采用原型法来辅助需求获取，而原型法也可以用于需求验证。采用原型法进行需求验证的目的，是让最终用户能够体会使用实际系统的感受。与用于需求获取的原型相比，用于需求验证的原型功能更加完整，性能上也要有一定保障，还要考虑系统可靠性。

3. 模型验证

如果采用形式化方法对软件需求建模，则可以采用模型验证技术进行需求验证。可以实现三个目标：①单一模型是自含的，即模型已经包含所有必要的信息，模型内部不含冲突；②不同模型间具有一致性，即模型对同一实体有相同的定义和相同的名字，模型间的接口一致；③模型能准确反映需求干系人的需求，即给出令人信服的理由，说明由模型定义的系统确实是干系人所需要的。如果相应的模型存在模型验证工具，则需求验证过程可以自动化进行。

4. 需求测试

需求测试指定义一些测试用例，以需求规格说明为测试对象，在测试用例指定的场景下，推断待开发系统的行为，从而帮助需求干系人从系统行为的角度理解已经获得的需求。

可以借助一些启发式问题，从需求中导出测试用例。例如：

- 哪些场景可以用来检查某条需求？根据对这个问题的回答，可以定义测试用例对应的上下文。
- 某条需求中包含了定义测试用例所需的信息吗？如果没有，还有哪些其他需求可以补充这些缺失信息？
- 如果需要参考其他需求，则需要显式记录需求之间的关联，建立需求跟踪关系。
- 是否能用单个测试用例来检查这条需求？还是需要多个测试用例才能覆盖？如果需要多个测试用例，则该需求描述可能不满足独立性。

2.3 需求管理

需求管理重点是对需求变化的管理，即在需求工程过程中，当干系人的需要发生了变化，或者发现需求错误、需要修正时，为维护需求文档的一致性、完整性和正确性，要进行需求管理。实际上，需求管理是跨越整个需求工程过程，甚至是跨越整个软件生存周期的活动，因为软件需求的变化可能发生在需求工程过程期间，也可能发生在软件开发过程中，甚至发生在软件运行过程中。本节主要讨论需求发生变化后如何控制变化带来的影响，主要包括需求变化溯源、需求变更管理和需求追踪。

2.3.1 需求变化溯源

要明确需求管理的任务，首先要明确需求为什么会变。需求变化的原因很多，既有外部的原因，也有内部的原因。常见的外部原因有以下几方面：

(1) 问题本身发生了变化。开发软件系统的目的是为了解决软件所处系统环境中的问题。如果待解决的问题发生了变化，系统的目的就随之发生变化，人们对系统的期望也将发生变化。问题的变化可能来自于社会经济情况的变化，如政府规章制度的变化，或市场情况和客户偏好的改变等。

(2) 需求干系人的意图发生了变化。即需求干系人关于待开发系统的想法变了，这可能是社会经济情况、政府规章、市场情况的改变导致的，也可能是由于需求干系人的变化所导致，前后两组需求干系人很可能有截然不同的想法。

(3) 外部环境的变化给系统开发带来了新的约束或机会。例如,计算能力的大幅度提升使得很多原本不能实现的算法如今很容易实现,因此很多新的技术可以用来满足以前不可能满足的需求。

(4) 当前系统的环境中引入其他新系统。新系统的引入导致组织行为发生变化,旧的工作方式已经不再适用,出现新的信息类型,因此对系统产生新需求不可避免。

还有一些变化源于系统开发小组内部和开发过程之中。常见的内部原因有以下几方面:

(1) 未理解系统的真正需求。初始需求采集的时间不对,接洽的人不对或不全面,问题没问对或没问全,都会导致需求理解出现问题。要避免这类情况引起的需求变更,需要事先确定合理的需求理解过程。

(2) 未采取有效过程来管理不断出现的需求变化。例如,曾试图"冻结"需求,即拒绝改变,使需求变化越积越多,直到给需求工程师和需求干系人带来需求崩溃的压力,导致返工。

(3) 从需求到设计的迭代过程中引出新的需求。即使一切正常,设计时也会引入新需求,这是必要的需求变化,是对软件系统开发有益的变化。回避这种变化可能会错失重要设计决策或技术变化带来的创新机会。

2.3.2 需求变更管理

需求变化是不可避免的,需要有相应的策略来应对。一般通过需求变更管理来控制需求变更带来的影响,包括以下 5 个步骤。

步骤 1:拥抱变化,为需求变更制订预案。当需求变更请求出现时,需求工程师必须首先认识到改变是不可避免而且是必要的,需要准备并制订相关的计划来管理这个改变。关于变化的合理性问题,首先需要承认任何来自干系人的现实和潜在需要都是合理的,除非有明显充分的否定理由。

步骤 2:制定基线,管理需求规格说明版本。在需求规格说明的每个迭代周期中,都要为需求规格说明建立基线,也就是说,规定需求规格说明的版本,然后利用需求规格说明版本控制的手段去管理需求规格说明的发布及需求项的增加、删除和更新等。对增加新需求的请求,要与当前基线版本进行比较,从而分析新需求的定位,以及它可能引起的冲突,更好地帮助需求工程师判断该变化是否可行。当然,有序、有效地进行需求变更并不意味着随意接受任何变更请求。当需求的变化幅度过大时,就会导致当前系统开发失败。

步骤 3:单点决策,分析和处理需求变更请求。任何对需求变更的请求都通过唯一渠道提交,经过同样的影响分析,并统一做出是否进行该变更的决定。在任何情况下,系统需求的变更都要被变更管理机构确认才开始实施。

步骤 4:建立机制,控制和捕获需求变更。一般来说,从外部来的需求变更容易获得,因为这种变化容易判别,用项目管理或变更控制的方法容易找到这些变化产生的影响。但对于内部原因导致的变化,如需求理解、代码和设计方案等导致的变化,很难有统一的观点来判断哪些变化需要考虑,哪些变化可以忽略。

步骤 5:分层完成,递进实施需求变更。对于相互关联的需求,需求的变化会引起连锁反应。分层递进地实施需求变更,批准需求变更请求要从最底层的需求变更开始,将这些变更带来的对上一层需求的影响,与上一层需求变更融合到一起,进行分析和影响评估,直到对所有的变更都考虑周全。2.3.3 节中将介绍的需求自动追踪链就支持这种分层递进的变更管理。

需求变更对项目的影响是很大的，而且实施变更越晚，带来的开销越大。因而在实际项目中，对每个变更请求都需要慎重对待，必须从技术可行性、对其他部分的影响以及开销上进行综合考虑。

2.3.3 需求追踪

需求追踪记录不同层次的需求之间、需求和其他要素之间的依赖关系。建立追踪关系有两个目的：第一，为开发过程中的两个或多个需求和其他要素建立某种程度上的关联，如因果关系、主从关系等，用于分析制品变化的影响；第二，建立需求和其他要素存在的理由。定义需求和其他要素间的依赖关系，便于确保没有冗余的需求和其他要素。

需求追踪关系有多种类型，表 2.8 给出了常见的 6 种类型。

表 2.8 常见需求追踪关系类型

需求追踪关系类型	描　述
需求-源追踪关系	连接需求和需求干系人或者需求来源文件，记录需求来源
需求-缘由追踪关系	连接需求和为什么提出该需求的描述，记录需求产生的缘由
需求-需求追踪关系	连接需求和其他依赖于该需求的需求，记录需求间的依赖关系
需求-体系结构追踪关系	连接需求和实现该需求的子系统，记录需求的实现
需求-设计追踪关系	连接需求和用来实现该需求的特定构件，可能是软件构件，也可能是硬件构件
需求-界面追踪关系	连接需求和用于提供该需求的系统界面，包括和其他系统的接口等

有三种方式可以维护需求追踪关系，即需求追踪矩阵、需求追踪关系表和需求自动追踪链。

1. 需求追踪矩阵和需求追踪关系表

需求追踪矩阵是需求项彼此引用的矩阵，每个格表示行需求项和列需求项之间的某种追踪关系，行需求项依赖于列需求项。例如，表 2.9 中第 R_1 行、R_3 列的“*”，表示行 R_1 所代表的需求项依赖于列 R_3 所代表的需求项。而从列的角度去看，则可以发现依赖于它的所有行需求项，如表 2.9 中第 R_4 列中的“*”，可以发现所有依赖于 R_4 的 R_1 和 R_3 所代表的需求项。

表 2.9 需求追踪矩阵示例

	R_1	R_2	R_3	R_4	R_5	R_6
R_1			*	*		
R_2					*	*
R_3				*	*	
R_4		*				
R_5						*
R_6						

追踪关系表是追踪矩阵的简化形式，它列举了需求及其依赖的需求。表 2.10 给出了表 2.9 所示的追踪矩阵对应的追踪关系表。

表 2.10　表 2.9 所示追踪矩阵对应的需求追踪关系表

需　　求	依　　赖	需　　求	依　　赖
R_1	R_3,R_4	R_4	R_2
R_2	R_5,R_6	R_5	R_6
R_3	R_4,R_5		

2. 需求自动追踪链

需求自动追踪链指设计一个专门的数据库来存储追踪关系，追踪关系在数据库中记录为一个字段。这样可以管理数量比较大的需求间的依赖关系，也可以利用数据库管理系统来维护需求依赖关系集合，例如快速查询、提取相关的需求和需求依赖关系、自动生成追踪矩阵和追踪表等。

2.4　小结与讨论

本章介绍了需求的过程模型、需求开发和管理的基本活动。在实际的软件开发中，可以结合这些基本活动，根据软件项目和自身团队特点，进行过程的剪裁，以更好地协调干系人完成需求活动，开发出高质量的软件需求规格说明。

关于需求开发过程，本章列举了需求获取、需求分析和磋商、需求文档化、需求验证的常用方法和技术。在不同的软件项目中，可以根据公司习惯、项目特点等选择某种或某几种方法和技术进行应用。例如，在需求文档化的模板定制中，对跨境部署的软件系统，增加国际化和本地化需求章节，用来确保产品适用于不同国家、文化和地理区域，而不是只考虑产品开发地。

关于需求管理，本章给出了传统的需求变更管理活动。需求管理也可以通过工具在线进行，甚至在运行时进行自适应需求的调整，以实现重要的运行时变化特性，保障系统可靠性和鲁棒性，提高资源利用效率等。涉及的技术包括需求监控、参数优化、故障诊断和修复等。随着系统复杂度的提升和智能化工具环境的发展，在线需求管理能力也将不断提升。

2.5　思　考　题

1. 为什么需要引入软件需求过程模型？
2. 需求工程中的关键活动包括哪些？它们分别完成什么任务？
3. 请详细画出迭代式需求工程的过程模型。
4. 请列举需求获取的常见方法，并给予适当评价。
5. 如果你面临的需求干系人身处多个不同地点，也难以找到共同的时间，采用什么需求获取方法比较合适，让他们围绕同一个主题表达自己的观点？
6. 目前有哪些能用于检查需求缺陷的技术？
7. 好的需求规格说明应该具备哪些特性？
8. 目前有哪些需求验证手段？

参考文献

[1] Lamsweerde van A. Requirements Engineering: From System Goals to UML Models to Software Specifications[M]. Hoboken,NJ: John Wiley and Sons,Ltd.,2009.

[2] Pohl K. Requirements Engineering—Fundamentals,Principles,and Techniques[M]. Berlin: Springer,2010.

第3章 面向目标的方法

第1章中的案例1.3中，小明思前想后地分析高铁和飞机的利弊。我们不禁要问，像高铁控制软件这样的复杂系统，既有整体目标又涉及很多独立子系统，它们的需求是如何获取的？又如何确保获得的需求完整、正确呢？用一般性的需求获取手段，似乎只能获取到一些片段的、可能杂乱无章的需求条目。如何组织这些需求条目，使之形成系统化的、具有整体性的需求模型，以便让像小明这样的系统干系人能从需求模型中的系统功能点出发来判断系统的全局安全性？

面向目标的方法(全称：面向目标的需求分析方法)就是将“目标”看作系统需求的源头和依据，以系统目标为主要线索，探究系统干系人“为什么”要构建软件系统和“为什么”引入特定的需求策略，按照目标分解关系、精化关系、操作化关系等来梳理需求条目，构造软件系统的层次化需求模型，展示软件系统目标达成的完整逻辑思路，并据此构建系统需求规格说明。除此之外，系统目标模型不仅描述系统需要“做什么”，也分析“为什么这样做”，并按照这个逻辑将不同抽象层次的需求关联起来，提供清晰的层次结构，显式地展示用户的高层需求将如何得到满足，从而有效地指导系统设计决策。

本章将介绍面向目标的方法的基本概念、目标建模的基本要素及基于目标的需求分析过程。

3.1 概　　述

目标的原始含义是射击、攻击或寻求的对象，在其他场景中引申为对活动预期结果的主观设想，是头脑中形成的一种主观意识形态，如活动的预期目标。很多实际软件系统项目都源自关于改变现实社会现状的一个主观预期，希望引入待开发的软件系统来实现这个预期。面向目标的方法就是在这个意义上提出的，它采用目标这个概念来类比软件系统开发的需求。在这种方法中，目标是一个贯穿全局的概念，本节将从不同侧面和不同层次讨论目标这个概念。

3.1.1 目标的分类

面向目标的方法将需求抽象或类比为目标。需求可以分为功能性需求和非功能性需求，因此目标按照其所描述的内容，也可以分为功能性目标和非功能性目标。功能性目标描述对系统行为的需求，表达系统要实现的服务，如“启动列车”“控制列车速度”“保持安全距离”等。功能性目标又可以按照其效果的时序特征分为达成型/停止型目标、维持型/避免型目标。其中，达成型/停止型目标指系统要完成特定行为，最后达成/结束给定的条件状态；

维持型/避免型目标指系统要完成特定行为，从而维持或避免给定条件或者避免某状态。

这种分类实际上确定了目标的语义，表 3.1 给出了目标类型及其语义，并给出了对应的需求示例。

表 3.1　目标类型及其语义

目标类型	含　义	举　例
达成型目标	要求系统最终满足某性质	“启动列车”是一个达成型目标，系统完成“启动”这个行为后，列车要处于“运行”状态
停止型目标	要求系统最终不再满足某性质	“紧急刹车”是一个停止型目标，系统完成这个行为后，列车不再处于“运行”状态
维持型目标	要求系统始终满足某性质	“控制列车速度”可以是一个维持型目标，指需要列车的速度维持在一个确定的范围内
避免型目标	要求系统从不满足某性质	“避免碰撞”则是一个避免型目标，指需要防止列车碰到障碍物

一般情况下，非功能性目标是对整个系统全部功能的约束，例如较高的安全性通常指整个系统都满足安全性约束。非功能性目标可以表达对系统服务质量的约束，如良好的保密性、较高的安全性、较好的易用性等；也可以表达对开发过程质量的期望，如良好的可审核性和可测试性、较高的灵活性等。

功能性目标是独立存在的，但非功能性目标一般是对系统功能的约束，无法独立存在。有些非功能性目标会随着系统需求的不断精化，逐渐聚焦于具体的系统功能模块，例如系统的登录模块应是安全的。还有一些非功能性目标会在目标精化/操作化的过程中实例化为功能性目标，例如信息的安全性最后会实例化为某些信息加密后传输或者加密存储等功能。关于某些非功能性目标/需求的详细论述请参阅第 7、8、10 章中的相关内容。

3.1.2　目标的层次

面向目标的方法将软件系统需求建模为层次化的目标树，目标的抽象层次取决于其所描述内容，一般分为高层目标和低层目标。高层目标通常是策略性的、粗粒度的、作用于企业或组织范围的抽象目标，主要描述企业或组织的高层业务需求(例如：运送更多旅客，提供随时随地订票的服务)。低层目标通常更靠近技术，粒度较细，是设计层面的具体目标，多数是关于软件系统功能点的需求(例如：发出加速指令，3 次密码输入错误则锁定账户)。

采用面向目标的方法进行需求分析，就是将不同抽象层次的目标组织起来，用“与/或”树的结构表示出目标间的分解和精化关系，形成目标模型的主框架。与/或树的叶节点要控制在多大的粒度上没有明确约定，某个目标是否作为叶节点依赖于其是否需要继续分解或精化。主观判断的依据是：该目标是否能明确分配给系统的某个相关主体，由它负责达成。

3.1.3　目标的作用

目标模型在需求的获取、审查和验证，甚至在系统设计的决策中都有重要的作用，其主要作用有以下几点。

(1) **指导需求获取过程**：为需求获取提供明确的线索和思路。面向目标的方法关注目标间的精化关系，目标的精化为需求获取提供了一种自然的分层机制，目标精化过程支持发现具体需求。

(2) **保证需求完备性**：为需求完备性提供充分和精确的判定依据。如果根据已知的领域性质(E)和规格说明(S)能够证明目标集合(G①)中的所有目标均可满足，则该规格说明对于给定的目标集合来说是完备的。即，如果

$$E, S \models G$$

则可以推断出 S 相对于 G 是完备的。

(3) **避免引入无关需求**：为需求的相关性提供充分和精确的判定依据。如果根据已知的领域性质(E)和规格说明(S)能够证明目标集合(G)中的至少一个目标是可满足的，则该规格说明对于给定的目标集合来说是相关的。即，如果

$$\forall s \in S, \quad \exists g \in G, \text{使得 } E, s \models g$$

则可以推断出 S 中不包含相对于 G 的无关需求。

(4) **需求解释与追踪**：提供从高层策略目标到具体实现技术的追踪链。当某个具体需求的原因不明时，可以通过跟踪链进行回溯，找到引入该需求的高层目标，两者间的目标精化路径可以解释该需求引入的原因。

(5) **候选设计方案分析**：支持候选解决方案的对比分析。目标的"或"分解可以表达达成目标的不同方式，经过多级"与/或"分解可以得到满足高层目标的不同组合。冲突的目标可以通过选择不同候选方案来消除。对比分析不同候选方案的优缺点，可以支持设计决策。本书第 4 章有设计决策的详细介绍。

(6) **系统的全局分析视角**：支持需求和组织业务场景相关联。具体体现为：最低层目标到系统相关主体的分配关系，表明目标的满足是由系统及其相关主体共同参与完成的。例如，铁路运输系统的安全目标是由火车司机、轨道管理系统、车站管理系统、通信设备、乘客等共同参与完成的，ATM 系统保持用户合法性的目标是由 ATM 控制软件、感应器、效应器、用户等共同协作完成的。

(7) **非功能性需求分析**：非功能性需求是需求分析的难点。面向目标的方法用软目标表达非功能性需求，支持软目标的分解，实现非功能需求的操作化，以及不同非功能需求间的冲突决策。本书第 8 章有关于软目标的详细介绍。

(8) **支持需求的演化**：高层目标的相对稳定性有利于支持需求的演化。目标分解树成为自然的需求演化管理模型，即越高层的目标越稳定。不同版本的系统通常具有相同的高层目标。

3.2 目标建模元素

在面向目标的方法中，需求建模的第一步是建立系统目标模型，然后以目标模型为核心，结合对象模型、主体模型、障碍模型、操作模型和行为模型，形成多个相互补充的视图，建立对软件系统需求的全面描述，完整表达系统需要什么、为什么需要，谁负责完成等。具体地，其需求分析框架涵盖以下视图。

- 意图视图：描述系统的功能性和非功能性目标的目标模型。

① 对应第 1 章中的需求三元式，这里的目标是具体化的需求。

- 结构视图：描述系统所操纵的概念对象、它们的结构及其相互关系的对象模型。
- 责任视图：描述构成系统的主体及其与系统目标间的责任关系的主体模型。
- 功能视图：描述系统为实现其功能性目标而执行的操作和提供的服务的操作模型。
- 行为视图：描述主体在特定交互场景中的预期行为的行为模型。

图 3.1 以列车控制系统的部分需求模型为例，具体给出了该需求分析框架中各类视图的建模示意以及它们之间的关系。本节将基于这个需求分析框架，逐一介绍面向目标的方法所涉及概念的含义及其图形化表示方式。

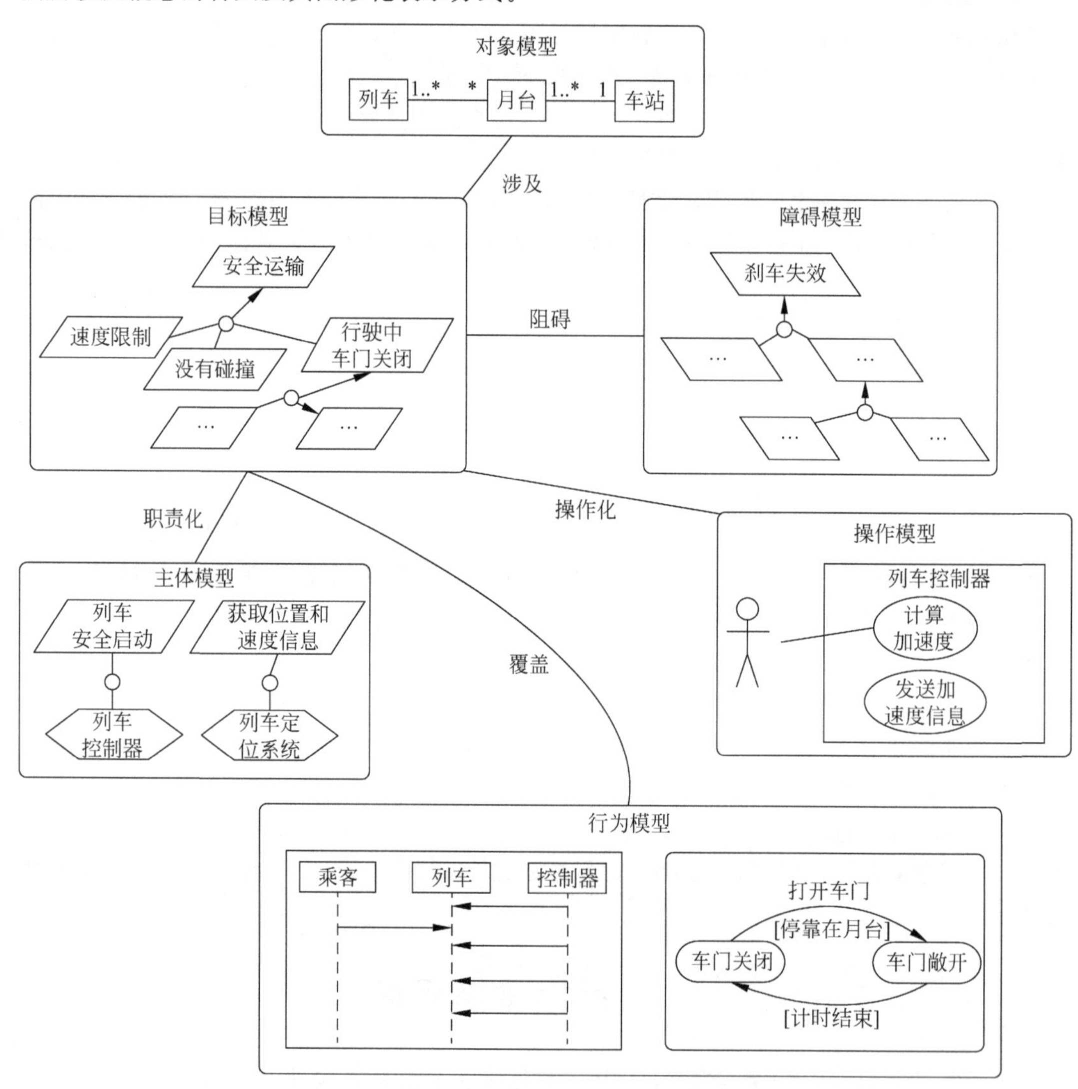

图 3.1　面向目标的方法中需求分析框架总览

3.2.1　目标的表示

目标模型中，每个目标都由一组属性来刻画，其中，目标名与目标定义是任何目标都必须有的，是必要属性，其他属性则是可选的，可以根据目前掌握的信息有选择地给出。主要有如下属性。

- **目标名**：每个目标都有唯一的名称，以保证该目标在整个模型(包含不同视图模型)中能被唯一标识。
- **目标定义**：在系统相关概念和术语的基础上，用自然语言准确表述的目标定义。
- **行为类型**：目标所描述的系统行为可以按照其时序特性分为达成型、停止型、维持型和避免型四种，其含义见表3.1。
- **目标分类**：描述目标所属的类别，包括功能性目标和非功能性目标。其中非功能性目标又可以根据所约束的质量特征进一步划分，例如分为安全性目标、性能目标、可用性目标等。
- **目标来源**：记录目标的来源，包括提出该目标的干系人、背景研究初步文档中的特定部分、领域标准和法规等。
- **目标优先级**：定性地给出目标重要性的分级，以便在进行冲突/竞争目标的决策选择时可以进行比较。例如，在列车控制系统等安全关键系统中，与列车的性能等目标相比，安全性目标的优先级往往是最高的。
- **形式规格说明**：用时序逻辑对目标的内容进行形式化描述，以支持对目标模型的充分性、一致性和完整性的验证。这样的验证对安全关键系统尤为重要。

目标模型常常用图形化形式给出。图3.2给出了“保持安全距离”这个目标的图形化表示，其中，目标名称由带目标名标记的平行四边形表示(▱)。如果声明了目标类型，则将目标类型作为目标名称的前缀。在这个例子中，目标类型为维持型，关键字为保持(Maintain)，名称为“保持安全距离”。

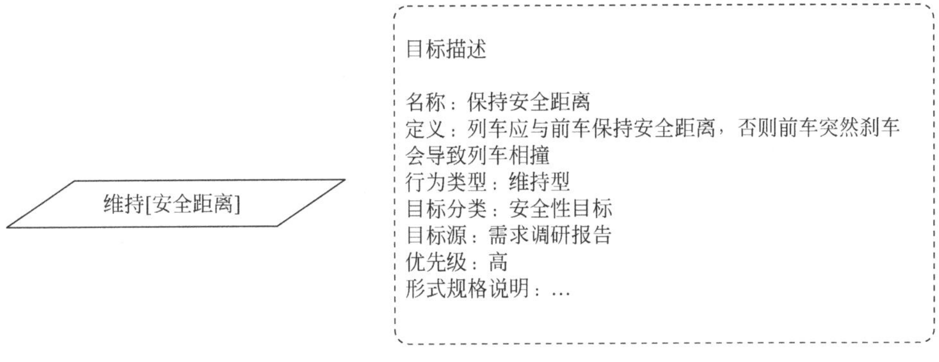

图3.2 列车系统中的一个目标描述示例

3.2.2 目标的精化

精化关系是目标模型中的重要关系，描述了如何将一个高层的、抽象的、粗略的目标精化为一组低层的、具体的和精化的子目标。通过精化获得的子目标间可以是“与”关系，也可以是“或”关系。

“与精化”关系用带圆点的箭头表示，其中圆点上方的箭头指向父目标，而圆点下方与每个子目标相连。子目标之间是“与”关系时，所有子目标被满足，父目标才满足。图3.3中，从目标“安全运输”到“灾难疏散”“保持车门关闭”“避免[列车相撞]”三个子目标的精化是“与”关系，即为了使“安全运输”这个目标得到满足，其三个子目标“灾难疏散”“保持车门关闭”和“避免[列车相撞]”必须同时满足。

当目标存在多种可选的精化方案，这些精化方案之间构成“或”关系时，用“或精化”关系表示，表示为一个独立的带圆点箭头。子目标之间是“或”关系时，只要有一个子目标被满足，父目标就被满足。图 3.3 中，目标“避免[列车相撞]”有两种可选的精化方案：一是避免同一区域出现多辆列车，二是保持列车之间的安全距离。

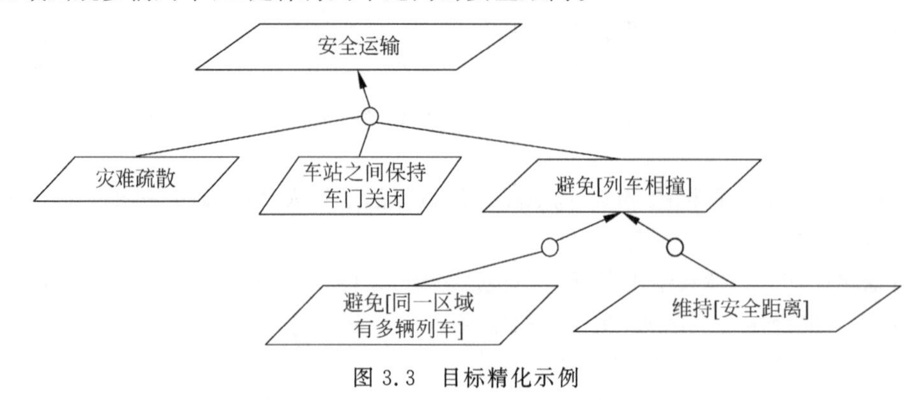

图 3.3 目标精化示例

3.2.3 其他概念

如图 3.1 所示，在面向目标的方法中，除了目标概念，还包含障碍、主体、情景、对象、操作等概念，它们也具有相应的分析模型（如对象模型、操作模型等），这些概念的基本含义及其与目标模型的关系如下。

(1) 障碍(Obstacle)。

障碍是使系统目标无法满足的条件。针对特定的领域性质(E)，障碍(O)可使得目标(G)无法被满足，即：$E,O \models \neg G$。其中，障碍与其所影响的目标之间存在阻碍关系。障碍在基于目标的系统风险分析中具有重要作用，与目标的精化分析类似，通过对障碍进行与/或精化分析可以创建障碍图，用于识别细粒度的且能够被有效处理的障碍。根据障碍所阻碍的目标类型，障碍也分为不同类型。例如，阻碍安全性(Safety)目标的障碍是灾害(Hazard)，阻碍安保性(Security)目标的障碍是威胁(Threat)，等等。考虑到障碍起到的是对目标取“反”的结果，其图形化表示为反平行四边形(▱)。

(2) 主体(Agent)。

主体是能够自主执行操作的系统组件，可以是人、软件或硬件设备等。在面向目标的方法中，当叶子目标被操作化为具体的操作后，需要指定该操作的执行者，即主体。主体与目标之间是职责关系，即接受委派后的主体有责任在适当的时候执行适当的操作，来满足特定的目标。主体通过能力(Capability)和执行(Perform)两个原语与操作目标相关联，前者表示主体有能力执行的操作，后者表示主体负责执行的操作。主体有一个特殊的属性 Load，表示该主体当前的负载率，用于对主体进行负载分析，防止主体出现任务过载的情况。主体的图形化表示为六角形(⬡)。

(3) 情景(Scenario)。

情景是由相应主体控制的、领域相容的状态迁移序列。这里的领域相容性(Domain-consistency)是指当一个操作的领域前置条件满足且该操作相关对象的领域条件满足时，运用该操作所导致的后置条件将满足领域后置条件。情景用于描述主体的特定交互行为。关于情景分析的内容将在本书第6章详细介绍。

(4) 对象(Object)。

对象是系统需求中所关注的事物。对象的实例可以从一个状态演化到另一个状态。对象实例在某一时刻的状态定义为：该实例的所有属性在该时刻的取值。对象包含三种类型：实体(Entity)是自主的对象；关系(Relationship)是将对象联系起来的特殊对象；事件(Event)是瞬时存在的对象。通过构建对象模型，能够结构化地对系统相关概念进行描述。目标、障碍、操作、主体、行为等概念都需要基于特定对象进行定义，其与对象模型之间为涉及(concern)关系。

(5) 操作(Operation)。

操作是系统状态之间的二元关系。操作通过 Input、Output 原语与对象相关联，能够改变对象的状态，进而实现系统状态之间的迁移。例如，将"开门"这一操作应用于初始状态为"关闭"的"列车车门"对象上，能够将其状态变为"打开"。操作可以表示为输入系统状态集合和输出系统状态集合之间的二元关系，即：操作⊆输入状态集合×输出状态集合。对目标模型进行精化分析所得到的叶子目标需要被操作化为特定的操作。具体地，需要根据叶子目标中所期望的系统状态来找到适当的操作进行满足，即叶子目标期望状态集合⊆操作输出状态集合。

(6) 领域属性(Domain property)。

领域属性是对环境中对象和操作客观性质的描述，不依赖软件系统而存在，也不会因为软件系统的行为而发生改变。领域属性包括物理法则政策法规以及环境实体可能会对系统施加的约束等，如列车移动时列车的速度不能为零。领域属性用对象不变式和操作的前/后置条件来表达，如：列车移动 ↔列车速度 $\neq 0$。其图形化表示为五边形(⬠)。

3.3 基于目标的需求分析

面向目标的方法以目标模型构建为核心，结合其他几种模型，能够系统地从不同角度进行需求分析。粗略地说，其需求分析过程就是首先抽取企业或组织期望满足的目标，然后通过引入目标实现策略，逐步分析得出如何通过软件系统实现这些目标，最后形成软件需求规格说明。在抽取和定义目标的过程中，还要考虑哪些因素可能会妨碍目标的实现，并进行障碍分析，挖掘系统的安全需求。在需求分析过程中，目标的采集应尽可能照顾到多方来源，并保证目标的精确性。将每个目标与相关的干系人联系起来，以涵盖不同的视角，也便于消解冲突。

具体地，面向目标的需求获取、分析与模型构建包括以下主要步骤：

(1) 获取顶层目标，并通过反复迭代的目标精化过程构建目标模型；

(2) 针对所构建的目标模型进行障碍分析，构建障碍模型；

(3) 确定目标所关注的、需要对其施加操作的实体对象，构建对象模型；

(4) 确定系统的相关主体，进行各种候选方案的主体职责分配，构建主体模型；

(5) 基于目标模型和主体模型，构建所有可选的软件系统需求规格说明，并从中选择最优方案，将最优方案的目标模型中的叶子目标操作化为具体的系统功能约束，构建操作模型。

上述步骤通常按顺序执行，但没有严格的顺序要求，例如，步骤(2)至步骤(4)可以并发执行。这些步骤一般都可回溯，例如，步骤(2)可能会导出新的安全目标，这就需要回溯到步骤(1)对新目标进行精化分析。

下面详细介绍上述分析步骤。

3.3.1 目标建模

构建完整且无歧义的目标模型是面向目标方法的核心环节。目标模型构建一般采用自顶向下和自底向上相结合的方式。

首先，通过对系统场景的调研，获取初始目标集合。该目标集合应该包括企业或组织的战略目标、领域相关目标以及由于当前系统存在的问题所引出的目标。

接下来，针对初始目标集合中的每一个目标，通过反复询问"为什么要"和"如何做"这两个问题，尽量找全各自的父目标和子目标。例如，针对图 3.3 中"避免[列车相撞]"这一目标，分别询问"为什么要"和"如何做"问题，可以向上得到其父目标"安全运输"，向下发现两个可相互替代的子目标"避免[同一区域有多辆列车]"和"维持[安全距离]"。

针对现有目标集合中的某个目标及其父目标，围绕该目标的精化过程如下。

(1) 仅满足当前目标是否能够保证其父目标被满足？如果不能，则需要找出与当前目标同时满足才能保证其父目标被满足的其他兄弟目标。例如，"避免[列车相撞]"的目的是为了保证"安全运输"，但"避免[列车相撞]"只是实现"安全运输"的必要条件，而非充分条件。通过询问满足"安全运输"的充要条件，识别出"避免[列车相撞]"的两个兄弟目标，即"灾难疏散"和"车站之间保持车门关闭"，这三个目标与保证"安全运输"之间构成"与精化"关系。

(2) 是否存在其他可替代的方式来满足该父目标？例如，通过问"为什么要"获取"维持[安全距离]"的父目标"避免[列车相撞]"后，再考虑其他可以满足"避免[列车相撞]"的途径，即得到另一个子目标"避免[同一区域有多辆列车]"，这两个目标与"避免[列车相撞]"间构成"或精化"关系。

目标精化是一个迭代过程，通过"为什么要"和"如何做"这两个启发式问题进行目标分析，能够将特定目标精化为更细粒度的子目标。最终得到的叶子目标的粒度没有固定的标准，但可以给叶子目标的粒度赋予一个可操作的定义，即"能分配给一个具体的主体，该主体通过执行特定的操作可以满足这一目标"。

不同目标有不同的精化方式，在一定的抽象层次上，能够发掘出一些通用的目标精化策略。将这些精化策略封装为精化模式，可以实现对目标精化知识的有效复用。具体地，常用的目标精化模式有以下三种。

(1) **里程碑驱动的精化模式**：找出目标条件实现过程中必备的中间条件(即里程碑)，按里程碑满足的先后次序划分子目标。

(2) **案例驱动的精化模式**：通过引入案例相关的特定条件来指导目标精化。典型的案例驱动精化模式有以下三种。

- 案例分解模式：当目标条件的实现需要分情况讨论时(如正常案例和异常案例)，则根据不同的案例情况对父目标进行精化。
- 守卫引入模式：目标条件的达成须保证特定条件始终被满足，引入该条件作为守卫条件进行目标精化。

• 分治模式：对于维持型目标，通过对其维持的目标条件进行分解，可以实现对该目标的精化。

(3) **可实现驱动的精化模式**：目标通过迭代的精化，最终应能够被指派给特定主体来实现。因此，当目标不能够被主体实现时，则应当将其目标条件进一步精化为可被实现的条件。

通常，精化模式包含模式名称、应用条件、目标精化树、应用实例和可能的模式变体。图 3.4 展示了里程碑驱动精化模式的目标精化树(图 3.4(a))及相应的应用实例(图 3.4(b))。模式的应用就是将模式中的核心概念实例化为问题领域中的相应概念。在图 3.4(b)所示的例子中，要达成“乘客下车”的目标，必须满足的一个里程碑条件是“列车停车”。

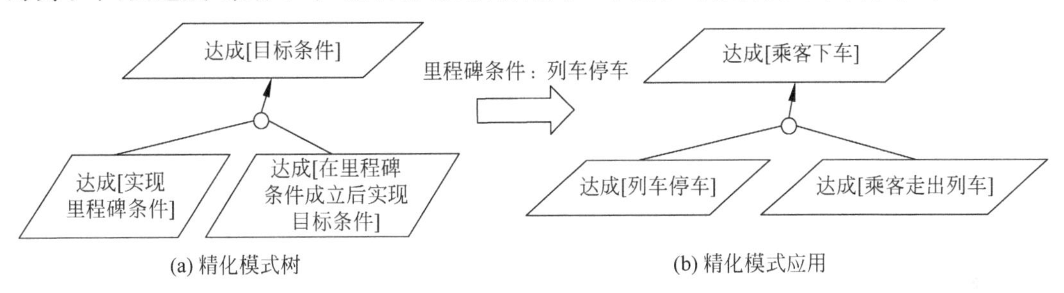

图 3.4 里程碑驱动的精化模式

采用精化模式进行目标分解的规则包括：

• 如果一个目标能够与精化模式的父目标相匹配，则可以对该目标进行精化分解；
• 如果一个目标能够与多组精化模式的父目标相匹配，则基于这些目标模式的精化就构成了对该目标的一组“或精化”关系；
• 如果一组目标能够与精化模式的子目标相匹配，则可以自底向上识别出这组目标的父目标；
• 如果一个目标及其子目标能够与精化模式中的父目标和部分子目标相匹配，则应当基于该模式补全相应的子目标。

3.3.2 目标障碍分析

目标障碍分析用于发现系统有哪些可能的异常行为会阻碍系统目标的满足，即在目标层次上分析系统的异常行为，并将其作为需求描述的组成部分。在面向目标的方法中，目标通常被定义为一组期望行为的集合，而每个行为都对应于一个状态迁移序列，在相应的主体控制下完成预期的操作。相反地，障碍则定义了一系列不希望发生的行为，是系统要避免的场景。障碍的逆运算成为系统目标满足的前提条件。

假定 G 为目标，Dom 为领域性质集合，当且仅当以下条件满足时，称命题 O 为目标 G 在领域 Dom 中的障碍。

Ⅰ. $\{O,\mathrm{Dom}\}\models\neg G$ (阻碍关系，obstruction)

Ⅱ. $\{O,\mathrm{Dom}\}\not\models \mathrm{false}$ (领域相容性，domain-consistency)

Ⅲ. O 在当前场景中可以被满足(障碍的可行性，obstacle feasibility)

上述条件Ⅰ表明，障碍规约和领域性质所构成的模型不能满足目标 G。条件Ⅱ表明，障碍规约必须与领域性质在逻辑上相容。也就是说，分析与领域性质不相容的障碍没有意义。

条件Ⅲ表明，障碍必须是可满足的，即存在一个行为能够使该障碍存在的前置条件成立。例如，对于列车控制系统中的目标“列车收到刹车命令后制动”，与其相关的领域性质是“如果列车驾驶员响应刹车命令，则列车会进行制动”。针对以上的目标和领域性质，如果出现“列车员未响应命令”这一情况，则会导致列车在收到刹车命令后无法制动（满足条件Ⅰ）；此外，该情况与领域性质不存在冲突（满足条件Ⅱ）；最后，该情况有可能在特定场景下被特定行为满足，例如列车员睡着了或在与其他人交谈（满足条件Ⅲ）。因此，“列车员未响应命令”是妨碍上述目标满足的障碍。

在障碍分析过程中，需要尽可能地找全每个目标的障碍，以保证需求的完备性，尤其是与安全性有关的目标。当且仅当以下条件满足时，目标 G 的障碍集 $O_1, \cdots, O_n$ 称作是完备的：

$$\{\neg O_1, \cdots, \neg O_n, \mathrm{Dom}\} \models G\text{（领域完备性，domain-completeness）}$$

即障碍集中的所有障碍均不发生时，目标将被满足。需要注意的是，障碍分析与系统领域性质分析是相辅相成的。

一方面，障碍分析的完备性依赖于对领域性质的理解程度。对领域性质了解越深入，则越容易识别出潜在的障碍。例如，基于领域性质“**如果**(**IF**)列车驾驶员响应刹车命令，**则**(**Then**)列车会进行制动”进行障碍分析，对 **IF** 引导的命题取反，可以提示“列车驾驶员未响应命令”这一障碍。

另一方面，障碍分析有助于对领域性质的理解和验证。例如，针对列车制动目标的障碍分析，可提示并识别出另一个障碍“列车刹车系统失灵”，从而加深对已知领域性质的理解，提示修改上述领域性质为“**如果**(**IF**)列车驾驶员响应刹车命令，**并且**(**AND**)刹车系统正常，**则**(**Then**)列车会进行制动”。

障碍之间也存在“与/或精化”关系，其语义与目标精化关系一致。如图 3.5 的右部所示，“列车员未响应命令”和“列车刹车系统失灵”两个障碍是对“列车收到刹车命令后没有制动”这一障碍的“或精化”，即发生两个障碍中任意一个都可能引起它们的父障碍，并最终阻

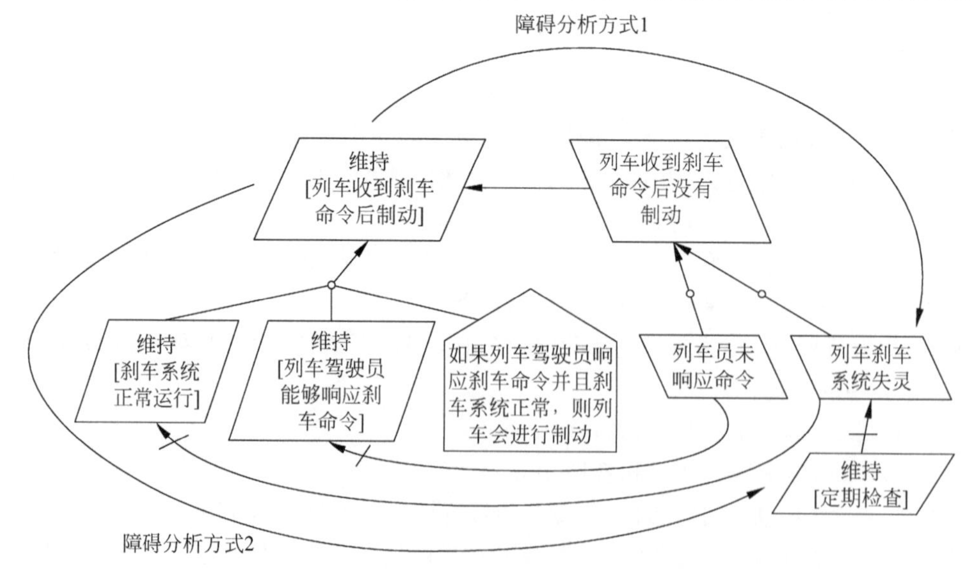

图 3.5　障碍模型及其分析方式示例

碍系统目标的实现。对障碍进行精化分析的目的，是尽可能准确地判断障碍的影响，以便选择和采取适当的应对措施。例如，图 3.5 中针对“列车刹车系统失灵”问题，引入“定期检查刹车系统”作为对该障碍的应对措施，该措施最终将整合到系统目标模型中。

障碍精化虽然和目标精化在形式上有相似之处，但目标描述的是系统希望出现的情况，而障碍则描述系统不希望出现的情况。目标精化分析更符合人们常规的思维方式，其分析难度要低于障碍精化分析。如图 3.5 所示，第一种障碍分析方式需要对根障碍进行精化分析，得到具体的子障碍，分析人员需要具有较强的反向思维能力，难度相对较大；而第二种分析方式先将系统目标精化分解为更细粒度的子目标，然后再分析每个子目标的障碍，难度相对较低。

从分析过程的角度看，障碍分析与风险分析的过程类似，包含以下步骤：

(1) 针对特定的系统目标，识别相应的障碍；

(2) 评估障碍产生的可能性以及障碍所造成损失的严重程度；

(3) 分析和应用适当的障碍消解方法，并相应地修正目标模型。

本节接下来将详细说明上述每一个步骤。

1. 障碍识别

图 3.6 展示了障碍识别的分析流程。在确定待分析的目标后，首先对目标取反，获得直接阻碍该目标实现的障碍，将该障碍作为根障碍，迭代地进行障碍精化，直到能准确地对障碍的产生概率和损失严重程度进行评估。

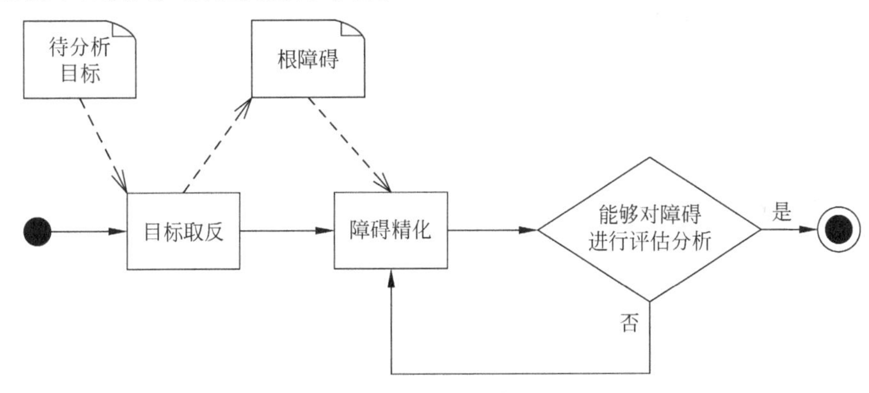

图 3.6　障碍识别流程

考虑到实际需求分析中难以给出目标的形式化表示，因此目标取反所得到的障碍往往也只是以自然语言的形式表示。相应地，障碍精化分析主要利用形如“如果目标规约具有 X 性质，则考虑以下类型的障碍”的启发式规则。具体地，对“监视或控制某对象”这类目标，要保证它的可满足性，可能有以下几种类型的障碍。

(1) 信息不可用：主体无法得到关于该对象状态的信息。

(2) 信息不及时：主体得到关于该对象状态的信息过迟。

(3) 信息错误：主体保存的关于该对象状态的信息与实际状态不符。信息错误障碍又可进一步精化为以下几种。

① 信息提供错误：来自另一个主体的信息是错误的。

② 信息被破坏：来自另一个主体的对象状态信息被第三方破坏。

③ 信息过时：来自另一个主体的对象状态信息是过时的。

④ 信息丢失：来自另一个主体的对象状态信息在使用时不可用。

⑤ 推断错误：主体根据现有信息做出了错误的推断。

⑥ 信息混淆：主体将对象状态信息与其他信息混淆。信息混淆障碍又可进一步精化为以下几种。

- 实例混淆：将某个对象实例与同类对象的另一个实例混淆；
- 值混淆：将同一对象某个属性的不同值混淆；
- 单位混淆：将同一对象属性值的单位混淆。

依赖启发式规则的障碍识别与精化分析需要较强的领域知识背景。通过对障碍进行半形式化表示，能够有效支持障碍精化分析。具体地，使用逻辑运算符半形式化地进行障碍描述，例如，“**not**(**if** 列车驾驶员响应刹车命令 **and** 刹车系统正常，**then** 列车会进行制动)”。利用重言式可以更加便捷地进行障碍精化分析，如下：

- not$(A \wedge B) \Leftrightarrow$not $A \vee$ not B
- not$(A \vee B) \Leftrightarrow$not $A \wedge$ not B
- not(if A then B)$\Leftrightarrow A \wedge$ not B
- not(A iff B)$\Leftrightarrow(A \wedge$ not $B) \vee$ (not $A \wedge B$)

根据这些重言式，如果障碍描述的模式与某重言式左部相匹配，则可以根据该重言式对该障碍进行与或精化。例如，“**not**(**if** 列车驾驶员响应刹车命令 **and** 刹车系统正常，**then** 列车会进行制动)”是形如“**not**(**if**(A **and** B) **then** C)”的障碍。利用重言式可以获得其等价的逻辑表示“A **and** B **and not** C”，即“列车驾驶员响应刹车命令 **and** 刹车系统正常 **and not** 列车会进行制动”。

2. 障碍评估

在识别出障碍并进行充分的精化分析后，针对障碍树的每个叶子障碍，需要评估其发生概率及其造成影响的严重程度。障碍评估一般使用风险分析技术，并需要领域专家提供必要的领域知识，特别是对障碍发生概率的评估。

在完成对每个叶子障碍的评估后，可以基于障碍树结构，自底向上地完成对根障碍发生概率的评估。如果一个障碍被“与精化”为多个子障碍，则该障碍的发生概率为其所有子障碍发生概率中的最小值；而如果一个障碍被“或精化”为多个子障碍，则该障碍的发生概率为其所有子障碍发生概率中的最大值。

(1) AND-refinement $(O, \mathrm{SO}_1, \cdots, \mathrm{SO}_n)$

$$\mathrm{Likelihood}(O)=\min(\mathrm{Likelihood}(\mathrm{SO}_1), \cdots, \mathrm{Likelihood}(\mathrm{SO}_n))$$

(2) OR-refinement $(O, \mathrm{SO}_1, \cdots, \mathrm{SO}_n)$

$$\mathrm{Likelihood}(O)=\max(\mathrm{Likelihood}(\mathrm{SO}_1), \cdots, \mathrm{Likelihood}(\mathrm{SO}_n))$$

3. 障碍消解

针对每个障碍，需要找到适当的障碍消解方法。与设计决策一样，首先需要确定候选的消解方法集，然后从中选择一个最适当的加以应用。消解方法的选择基于风险和性价比分析，根据障碍发生的可能性和后果的严重程度来决定。障碍消解方法的确定有三种不同的策略：障碍清除、障碍减轻和障碍容忍。

(1) 障碍清除：主要是使妨碍目标实现的条件不能发生，或使其与领域不相容。具体如下：

- 目标替换：采用不同的目标分解策略，使得被妨碍的目标不再成为需求。
- 主体替换：采用不同的职责分配策略，使得被妨碍的场景不可能发生。
- 障碍防护：通过在需求中增加新目标来显式避免该障碍条件发生。
- 目标改良：如果障碍是由过于粗略和理想化的目标导致的，则对需求目标进行改良，适当放宽目标的内容约束来避免潜在的障碍。
- 领域变形：通过改变领域性质，使得障碍条件在该领域中不再成立。

(2) 障碍减轻：障碍减轻与障碍清除的区别在于前者只是降低障碍发生的频率，而后者则使其不可能发生。对操作主体采取适当的管理措施属于障碍减轻，使主体出现异常行为和不负责任行为的可能性降低。

(3) 障碍容忍：当障碍既不能被完全避免，消解的代价又过大时，一般采取障碍容忍的策略，需要明确障碍发生时的补救方法。第一种方法是目标复原，即在目标模型中增加新目标"当障碍条件为真时，被阻碍的目标在未来某一时刻会恢复满足"；第二种方法是障碍降解，即设法降低障碍带来的后果的严重程度；第三种方法是障碍忽略，当明确目标的障碍对需求满足没有太大影响时，不采取任何措施。

3.3.3 对象识别

对象是领域特定概念的实例的集合。每个对象实例都有一个内置的、不可变更的标识，使得它能与其他对象实例区分开。系统所涉及的对象实例一般应该是可枚举的。以下是四种常见的对象类型。

实体(**Entity**)是能够独立存在于系统中的被动对象，不能控制其他对象实例的行为。例如，列车和站台的实例可被建模为实体对象。

关联(**Association**)是依赖于其他对象而存在的一种概念对象，其所依赖的两个对象分别扮演这个关联中不同的角色。例如，"停靠"是依赖于列车实体和站台实体的关联对象。

主体(**Agent**)是能够独立存在于系统中的主动对象，能够控制系统中的其他实体，改变其状态。例如，列车控制系统能够控制列车实体的速度属性。

事件(**Event**)是瞬时实体，存在于特定的系统状态中。例如，列车启动这一事件仅能够出现在列车从停止状态开始启动的瞬间。

目标模型与对象模型之间存在"涉及(Concern)"关系，即目标规格说明会涉及和/或使用对象模型中的对象。通过对自然语言描述的目标规格说明进行分析，能够从中抽取相应的对象元素。名词或名词短语可能是实体或主体，连接主语与宾语的谓语可能是关联，等等，可作为识别概念对象的启发式规则。例如，从目标"**避免**[多辆列车行驶在同一区域]"中可以获取实体对象"列车"和"区域"及关联关系"行驶在"，如图 3.7 所示。

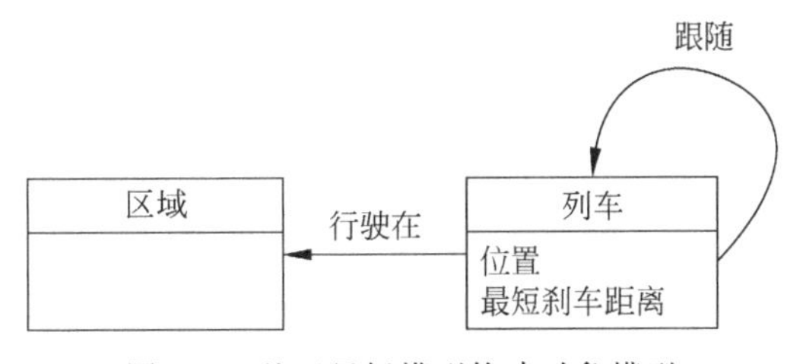

图 3.7　基于目标模型构建对象模型

如果已有目标的形式规格说明，则可以更加直观地从中抽取相应的概念对象。例如，"**维持**[安全距离]"要求随行的两辆列车之间的距离要大于后车的最短刹车距离(Worst Case Stop Distance，WCSD)，其形式规格说明如下：

$$\forall tr_1, tr_2: Train, Following(tr_2, tr_1) \Rightarrow$$
$$tr_2.Position - tr_1.Position > tr_2.WCSD$$

从中可以获取列车对象之间的“跟随”关联，以及列车属性“位置”和“最短刹车距离”。

3.3.4 主体职责分配

要让顶层目标最终得到满足，需要将叶子目标分派给特定的主体来完成。通过职责分配可以识别和界定系统与环境的边界。职责分配的过程如下。

(1) 构建主体能力模型：在进行主体职责分配前，需要首先在对象模型基础上对主体的能力进行建模。具体地，每个主体能够控制(Control)或监控(Monitor)一个或多个对象的属性。例如，列车驾驶员能够控制列车的行驶状态和速度，速度传感器能够监控列车的速度，等等。

(2) 找出目标的候选职责分配：目标是对系统相关对象及其属性的期望，因此对叶子目标进行职责分配时，可以通过分析主体的能力确定叶子目标的候选职责分配。如图 3.8 所示，“速度传感器”所监控的对象，与叶子目标“测量列车运行速度”所涉及的对象相匹配，因此可以将实现该目标的职责分配给该主体。同理，叶子目标“控制列车速度”可以分配给“列车驾驶员”或“速度控制器”来 负责。

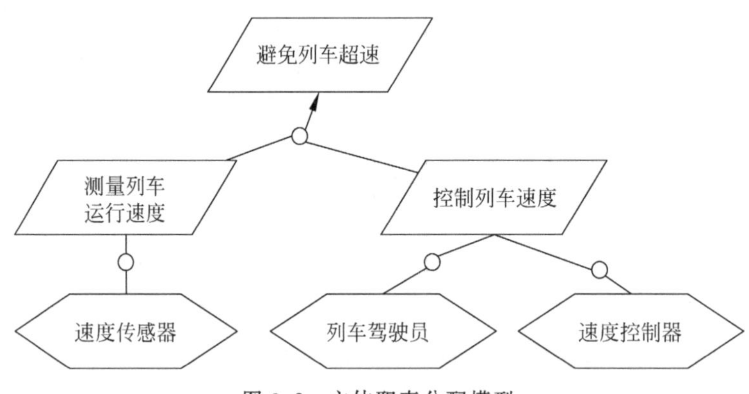

图 3.8 主体职责分配模型

3.3.5 最优方案选择和目标操作化

根据目标模型和主体模型，参照候选方案对质量目标的贡献，选择最优的职责分配方案。针对这个最优方案，对那些通过精化分析得到的系统叶子目标，需要规定实现这些目标的操作。

目标是系统需求干系人预期的系统状态，而操作可以视为实现系统状态迁移的二元关系，即从当前状态迁移至目标状态，如下所示。

$$Op \subseteq CurrentState \times TargetState$$

具体地，可以通过描述领域前/后置条件(Domain Pre-/Post-condition)来定义操作完成的状态迁移。如图 3.9 所示，对开门(OpenDoors)操作而言，其领域前置条件是列车车门状态为关闭，领域后置条件是列车车门状态为开启。操作及其领域前后置条件反映了与该操作相关的领域性质。当操作实现特定目标时，还需要根据该目标的内容识别出必要前/后置条件(Required Pre-/Post-condition)。此外,一个操作可以操作化多个叶子目标,如果不同叶子目标要求操作满足不同的必要前置条件,则需要在操作规格说明中逐条写明,如图 3.9 所示。

```
Operation OpenDoors
    Def Software operation controlling the opening of all doors of a train;
    Input tr: TrainInfo;
    Output tr: TrainInfo/DoorsState;
    DomPre tr.DoorsState ='closed';
    DomPost tr.DoorsState ='open';
    ReqPre for DoorsClosedWhileMoving: tr.Speed = 0;
    ReqPre for SafeEntry&Exit: tr.Position is a platform position;
```

图 3.9 开门操作规格说明

目标的操作化关系与精化关系类似,也可以包含与/或操作化。如图 3.10 所示,“列车在行进中车门保持关闭”被与操作化为两个操作:一方面,需要保证车门不能在行车过程中打开,即开门操作的必要前置条件为列车静止;另一方面,需要保证列车启动时车门是关闭的,即列车启动操作的必要前置条件为车门关闭。

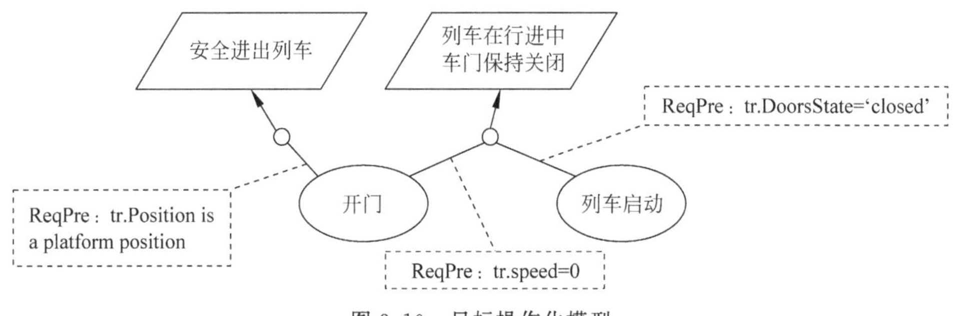

图 3.10 目标操作化模型

3.4 工业界应用

Respect-IT 公司开发的 CASE 工具 Objectiver 能够支持完整的目标分析方法①。它不仅能够支持系统目标的建模与分析,并且能够由分析结果自动生成软件文档,从而降低人力成本。Objectiver 的界面如图 3.11 所示。

面向目标的方法已经应用于航空、医疗、出版等不同领域。其中,在欧盟 SAFEE (Security of Aircraft in the Future European Environment)项目中的应用体现了面向目标的方法的实用价值。该项目联合 31 家欧洲企业、研究所和大学开发航空安保系统,项目规模近 3600 万欧元。在该案例中,面向目标的方法的应用步骤如下。

(1) 对系统干系人进行访谈,对航空规章制度进行分析,构建以安全目标为根的目标模型,并以此为基础进行目标操作化和主体职责分配。

(2) 围绕安全目标进行障碍分析,识别出系统的脆弱性和潜在威胁。

(3) 针对所识别的威胁,提出相应的安全措施,并构建新的需求目标模型。

① 详情参见本章参考文献[9]。

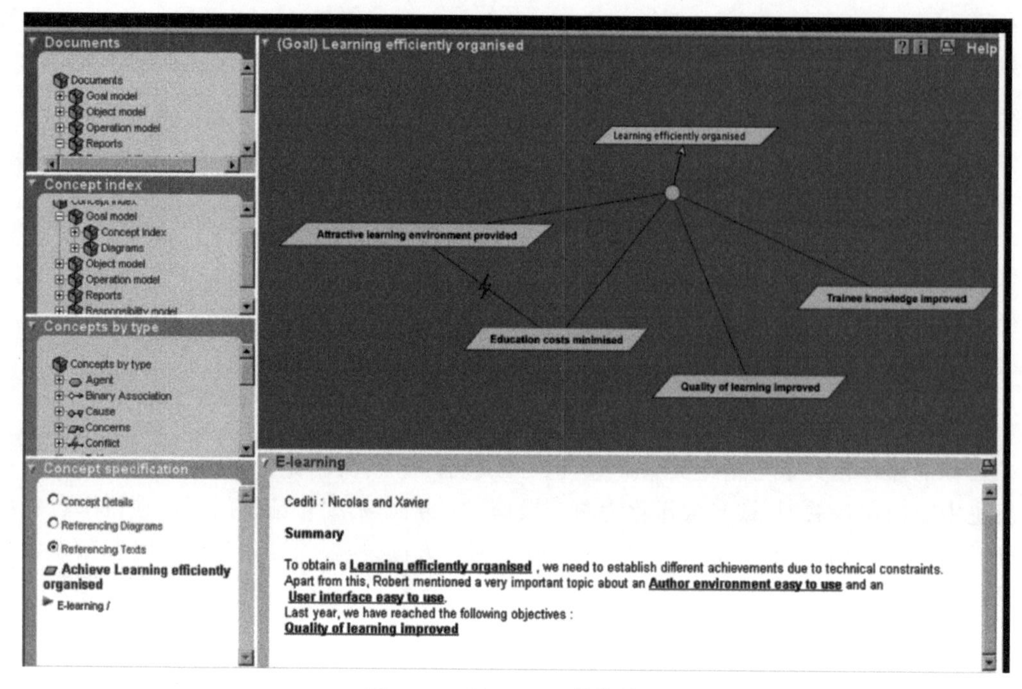

图 3.11　Objectiver 软件界面

SAFEE 项目最终产出了长达 200 页的需求文档，涉及 1400 余个相关概念，包括 25 个主体、100 余个对象、500 余个目标、300 余个威胁、150 余个需求和 300 余个期望①。

3.5　小结与讨论

面向目标的方法将“目标”看作软件需求的源头和依据，以目标为需求获取的基本线索，引导系统干系人按目标的精化关系，逐步构建系统目标与/或树。该方法显式地记录需求的层次，建立高层的抽象需求和低层的具体需求之间的追踪链，不仅描述需要做什么，还清楚地阐述为什么需要这样做。对于复杂系统的需求分析，基于目标精化关系所构建的目标树，能够有效且自然地对系统干系人多层次的关注点进行整合和建模。面向目标的方法也得益于目标之间的与/或精化关系，能够在早期需求分析阶段表示不同的可替代需求方案，并据此获取最优方案。

按描述的具体内容，目标可以分为功能性目标和非功能性目标。功能性目标描述要实现的服务，是干系人期望发生的所有场景的集合，要求所表达的内容是清晰一致的。非功能性目标描述对服务质量的偏好，如良好的保密性、较高的安全性、较强的准确性、较好的易用性等。按描述的抽象层次，目标可以分为高层目标和低层目标。高层目标通常是战略性的、粗粒度的、作用于组织范围的抽象目标；低层目标通常是技术性的、细粒度的和作用于系统设计层面的具体目标。

面向目标的需求分析包括以下步骤：(1)基于目标精化分析，获取系统目标结构，构建

① 详情参见本章参考文献[10]。

目标树；(2)分析并确定目标所关注的对象；(3)分析会对期望实现的目标产生阻碍的系统例外行为，识别并处理潜在的系统风险；(4)确定系统相关的主体及其具备的能力(能够完成的行为)，在此基础上确定主体职责分配的候选方案，并从中选出最优方案；(5)将目标操作化为能够保证目标被满足的操作，并将操作分配给相应的责任主体。

另外，通过与UML模型的深度整合，面向目标的需求分析方法在软件项目开发中的实用性得到有效提升。虽然面向目标的方法可以对半形式化和形式化的目标进行推理，但在实际项目中，该方法仍主要针对非形式化的需求描述展开，一方面是因为形式化表示的门槛较高；另一方面是因为形式化方法在非安全关键项目中的投资回报率不高，非形式化的分析已经能够较好地满足项目的需求分析任务。

3.6 思考题

1. 某高校学生评教系统的需求模型中包含目标“在学期结束之前，教师不能查看学生评教的结果”，请通过思考“为什么”的问题，构建上述目标的父目标。

2. 请思考并阐述需要对目标进行分类(功能性目标和非功能性目标)的原因。

3. 某电影售票系统的需求模型中包含目标“观众选择合适的电影票”，请选择合适的目标精化模式对该目标进行精化分析，并解释选择该精化模式的原因。

4. 拒绝服务是一种常见的网络攻击手法，其目的在于使目标计算机的网络或系统资源耗尽，服务暂时中断或停止，导致合法用户不能够访问正常网络服务。请根据第3题所构建的目标模型，针对拒绝服务攻击进行目标障碍分析建模。

5. 请根据障碍消解的三种策略(障碍清除、障碍减轻和障碍容忍)，思考并阐述两种针对拒绝服务攻击的防御措施。

6. 请说明面向目标的需求分析方法的优点，并基于一个具体的实例来佐证你的观点。

7. 请根据以下智慧医疗场景构建目标模型，并在此基础上识别出潜在的障碍。“独居老人在家中佩戴能够测量脉搏、体温、血压等的可穿戴检测设备。这些设备定期将检测数据传输到智慧医疗系统中。系统记录并保存每位独居老人的检测数据，一旦某项检测数据出现异常，将及时通知附近的社区医疗中心。”

8. 请思考当需求发生变化时如何有效地演化目标模型。以第7题为例，对于患慢性病、需要长期服药的独居老人，智慧医疗系统还需要监控其服药的情况。请根据该新增需求对原有的模型进行演化。

参考文献

[1] Dardenne A, Lamsweerde van A, Fickas S. Goal-directed requirements acquisition[J]. Science of Computer Programming, 1993, 20(1-2): 4-50.

[2] Darimont R, Lamsweerde van A. Formal refinement patterns for goal-driven requirements elaboration [J]. ACM SIGSOFT Software Engineering Notes, 1996, Vol. 21, No. 6: 179-190.

[3] Lamsweerde van A. Requirements engineering[M]. Hoboken, NJ: John Wiley & Sons, Ltd., 2011.

[4] Dalpiaz F, Franch X, Horkoff J. iStar 2.0 language guide[EB/OL]. (2016-06-16)[2022-12-30]. https://doi.org/10.48550/arXiv.1605.07767.

[5] Jureta I J, Borgida A, Ernst N A, et al. Techne: Towards a new generation of requirements modeling languages with goals, preferences, and inconsistency handling [C]//IEEE 18th International Requirements Engineering Conference, 2010: 115-124.

[6] Jureta I, Mylopoulos J, Faulkner S. Revisiting the core ontology and problem in requirements engineering[C]//IEEE 16th International Requirements Engineering Conference, 2008: 71-80.

[7] Horkoff J, Aydemir F B, Cardoso E, et al. Goal-oriented requirements engineering: a systematic literature map[C]//IEEE 24th International Requirements Engineering Conference, 2016: 106-115.

[8] Horkoff J, Aydemir F B, Cardoso E, et al. Goal-oriented requirements engineering: an extended systematic mapping study[J]. Requirements Engineering, 2019, 24: 133-160.

[9] Objectiver[EB/OL]. [2023-04-30]. http://objectiver. com.

[10] SAFEE[EB/OL]. [2023-04-30]. http://objectiver. com/index. php? id=88.

第 4 章 面向主体的方法

软件系统的存在是为了满足人的需要,理解"人的需要"是需求工程的重要一环。如第1章中的案例1.1,由于小红年迈的父母和年幼的子女不擅长使用手机App,他们需要小红来帮他们挂号,由此产生了代办预约挂号的需求。因此,用户社交关系应纳入系统的需求分析需要考虑的范围。另外,为防止"黄牛"干扰正常的预约挂号,代办预约挂号应仅限于直系亲属之间,这又引出身份查验的需求。由此可见,对"人的需要"的分析既要关注用户个人的目标,也要关注其所处社交环境的影响与限制。

"主体"概念源于分布式计算领域的主动对象(Actor)与人工智能领域的智能代理(Agent)。这个概念现在已经广泛应用于计算机软硬件系统中,用于刻画能够主动适应环境变化、自主活动的软件或硬件实体。

面向主体的需求工程方法通过对"有意图主体"之间的社交关系的建模与分析,在系统需求分析中引入社会学分析思路,提供了一种基于组织环境上下文的需求获取与建模的思路,发现主体策略依赖关系,识别系统的早期需求。其代表性方法有i*建模分析框架,和基于i*框架的Tropos方法。i*框架由俞晓光(Eric Yu)提出,在需求工程和信息系统业务建模领域得到广泛应用。

本章首先介绍主体的基本含义及其在需求分析中的作用,然后介绍面向主体方法的建模框架及基于策略主体的需求分析方法。

4.1 概　　述

面向主体的方法将系统的参与者看作有目标且有能力践行承诺的自主主体,围绕主体的意图、知识和社交关系进行建模。面向主体的方法和第3章介绍的面向目标的方法都涉及"目标"和"主体"这两个关注点,但两者的基本假设略有不同。首先,面向目标的方法,以目标为主,其他建模元素都是通过目标导出的,主体是完成目标所需操作动作的执行者;面向主体的方法则从主体出发,目标是隶属于某个主体的。其次,面向目标的需求分析是对目标的不断精化并最终操作化的过程;面向主体的方法不仅涉及对每个主体的目标分析,还涉及对主体的角色和主体间依赖关系的分析,建立主体社交依赖关系模型,从中识别可接受的社交关系分布和系统需求。

4.1.1 主体的含义

如前所述,"**主体**"是能够感知环境变化并对环境进行作用的软件或者硬件实体。面向主体的需求工程将"主体"这个概念引入需求工程领域,为多主体系统开发提供工程化的技

术手段。其中,“主体”这个概念可以理解为以下几种类型:

- **自主主体**是处在复杂动态环境中的计算实体,自主地感知环境并作用于环境,以此实现其设计目标和任务。
- **智能主体**是代替用户或其他程序执行某些动作的软件实体,动作执行过程中具有一定程度的独立性和自主性,能够表达和应用关于用户目标和愿望的知识。
- **软件主体**是一段独立运行的程序,能根据环境监测的结果,控制自身的决策和动作,以实现某种目标。

面向主体的需求工程为软件系统分析提供了新的思路,适合于描述具有分布和自治特性的系统,这类系统由开放、分布的系统参与者群体构成,每个参与者只具有局部知识和控制权,从而为有效描述并发、智能、不确定性的系统提供了解决方案。在面向主体的需求工程中,主体的典型特性包括以下几点。

- **自主性**:主体操作时不需外界直接干预,能够控制其动作执行和内部状态;
- **社会性**:主体(包括人、软件系统、设备等),使用某种通信语言进行交互;
- **反应性**:主体监测周围环境,如物理环境、人机接口、物联网、互联网和其他主体等,并对环境变化适时地加以响应;
- **预动性**:主体不仅根据环境变化而动作,还能够在某种动机的驱策下进行目标驱动的行为。

在需求阶段,主体是在给定业务环境下持续存在的有目标、有意图的实体,并能自主决策,发出动作,改变环境状态。面向主体的方法通过将组织机构、人、软件、硬件都抽象为主体,并对主体的意图和相互依赖关系进行分析,可以在较为深入的层次上理解系统背景和分析系统业务需求。在操作层面,主体又是自主运行的系统单元,在操作环境中持续运行并适时地对环境变化作出反应。主体内部存在某种动作选择机制,可以根据环境和主体的自身状态及主体的当前目标,选择主体将要实施的行为,恰当地刻画社会系统的分布性、动态性和自主性。

4.1.2 主体的作用

面向主体的需求工程方法在系统需求获取和分析过程中,针对软件与其应用环境之间的相互关系的复杂性,给出了应对方法。面向主体的方法与其他需求分析方法的典型区别,就是前者更强调软件系统之间的交互行为背后的意图分析,从而更深入地理解软件及其环境之间的相互依赖关系,并从维护更好的依赖关系的角度提炼新系统的需求。

具体而言,面向主体的方法将待开发软件及其操作环境中的其他软件、硬件、人都视为智能主体,分析每个主体的意图,并在意图层面分析主体之间的相互关系。每个主体将根据其固有的目标和意图产生行为需求,最终实施特定的操作来满足其需求。在这个过程中,主体不是孤立存在的,而是与其他主体之间形成社交依赖关系网络。以主体的社交依赖网络为基础,分析主体的意图及其操作策略,能更好地解释主体需求产生的原因和合理性,从而更加准确地抽取和分析系统需求。

特别是对于大型复杂系统的需求分析,这类系统的行为会随其上下文变化而变化,难以在系统开发早期全面地识别出所有可能的操作,而面向主体的方法通过对用户意图的抽象分析能识别可能的系统行为,有效地控制复杂性。此外,对主体的环境感知能力,以及主动调整已有目标或生成新目标、建立新的行为规划的能力的识别,有助于有效应对系统需求的不确定性。

从方法体系上看，面向主体的方法也可以被看作面向目标的方法的扩展。面向目标的方法从系统的宏观视角将整个系统视为一个主体，阐述设计者期望实现的目标，并分析为实现目标而应采取的操作。面向主体的方法更加具体地分析目标产生的原因，并基于软件的社会性，提出软件系统的目标实际上是在系统环境中多个主体相互作用下产生的，其中主体之间的相互关系是分析的重点。特别地，面向主体的方法强调每个主体是独立自主的，需要从特定主体的分析视角进行需求分析，对主体的认知和理解也是逐步提升的。

综上所述，面向主体的需求分析方法适用于建模涉及多个主体的系统。通过建立主体意图分析模型及社交依赖网络的分析模型，参照人们日常生活中思考推理活动的控制决策过程，并基于对主体意图的依赖关系分析来解读系统相关主体之间的互动行为，最终合理、有效地获取和分析用户需求。

4.2 面向主体的需求建模框架

本节介绍面向主体的需求建模框架 iStar 的主要概念。iStar 的命名表示“分布式的多重意图”的含义。iStar 建模框架将主体(Actor)作为建模核心元素，它可细分为主体角色(Role)或者主体实例(Agent)两类。

每个主体受自身意图目标的驱使，通过对其顶层目标进行精化分析，逐步识别具体的行为操作，并通过分析不同行为对质量目标(与第 3 章中的软目标相对应)的贡献来选择最优的操作化解决方案。当主体无法完全依靠自身的能力和资源满足顶层目标时，则会依赖其他主体来实现部分目标、执行部分任务和获得部分资源。

研究 iStar 建模框架的学者们综合考虑框架的可扩展性、可复用性和易学性等因素，持续对框架进行演化，并于 2016 年形成了新版的建模框架，命名为 iStar 2.0，其元模型如图 4.1 所示。本节围绕图 4.1 分别介绍 iStar 2.0 建模框架中的策略主体、主体意图、依赖关系等核心概念，以及三种典型的模型视图。本节内容均基于远程医疗监护场景的案例，下面给出该场景的描述。

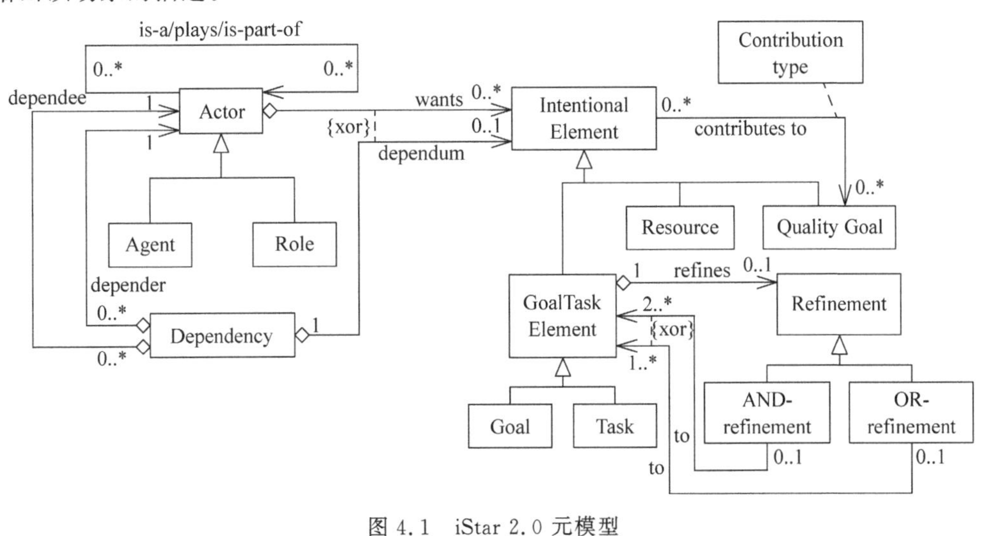

图 4.1　iStar 2.0 元模型

案例 4.1　远程医疗监护

随着互联网与物联网技术的快速发展，远程医疗已成为相关技术在医疗健康行业中的重要应用场景。远程医疗监护利用物联网和无线通信技术实现对患者重要生命体征的实时、长期和连续监测，并将采集的数据传输到远端监控中心，从而使远端医护人员可以根据患者的实时状态，做出及时的病情判断和处理。远程医疗监护可以对部分需住院监控的病人，特别是高血压、糖尿病等慢性病患者，进行远程监控和管理，从而降低病人的治疗成本，同时提高病床周转率，节省医疗资源。

4.2.1　策略主体

主体(Actor)是 iStar 建模语言的核心元素，是社交和意图建模中的基础概念。主体是主动、自治的实体，能够根据自身的知识和能力对其顶层目标进行精化，主动与其他主体进行合作，找出解决问题的候选方案。iStar 2.0 中定义了两类具体主体类别。

- 主体角色(Role)：是对特定领域的社交主体的抽象。如医生、病人等。
- 主体实例(Agent)：是有具体的物理存在的主体，如人、组织机构或部门等。

iStar 主体建模中建议使用上述两种具体的类。若在模型构建过程中，待分析主体是非核心分析对象且不易分类，可以建模为一般性的主体。

主体间一般存在以下三类关联关系(如图 4.2 所示)。

- 整体-部分关系(part-of)：表示代表整体的主体与代表部分的主体之间的关系。只有同类的主体之间才存在整体-部分关系。例如，医院与院内科室之间是整体-部分关系。
- 分类-泛化关系(is-a)：表示代表父类的主体与代表子类的主体之间的关系。例如，内科医生是医生的子类。主体实例不能被进一步泛化。
- 角色扮演关系(plays)：表示主体实例与所扮演的主体角色之间的关系。主体实例在扮演角色后将承担该角色所规定的责任，实现相应的目标。例如，小李作为内科医生，需要承担为病人提供医疗服务的责任。

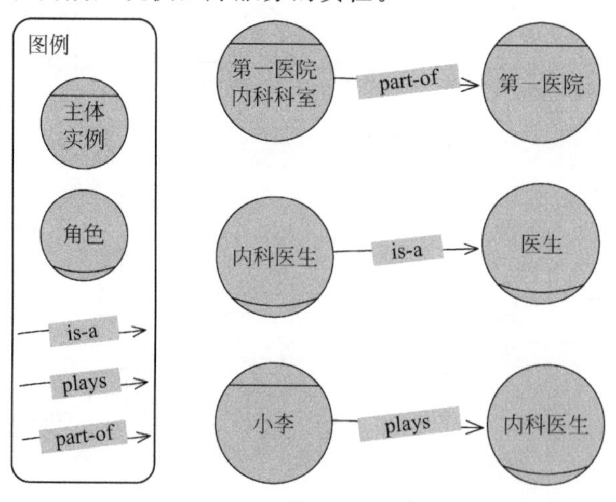

图 4.2　主体概念实例

4.2.2 主体意图

主体在策略和意图的层次上进行推理和分析，从而实现自主决策。与面向目标的方法中的目标概念相比，面向主体的方法中的主体意图概念含义更广泛。对主体意图的建模会用到以下四种模型元素。

- **目标**：与面向目标的方法中的目标概念一样，描述主体希望实现的状态条件，且该条件应具有清晰的达成标准。例如，医生"小李"的目标意图是"为病人提供医疗服务"。
- **质量目标**：描述主体希望特定属性要达到的程度。质量意图通常描述非功能需求。在对质量意图进行描述时，所期望的达成度可能是具有明确定义的，也可能只是模糊的描述。例如，质量意图可以描述为"应具有高便捷性"。
- **任务**：表示主体为实现目标和意图采取的具体操作。例如，医生"诊断病情"是为实现"为病人提供医疗服务"这一目标而完成的一项具体任务，即"诊断病情"定义为任务。
- **资源**：表示主体在执行任务过程中会使用到的物理或信息实体。例如，病人在进行体征数据测量时需要使用"可穿戴体征监控设备"(物理实体)，而医生在进行诊断时需要用到病人的"体征数据"(信息实体)，则"可穿戴体征监控设备"和"体征数据"定义为资源。

面向主体的方法中，意图元素需要关联到特定主体，即该意图的拥有者。例如图 4.3 表达了主体"小李"的意图，放置于主体边界(虚线圆)内的意图元素与该主体("小李")具有附属关系。对每个主体的意图进行建模分析，需要从该主体的视角出发，不同的主体有不同的分析视角和分析策略。

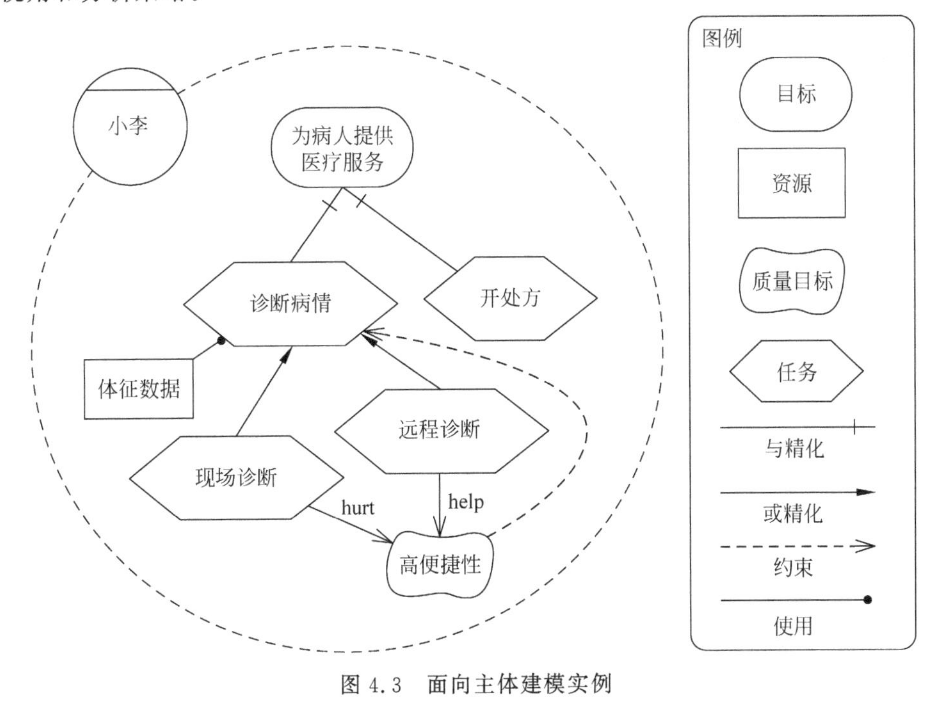

图 4.3 面向主体建模实例

相较于面向目标的方法，面向主体的方法基于上述四种类型的意图元素，能够表示和分析更为复杂的需求场景。例如，面向主体的方法除了支持对于主体意图的精化(Refinement)分析，还根据不同类型意图元素的含义，支持对意图之间贡献关系(Contribution)、使用关系(Use)和约束关系(Restriction)的分析。表 4.1 给出了这四种关系在不同类型的意图元素之间的适用情况。

表 4.1　意图元素间的相互关系

起始(父)元素	终止(子)元素	两者之间的关系
目标	目标	精化关系
目标	质量目标	贡献关系
目标	任务	精化关系
质量目标	目标	约束关系
质量目标	质量目标	精化关系
质量目标	任务	约束关系
质量目标	资源	约束关系
任务	目标	精化关系
任务	质量目标	贡献关系
任务	任务	精化关系
资源	质量目标	贡献关系
资源	任务	使用关系

(1) **精化关系**：表示目标与任务之间的抽象关系，将一个抽象的目标或任务分解为一个或多个更加具体的目标或任务，建立操作层面意图与目标层面意图的关联，辅助实现需求的可跟踪性。这里与面向目标的方法类似，采用了"与精化"和"或精化"两种精化关系。其中，与精化关系表示当且仅当所有子目标/任务都被满足时，父目标/任务被满足；或精化关系表示至少一个子目标/任务被满足时，父目标/任务被满足。为保证模型的可读性和可理解性，一个主体模型只给出一个目标或任务的精化方式。

基于目标与任务的定义，它们分别作为精化关系中父元素和子元素时，具有不同的含义。在最早的主体建模框架中，目标精化和任务精化分别使用分解(Decomposition)和手段-目的(Means-End)关系表示。为降低建模语言的复杂性，现在这两种关系统一表示为精化关系，但仍强调不同的父子元素类型组合具有不同的含义。

- 父目标精化为子目标：每个子目标表示父目标所描述的状态条件的一部分。
- 父目标精化为子任务：每个子任务表示实现父目标的一项具体操作。
- 父任务精化为子任务：每个子任务表示父任务所描述的操作方法的一部分。
- 父任务精化为子目标：每个子目标表示在父任务执行过程中需要满足的状态条件。

如图 4.3 所示，医生"小李"的顶层目标是"为病人提供医疗服务"，为实现该目标需执行"诊断病情"和"开处方"两项任务(与精化)。其中"诊断病情"可通过"现场诊断"或"远程诊断"两种方式之一进行(或精化)。

(2) **使用关系**：描述用户在执行具体操作时所需使用的资源，强调操作过程中的资源依赖，从而更好地支持相关需求分析(变更影响分析等)。例如，医生在执行"诊断病情"任务时需要了解病人的"体征数据"(图4.3),不论医生采取何种操作方法"诊断病情"(现场诊断或远程诊断),均需获取病人的"体征数据"。需要注意的是,"使用关系"描述任务操作与相关资源的一般化关联关系,并不进一步细分具体的使用方式。

(3) **约束关系**:描述质量属性所约束的对象。如表4.1所示,质量可以约束目标、任务或资源,表示实现目标、执行任务或提供资源时期望满足的质量属性。换言之,约束关系旨在描述质量属性的约束范围。根据领域场景和需求的不同,特定质量属性所约束的对象范围也不同。如图4.3所示,小李在"诊断病情"时考虑"高便捷性"的质量需求(建模表示为"高便捷性"约束"诊断病情"),而在"开处方"时则不考虑该质量需求。

(4) **贡献关系**:描述意图元素对质量的影响,是基于目标模型进行决策分析的核心要素。如表4.1所示,每一种意图元素的满足都会在不同程度上对特定的质量属性产生积极或消极的影响,即形成从该意图元素到质量属性的贡献关系。由于质量的满足程度往往依赖主观判断,因此意图元素对质量的贡献只能定性地描述,有以下四种。

- 使能(Make):意图元素的满足对质量属性产生充分的积极影响。
- 帮助(Help):意图元素的满足对质量属性产生一定的积极影响。
- 损害(Hurt):意图元素的满足对质量属性产生一定的消极影响。
- 破坏(Break):意图元素的满足对质量属性产生充分的消极影响。

基于贡献关系的决策分析分为定性分析和定量分析两种。其中,定性分析从目标可满足性角度考虑目标的状态,分为四种:完全满足(Full Satisficing,FS)、部分满足(Partial Satisficing,PS)、部分拒绝(Partial Denial,PD)和完全拒绝(Full Denial,FD)。表4.2列出了定性的目标模型可满足性传播规则。以定理⑦为例,它的含义是:如果目标 G_2 对目标 G_1 有"帮助"程度的贡献关系,那么当 G_2 部分满足时,可推导出 G_1 也是部分满足。

表4.2 定性目标模型可满足性传播定理

定理名称	目标关系	定理
可满足性公理	G	① $FS(G) \to PS(G)$
		② $FD(G) \to PD(G)$
基于精化关系的可满足性推理	$And(G_1, G_2, G_3)$	③ $(FS(G_2) \wedge FS(G_3)) \to FS(G_1)$
		④ $(PS(G_2) \wedge PS(G_3)) \to PS(G_1)$
		⑤ $FD(G_2) \to FD(G_1), FD(G_3) \to FD(G_1)$
		⑥ $PD(G_2) \to PD(G_1), PD(G_3) \to PD(G_1)$
基于贡献关系的可满足性推理	$Con(G_2, Help, G_1)$	⑦ $PS(G_2) \to PS(G_1)$
	$Con(G_2, Hurt, G_1)$	⑧ $PS(G_2) \to PD(G_1)$
	$Con(G_2, Make, G_1)$	⑨ $FS(G_2) \to FS(G_1)$
		⑩ $PS(G_2) \to PS(G_1)$
	$Con(G_2, Break, G_1)$	⑪ $FS(G_2) \to FD(G_1)$
		⑫ $PS(G_2) \to PD(G_1)$

基于表4.2中的可满足性传播定理,可以分析得到每个目标的满足程度。之后,通过分析不同候选方案对系统质量的影响程度,可以定性地进行决策分析。例如,图4.3中,"远程诊断"的方式能够使病人足不出户即可进行诊断,对"高便捷性"有一定的积极影响;相反,"现场诊断"需要病人到医院就诊,在一定程度上对"高便捷性"产生了消极的影响。如上文

所述，小李在诊断病情时关注“高便捷性”(即高便捷性约束诊断病情)，因此综合考虑图 4.3 场景中的约束关系和贡献关系，小李将选择采取“远程诊断”。

需要的时候，可以对贡献关系进行定量分析，即给出目标之间的具体贡献程度，并基于该量化数值进行计算。此类分析的难点在于分析师往往难以给出贡献关系的量化值，因此，从可行性角度讲，定性分析更为合适。

4.2.3 依赖关系

面向主体方法的一个核心思想是强调对不同主体进行差异化分析。每个主体不仅能够通过对目标意图的精化识别出细粒度的需求，而且能够根据自身能力和偏好选择独立实现或依赖其他主体实现其需求，这是提出依赖关系的主要考虑。具体地，依赖关系包含五个要素：依赖者、依赖者意图、依赖项、被依赖者、被依赖者意图。五个要素之间的关系可以用图 4.4 示意性地给出，各要素的具体含义如下。

- 依赖者(Depender)：需要依赖其他主体来满足自身意图的主体。
- 依赖者意图(DependerElmt)：依赖者依靠其他主体所满足的某个自身的意图，一般作为依赖关系的起点。
- 依赖项(Dependum)：是依赖者依靠被依赖者的具体内容。
- 被依赖者(Dependee)：提供依赖者所要求的依赖项的主体。
- 被依赖者意图(DependeeElmt)：表示被依赖者的能够提供依赖项的意图元素，一般作为依赖关系的终点。

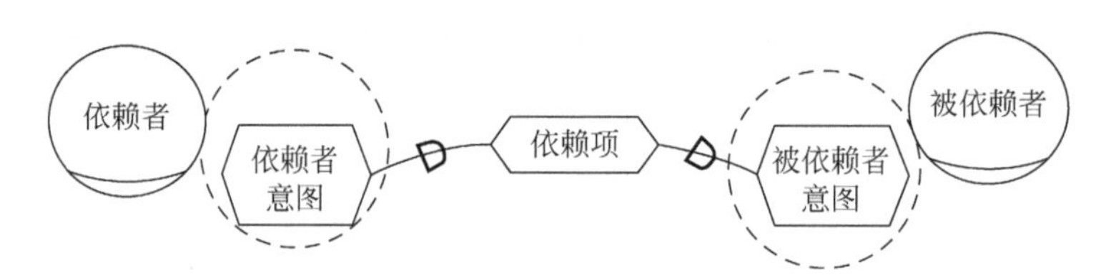

图 4.4　依赖关系五要素的关系示意图

主体根据自身的条件来执行动作以实现预期的目标，其中可以有一些依赖项需要被依赖者支持。依赖项与依赖者的目标相关，因此这样的依赖是有意图的。例如，当依赖项与依赖者的目标相关时，被依赖者通过提供服务满足依赖者的意图。当依赖项与依赖者的任务相关时，被依赖者通过完成该任务来满足依赖者的意图。当依赖项与依赖者的资源相关时，被依赖者通过提供资源来满足依赖者的意图。如果被依赖者不能按约定提供依赖物，那么依赖者会因而无法实现预期目标。如图 4.5 所示，老张依赖于小王提供药，如果小王无法顺利提供药或者给错了药，就会给老张保持健康的目标带来消极的影响。

根据依赖项的类型，iStar 2.0 区分了四类依赖关系，即目标依赖、质量依赖、任务依赖和资源依赖。依赖关系的提出也体现了面向主体的方法的特色，即主体在一定的社交规范约束下，其活动有一定的自由度。这四类依赖关系分别对应不同层次的决策自由度。

- 在目标依赖中，依赖者要依靠被依赖者去达成目标状态，被依赖者可以自由选择怎么做。

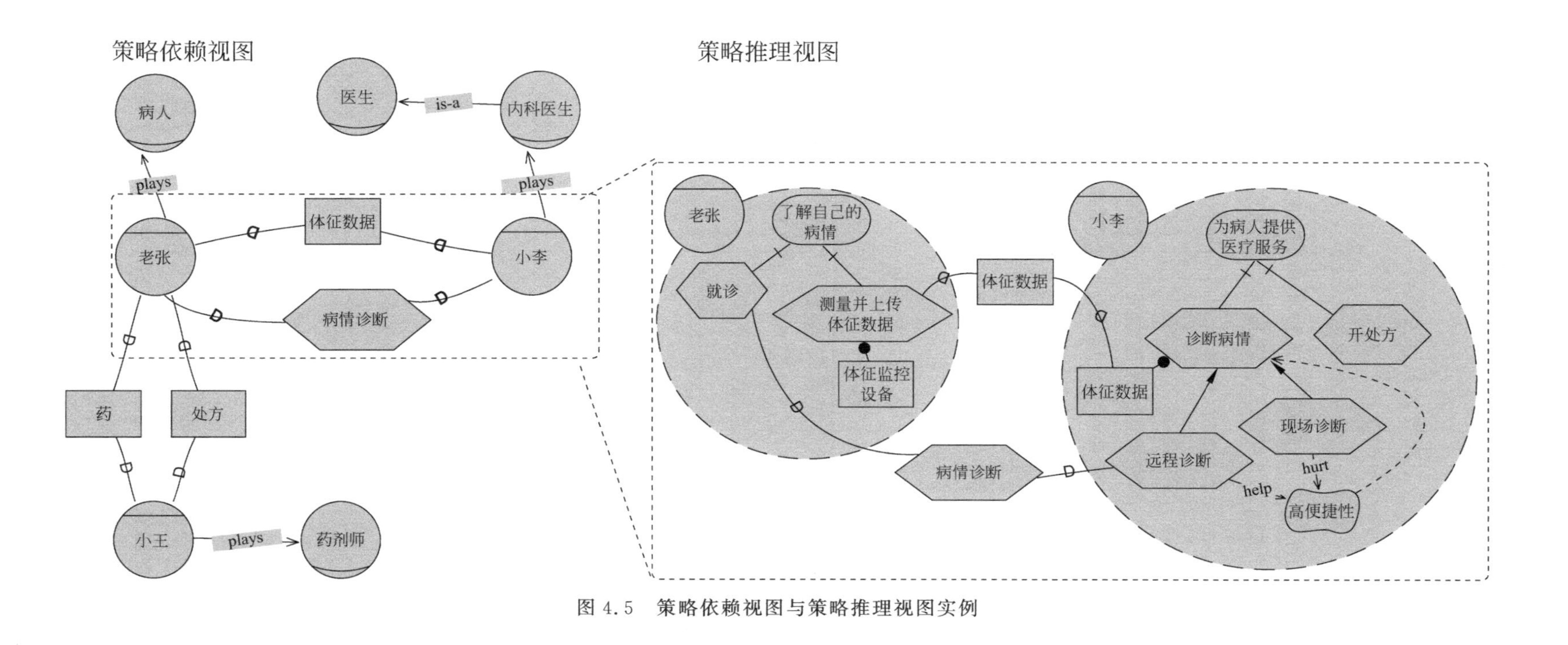

图 4.5 策略依赖视图与策略推理视图实例

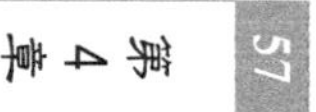

- 在质量依赖中,依赖者要依靠被依赖者去满足某种质量,被依赖者可以自由选择怎么做能够满足。
- 在任务依赖中,依赖者依靠被依赖者去执行某个活动过程。该任务依赖明确指出任务执行的具体步骤,而不问为什么。
- 在资源依赖中,依赖者依靠被依赖者提供一个可用的实体资源。

上述依赖关系的五个要素中,依赖者、依赖项和被依赖者是描述依赖关系的必选项,而依赖者意图和被依赖者意图是可选项。显式地表示依赖者意图能够清晰、有效地说明依赖者为什么依赖于其他主体,而对被依赖者意图进行建模旨在阐明被依赖者如何提供依赖项中所要求的意图元素。

iStar 2.0 中,不同的建模视图根据其建模关注点的不同,对依赖关系表示有不同的要求,如图 4.5 所示。其中,策略推理视图采用完整的依赖关系描述,而策略依赖视图则只展示必要概念(4.2.4 节将详细介绍两种视图)。

图 4.5 左侧的模型包含了病人"老张"与内科医生"小李"之间的依赖关系,其中"老张"依赖于"小李"进行病情诊断,而"小李"依赖于"老张"提供"体征数据"。图 4.5 右侧展示了依赖关系的完整模型,包含依赖者与被依赖者的意图,表示主体为什么依赖/被依赖于其他主体。具体地,"老张"有"就诊"的意图,因此需要依赖于其他主体实现"病情诊断"的意图,"小李"所拥有的"远程诊断"的意图能够有效地满足老张"病情诊断"的意图。

在依赖关系的完整模型中,依赖者意图、依赖项和被依赖者意图这三个概念可以是同样的描述,也可以不同。例如图 4.5 中,"老张"与"小李"在涉及体征数据的依赖关系中,依赖者意图和依赖项的描述是一致的(即"体征数据")。

4.2.4 模型视图

实际案例建模中,基于主体的方法所构建的模型往往规模庞大,可能包含数百个模型元素。因此,基于各个模型元素的语义,使用三种模型视图对主体模型进行可视化,即策略依赖视图(Strategic Dependency,SD)、策略推理视图(Strategic Rationale,SR)和混合视图(Hybrid SD/SR)。

策略依赖视图展示主体、主体间的关联关系及主体间的依赖关系。该视图以主体作为分析对象,一方面分析每个主体在场景中所扮演的角色,以及主体之间的组成和泛化关系;另一方面分析主体间如何通过相互依赖实现目标,满足质量,执行任务和获得资源。该视图一般用于对系统场景的整体刻画,能够直观、有效地识别和展示系统利益相关者,分析其目标的成功机会和薄弱点(4.3 节将详细介绍相关分析方法)。图 4.5 左侧展示了医疗诊断场景中主体的策略依赖视图。

策略推理视图关注每个主体的具体意图,重在描述主体如何精化目标,生成和选择候选目标的解决方案。较之于策略依赖视图中将每个主体作为一个"黑盒子"进行分析,策略推理视图展开了主体内在的意图分析推理细节,能够清楚地阐明每个主体为何与其他主体产生依赖关系,以及如何满足自身的顶层目标。图 4.5 右侧展开了图中左侧虚线框中两个主体的策略推理视图。

混合视图，顾名思义，指在模型可视化中混合使用策略依赖视图和策略推理视图。策略依赖视图能够简洁、有效地展示场景中主体间的相互关联和依赖，但无法展示主体内在的意图和推理；策略推理视图能够展示更多主体信息，但其可扩展性存在问题，随着分析场景的复杂化，模型可包含数百个元素，模型可读性低。混合视图综合考虑上述两种视图的特点，旨在扬长避短，尽量发挥每种视图的优势。实际的需求分析中往往依次分析每个主体，采用混合视图可以"展开"待分析主体，"折叠/隐藏"其他主体，既能清楚地了解该主体的目标分析推理，也能把握该主体与其他主体的关系。

4.3 基于策略主体的需求分析

多数需求分析方法从原始需求陈述开始需求分析活动。原始需求通常是非形式化的自然语言文本，有些描述是含糊的、不完整的、矛盾的。为了让开发人员建立系统开发所需的需求文档，许多需求语言和建模框架都通过一定程度的结构化和形式化来提高需求表述的精确性、完整性和一致性。

面向主体的方法包括主体识别、主体目标和任务识别、目标和任务精化、目标实现策略分析、主体间依赖关系识别等分析任务。需求模型分两个层次，基础层是主体模型，描述单个主体的目标-任务分解结构；全局层是主体之间的依赖模型，明确不同主体间的依赖关系。

基于主体建模框架 iStar 提出的 Tropos 建模分析方法，明确将需求建模分析划分为早期需求分析(Early Requirements Analysis)和后期需求分析(Late Requirements Analysis)。核心思想是**分别对原始问题场景和引入待开发系统后的问题场景进行分析**。其中前者为早期需求分析，旨在分析待开发系统的必要性，需要考虑有策略和意图的主体如何满足系统和组织的目标，系统又是如何嵌入更大的组织环境中发挥作用，以更好地理解需求的来源；后者为后期需求分析，具体分析待开发系统如何适配现有问题场景，即该系统如何与其他主体交互并满足其需求。

4.3.1 早期需求分析

早期需求分析过程中，面向主体的方法持一种描述性的观点，目的在于更好地理解系统所属的组织环境，识别利益相关者及他们真正关心的利益。早期需求分析有助于理解待开发系统的组织环境，并在此基础上分析不同的候选系统方案对组织中相关主体的影响。其特点体现在以下几个方面。

- 深入分析系统开发所涉及的环境和领域的假设。经验表明，对领域理解得不够充分是许多项目失败的主要原因。对领域的了解，除分析领域实体和事实外，还需要理解不同类主体的意图、偏好和能力。策略依赖模型还能够表示主体决策的自由度，表示策略及意图层次上的不同关注点。
- 为用户获取初始需求提供系统化的建模分析框架。随着系统的发展，候选技术和组织方案使得相关的设计决策空间不断扩大，需求的复杂性和多样性不断提升。面向主体的方法能帮助开发人员理解用户的真实意图，也能帮助用户理解技术和系统的能力。

- 支持从源头追溯需求的变化。可追踪性在需求工程中非常重要,对组织上下文的分析,可以帮助从源头开始对软件需求及其变化进行全程追溯分析。
- 有机融合和运用组织与策略知识。这些知识包括不同领域主体的目标和兴趣,以及不同技术系统和特征如何满足这些目标和兴趣。案例和领域通用知识的收集、组织和使用,能加深对领域主体之间关系的理解,可以在更高的抽象层次上实现领域需求知识复用。

图 4.3 是早期需求分析模型的样例,主要描述待开发系统所处的问题场景及相关组织结构。换言之,早期需求分析关注问题场景中的主体(利益相关者)在没有启用待开发系统时的状态和关联关系,用于理解系统所处的组织环境。图 4.5 所展示的局部策略推理视图,描述了"小李"依赖"老张"提供"体征数据",而"老张"依赖"小李"提供"病情诊断"服务。其中"老张"的意图包含一项具体的任务"测量并上传体征数据",而数据如何传输、传到哪里等问题并没有在该模型中呈现。这些缺失的信息留待后期系统需求分析和设计过程中确定。

4.3.2 后期需求分析

后期需求分析侧重于待开发系统的相关功能和质量的细化。具体地,待开发系统也被表示为一个主体,该主体与组织环境中的其他主体存在诸多依赖关系,并在此基础上定义待开发系统的功能和非功能需求。后期需求分析主要关注以下方面。

- 待开发系统和与主体策略相关的组织结构:分析主体的成功机会和脆弱性,分析包括待开发系统在内的主体之间的相互依赖关系。
- 待开发系统和环境的候选方案:分析不同方案对问题场景中的功能性和非功能性需求的满足程度。
- 基于候选的待开发系统方案的影响分析:用于识别系统干系人。
- 基于领域知识的需求分析技术:将用于进行待开发系统的设计,并建立从实现决策到商业策略决策原则和假设的全程追踪。

具体而言,在后期需求分析中,通过引入待开发系统,有针对性地解决没有启用待开发系统时存在的问题,并通过精化分析获取待开发系统的具体需求。例如,在图 4.5 的早期需求分析模型的基础上,将待开发的"医疗诊断系统"加入模型中,并构建其与相关主体的关联和依赖关系,从而清晰地表达"医疗诊断系统"的应用场景(图 4.6)。其中,待开发的"医疗诊断系统"首先需要具有"接受并存储病人体征数据"和"展示病人体征数据"这两个功能,支持问题场景中体征数据的传输需求。这两个功能性需求中,"医疗诊断系统"依赖"老张""测量并上传体征数据",而"小李"依赖"医疗诊断系统"满足其获取"体征数据"资源的意图。此外,"老张"和"小李"需要依赖"医疗诊断系统"进行远程诊断,因此该系统需要满足"实现远程诊断"的需求。由于问题场景中没有明确规定实现远程诊断的形式,需要针对"医疗诊断系统"这个主体进行目标精化分析,并理性地选择最优的实现方式。如图 4.6 所示,在针对"实现远程诊断"的精化分析中,根据当前技术,可以得到"即时通信"和"视频通话"两个候选方案。其中"即时通信"有助于保证诊断的"高稳定性","视频通话"由于其对传输带宽要求较高,因此对"稳定性"有一定的影响,但能够提供"良好用户体验"。

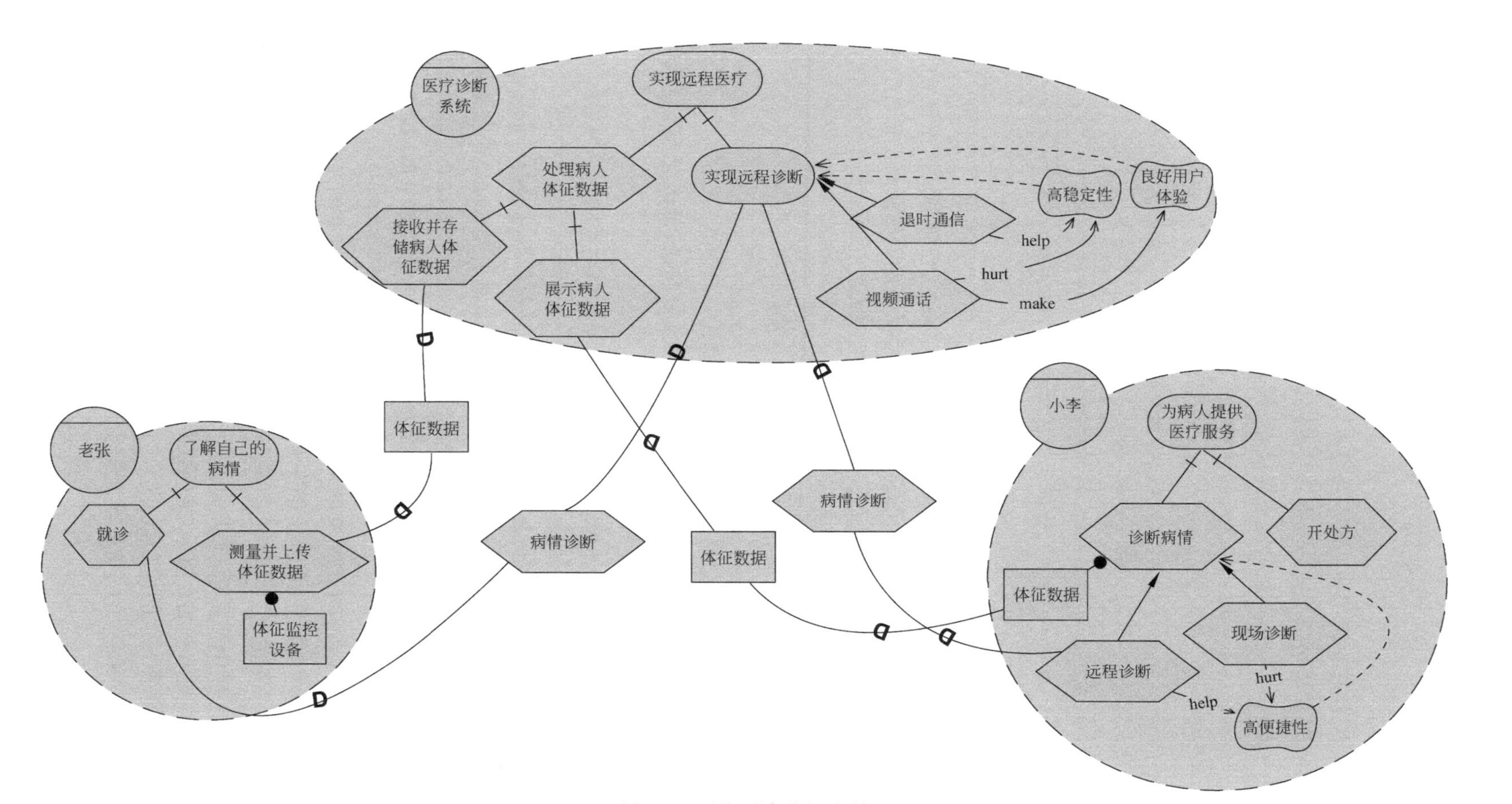

图 4.6　后期需求分析实例

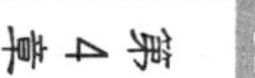

4.4 小结与讨论

面向主体的方法旨在描述和推理一个更具开放性的现实世界概念，并从中找到适合系统干系人的功能性和非功能性需求。由于其需求识别围绕具体的主体角色展开，有助于收集到更全面、更真实的需求，克服因需求提供者、利益相关者及待开发系统的干系人等可能存在的对待开发系统的不同理解和观点而导致的需求识别不合适的问题。

本章结合主体需求建模框架 iStar，介绍了面向主体的方法的主要思想，即将主体视为有意图和策略的实体，拥有自己的设计目标。对策略主体而言，主体需求建模框架提供了对策略关系进行深入理解和分析的概念框架，帮助主体认识自己的利益追求。在早期需求过程中，侧重深入分析现有业务过程，通常是在建模过程中发现的主体目标，随着分析过程的进行，引入设计策略，不断细化目标，并评估设计方案对目标的影响，在这个过程中可能通过对新依赖关系的识别，找到更多潜在的利益相关者。

待开发的系统是为实现主体希望达成的目标而确立的，引入待开发系统的目的是使整个主体依赖网络更加鲁棒，并具有更好的性能。面向主体的方法强调建模过程中的交互性，其方法框架主要提供获取需求信息的引导手段，建模过程中需要与待开发系统的干系人不断交互，依赖他们的判断，不强调自动化，不强调自动推荐解决方案或提供最终的选择建议。

4.5 思考题

1. 请辨析用户需求和系统需求，并各举一例，说明其不同之处。

2. 请思考在 i* 建模框架中如何表示用户需求和系统需求，两者之间是否存在关联。如存在，请结合一个具体的 i* 模型说明两者之间的关系。

3. 请说明 i* 建模框架中的策略依赖视图和策略推理视图之间的区别和联系，并分析这两种视图分别适用于哪些分析场景。

4. 某高校拟开发一套在线考试系统，并正在进行该系统的需求分析。请写出至少 3 个该系统的利益相关者，并使用 i* 建模框架的策略依赖视图对这些利益相关者及其相互之间的关系进行建模。

5. 在第 4 题在线考试系统中，请分别分析每位利益相关者所拥有的质量目标，并分析不同利益相关者的质量目标之间是否可能存在冲突。

6. 在第 4 题在线考试系统的研发中，有以下两种可行的在线考试方式。

(1) 教师上传电子版试卷，系统向学生展示试卷内容。学生在白纸上作答，然后拍照上传作答结果。

(2) 教师在系统中编制试题，学生可以在系统中看到试题并直接在系统中作答。

请使用 i* 建模框架对上述情景进行建模，分析这两种方式对不同利益相关者的影响，在此基础上比较这两种方式的优劣。

7. 较之于面向目标的方法，请说明面向主体的方法的优点，并给出一个具体的例子来佐证你的观点。

参考文献

[1] Eric S K, Giorgini P, Maiden N, et al. Social modeling for requirements engineering[M]. Cambridge, MA: MIT Press, 2011.

[2] Dalpiaz F, Franch X, Horkoff J. iStar 2.0 language guide[EB/OL]. (2016-06-16)[2022-12-30]. https://doi.org/10.48550/arXiv.1605.07767.

[3] Gonçalves E, de Oliveira M A, Monteiro I, et al. Understanding what is important in iStar extension proposals: the viewpoint of researchers[J]. Requirements Engineering, 2019, 24: 55-84.

[4] Li T, Grubb A M, Horkoff J. Understanding Challenges and Tradeoffs in iStar Tool Development [C]//9th International i* Workshop, 2016: 49-54.

[5] Horkoff J, Aydemir F B, Cardoso E, et al. Goal-oriented requirements engineering: an extended systematic mapping study[J]. Requirements Engineering, 2019, 24: 133-160.

[6] Liaskos S, Yu Y, Yu E, et al. On goal-based variability acquisition and analysis[C]//14th IEEE International Conference of Requirements Engineering, 2006: 79-88.

[7] Letier E, Lamsweerde van A. Reasoning about partial goal satisfaction for requirements and design engineering[J]. ACM SIGSOFT Software Engineering Notes, 2004, Vol. 29, No. 6: 53-62.

[8] Giorgini P, Mylopoulos J, Nicchiarelli E, et al. Reasoning with goal models[C]//International Conference on Conceptual Modeling. Berlin, Heidelberg: Springer, 2002: 167-181.

[9] Mavin A, Wilkinson P, Teufl S, et al. Does Goal-Oriented Requirements Engineering Achieve Its Goal [C]//25th IEEE International Conference of Requirements Engineering (RE), 2017: 174-183.

[10] Horkoff J, Yu E. Comparison and evaluation of goal-oriented satisfaction analysis techniques[J]. Requirements Engineering, 2013, 18(3): 199-222.

[11] Yasin A, Liu L. Recent Studies on i*: A Survey[C]//10th International iStar workshop, 2017: 79-84.

第5章 问题驱动的方法

问题驱动的方法由问题框架方法发展而来，它是一种面向问题域的分析方法，它认为需求存在于现实世界中，存在于一组可识别的现实世界实体上，是关于现实世界实体产生的现象之间的一组期望关系。这组关系在没有引入待开发软件之前并不成立，待开发的软件就是用来使这些关系得以成立。因此，问题驱动的方法认为需要从现实世界的实体及这种期望的关系出发，推断出待开发软件的需求规格说明。

本章介绍问题驱动的方法，含问题结构化分析的相关概念和技术，包括方法概述、问题框架的描述、基于框架关注点的分析过程，以及一些综合的问题关注点。

5.1 概　　述

软件需求工程首先需要关注待开发软件要解决的问题，而不是直接进行解决方案的设计，这是需求工程界公认的原则。问题驱动的方法遵循从问题出发这个原则，倡导从现实世界中寻找软件需求的源头，并从源头出发推断对软件能力的要求。

这种需求识别的理念适合于什么场景呢？图5.1示意性地给出了人机物融合应用场景中的问题定位视角，即软件要解决的问题来自包含人类社会和物理社会在内的现实世界，软

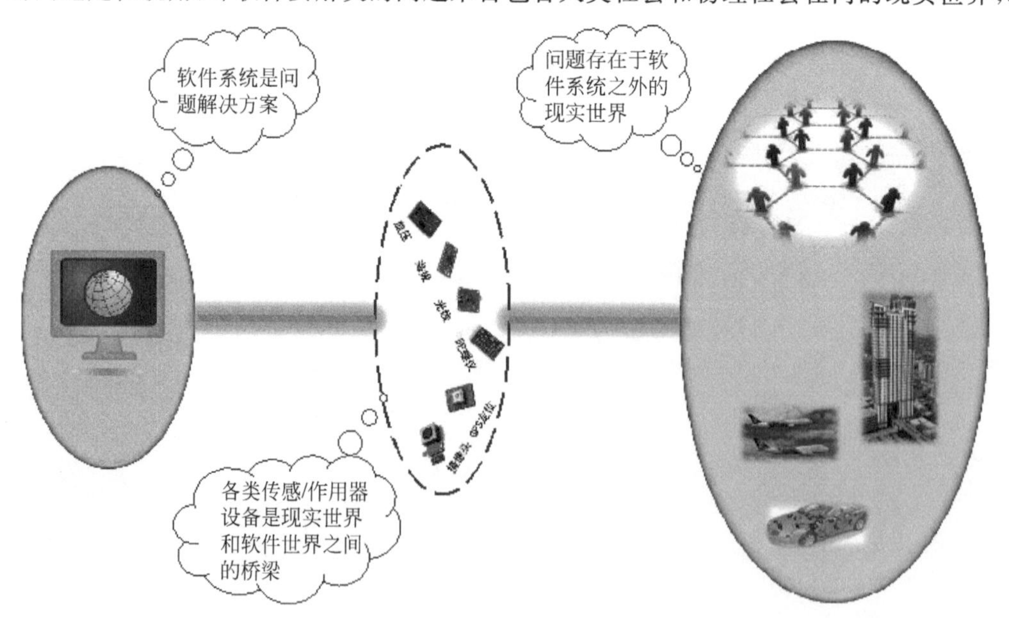

图5.1　问题和解决方案

件加上与其相关联的物理设备或人等现实世界的实体，构成一个人机物融合系统。这个系统是问题的一种解决方案，它通过由各类传感设备等组成的信息采集通道，接收来自现实世界的信息，然后根据其设计好的计算解决方案，产生问题求解过程中实施决策和控制的信息，并通过由各种激活器等组成的信息输出通道实施到现实世界中，从而带来期望的效果。因此，问题驱动的方法关于需求定位的思路特别适合于这类支持人机物融合应用场景的软件。

问题驱动的方法主要解决如何定位问题以确定软件问题的边界、如何表达问题以准确刻画需求、如何分解问题以控制问题的复杂度，以及如何根据问题框架（或模式）推断软件设计规格说明，等等。第1章开头给出的案例1.2是关于“智能家居系统”的场景描述，从这个场景出发，可以进一步了解最终用户理想中的智能家居（如案例5.1所示）。本节将结合这个案例回答前三个问题，最后一个问题将在5.3节中具体讨论。

案例 5.1　理想中的智能家居

你想要什么样的智能家居呢？我们可以想到很多让生活更方便的方式。例如：

早上起来，能知道室内温度和湿度、室外温度和空气质量等，以决定当天的衣着和行程。走进厨房，咖啡机正做着自己喜欢的口味的咖啡。面包机也打开了。当然，如果有厨房机器人的话，机器人会把早餐准备好、放到餐桌上。

上班时，能随时观察家中老人的生活起居。家中老人也能得到实时监护，包括定时测量血压、体温、脉搏等。这些身体指标都是由家庭医生专门指定的，如果指标超出了医生给定的安全范围，监护人能及时得到通知。如果监控设备失效，监护人也能收到提示。

还能随时查看当日、当月、当季或指定时间段的运动健康表，以查阅个人身体变化情况，保持身体健康。

家中有人时，室温尽可能保持在让人舒适的温度，如26℃。另外，还需要从整体上考虑节能及居家安全和隐私保护的需求。

对家居智能化的期望给出了待开发系统面临的现实世界问题。在案例描述的智能家居场景中，软件开发的问题就是如何管理和调度如空调、温度感应器、医学监护仪等居家设备，协调它们的运行和能力，从而为生活起居带来舒适和便利。其软件开发任务就是设计并开发一个能实施设备管理和调度并协调它们运行的软件。这类软件将通过各种交互设备直接与现实世界进行交互并起作用，软件及其调度的设备实体构成满足最终用户需求的系统。

5.1.1　问题的定位

采用问题驱动方法，首先需要定位问题，关注点是“问题在哪里”。前面已经提到，软件要解决的问题处于现实世界中，问题涉及的元素需要到现实世界中去找，更直接地说，就是“待开发的软件将来会和现实世界的什么实体发生什么联系，并期望得到什么效果”。例如，上述的案例5.1中，那些需要管理、调度和协调运行的设备，以及需要服务的人和参与服务的人等，可能都是待开发软件未来需要交互的对象。这些现实世界的实体成为待开发软件会涉及的现实世界对象，它们形成了待开发软件的边界，通过这些交互对象关联到的现实世界部分成为问题的边界。

图 5.2 示意性地给出了案例 5.1 中软件及其系统的问题边界。其核心部分是待开发的智能家居系统软件，围绕着它的是一组软件能协调管理和调度或部分协调管理的现实世界实体。也存在一些现实世界实体，软件可能无法与它们建立直接的联系，需要如图 5.2 所示的传感设备和控制设备等为其架起桥梁。

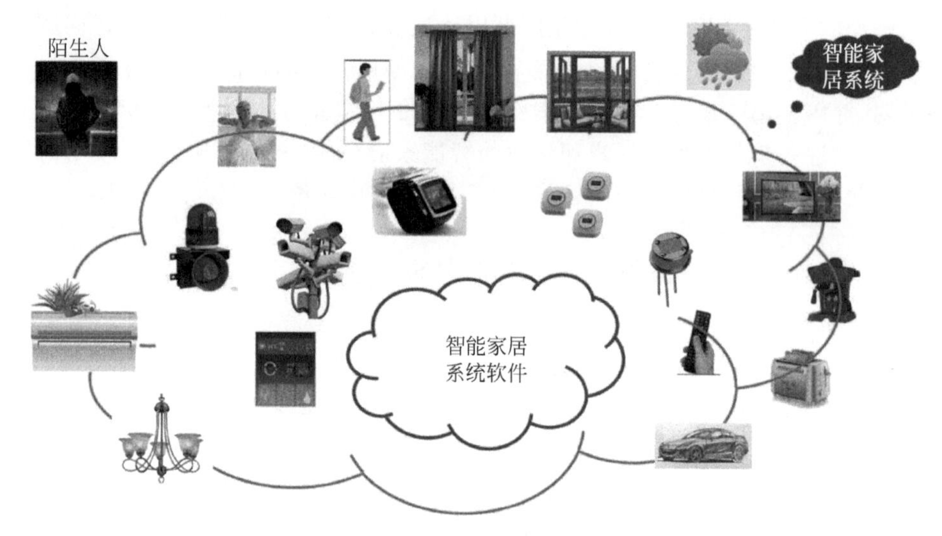

图 5.2 智能家居系统的问题边界示意图

待开发软件及其与这些现实世界实体的直接或间接交互，形成了待开发软件的上下文，可以用上下文图来表示，它形象地展示了这个软件将处于的交互环境，同时还展现了软件与交互对象之间的接口，即软件如何与其环境实体连接。在问题驱动的方法中，软件称为机器领域，而其环境实体称为问题领域，机器领域和问题领域统称为领域。对待开发软件而言，有一类特殊的环境实体，如其他软件，它们也属于待开发软件的问题领域，但又区别于诸如天气、人和设备等物理实体，它们有一个专门的名字，叫设计领域，而其他的问题领域叫给定领域。

领域之间共享一组现象，形成交互关系，又称为领域间的接口。当其中一个领域激发了需要关注的现象时，另一个领域通过这个接口能同时共享这个现象。两个领域之间共享哪些现象，需要根据应用需求和问题领域的特性来决定。

上下文图涉及如下三类领域，其中，每个上下文图有且仅有一个机器领域。

- 机器领域：指待开发的软件，当前的软件开发任务就是设计这个软件，使得能使用它来实现问题领域中的现象之间的一组期望关系，以满足系统需求。
- 给定领域：指现实世界中的实体或物理设备，它们的属性不是通过假设或规定来获得，而是由自然规律或物理特性决定。问题分析的目标，就是根据其固有的特性，设计机器领域的行为，以建立与它们的共享现象，来影响给定领域产生期望的行为。例如，机器领域和可接收控制信号的空调，共享“开信号/关信号”等现象，当机器领域发起“开信号”，则空调将接受这个信号，引起空调处于开状态。

• 设计领域：这类领域是人工设计的领域，但对当前的待开发软件而言，它是已经存在的，可能是以前设计的软件。它们的属性不需要像给定领域那样按照物理法则或自然规律去获得，可以是约定好的信息表示。例如，待开发系统需要和银行系统之间有支付接口，银行系统对待开发系统而言是设计领域，当前机器领域和它共享涉及支付、账号等的现象。随着软件设计的不断细化，当前机器领域也可能会分离出一些组件(如模型、信息存储等)，并作为问题领域显式地表达在细化的机器领域上下文图中，成为细化层次上的设计领域。

上下文图的图元包括长方形框，用于表示领域。其中，带双竖线的长方形框表示机器领域，带单竖线的长方形框表示设计领域，不带竖线的长方形框表示给定领域。两个长方形框之间的实线连线表示两个领域间共享现象的接口。图 5.3 是智能家居系统的部分上下文图。其中，智能家居系统软件是机器领域，它将与咖啡机、面包机、家务机器人、门、窗帘、气象系统、警务系统等直接交互，通过医用腕表监视老人的身体情况，通过手机、红外感应器、显示器等感知、通知用户或接受用户指令，通过摄像头拍摄的图片发现是否有陌生人，通过温度/湿度/气敏传感器感知室外或室内空气。这里，医用腕表、手机、红外感应器、显示器、摄像头等起到连接两个领域的作用，又被称为连接领域。

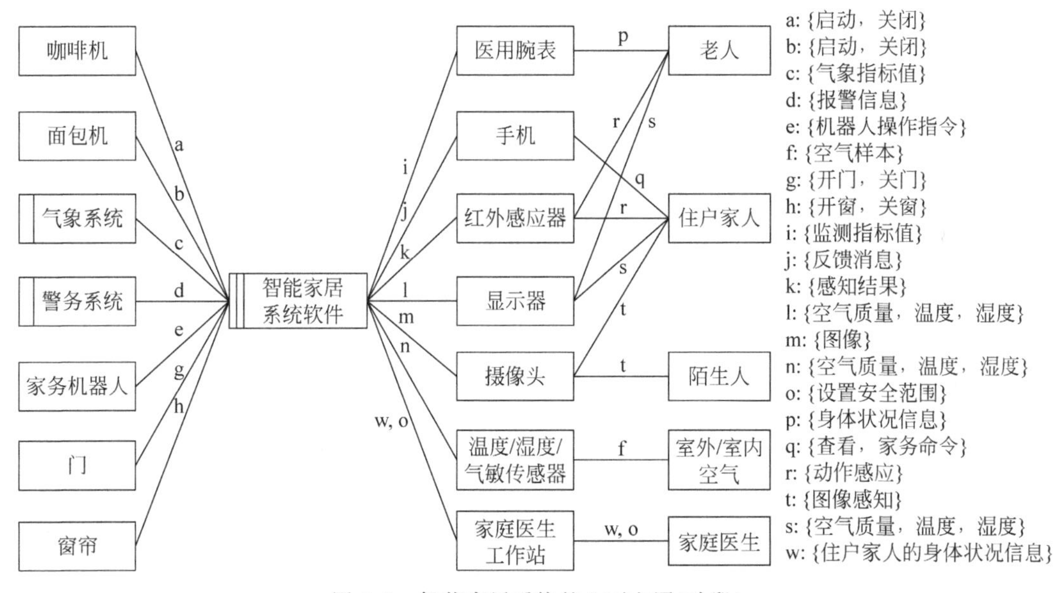

图 5.3　智能家居系统的上下文图(片段)

5.1.2　问题的描述

上下文图主要描述软件开发问题涉及的现实世界的范围，但它只给出了待开发软件所涉及的领域，并没有刻画问题本身(即需求)，没有明确到底需要机器领域(软件)做什么。要表达软件需要做什么，需要把上下文图扩展为问题图。图 5.4 给出了智能家居系统软件的一个子问题(即老人监护问题)的问题图。

对照图 5.3 和图 5.4 可以发现，问题图在以下三个方面扩展了上下文图。

第一，形式地表达了领域之间的接口上的共享现象，表示形式为<领域名>! <现象集合>，其含义是现象集合中的现象均由名为<领域名>的领域控制。

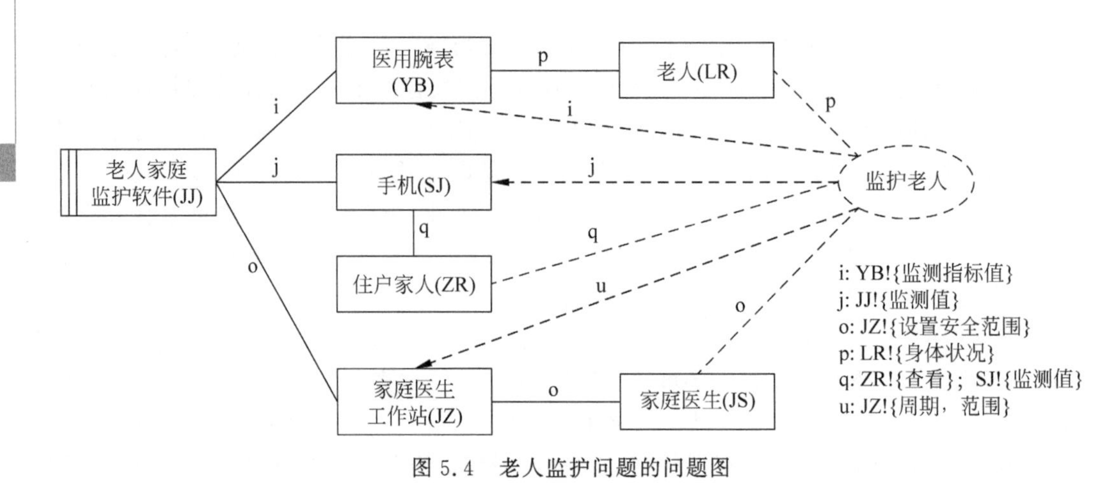

图 5.4　老人监护问题的问题图

第二,增加了需求领域(用虚线椭圆表示)。

第三,增加了从需求领域到问题领域的需求引用(用从需求领域到问题领域的虚线连线表示)。

需求领域会给出希求式陈述,表示在引入机器领域后希望在需求领域所引用的问题领域上看到的效果,这就是对机器领域的需求。在问题图中,带箭头的虚线连线表示约束性引用,指需求领域不是仅仅引用该领域现象,而是表达对该领域现象的期望。例如,图 5.4 中,需求引用“i”要能在医用腕表上获得监测指标值,需求引用“j”表示要能通过手机获得反馈监测值,需求引用“u”表示要能在家庭医生工作站上获得监测的周期和安全范围。

因此,问题图提供了问题分析的依据,提示进行问题分析时要关注的事情,以及必须描述和推断的事情。问题分析主要关注以下几个要点。

- 给出机器领域必须满足的需求:需求是用户希望在引入机器领域之后将在问题领域中发生的事情,或将建立的问题领域现象间的关系,是希求式描述。
- 描述领域特性:领域特性是关于问题领域的事实或是其现象间的关联,不管是否引入机器领域,这些事实和关联都是存在的,是陈述式描述。
- 推断机器领域规格说明:规格说明描述期望在机器领域和问题领域接口上发生的事情,即产生的共享现象及其之间的联系,也是希求式描述。

其中,陈述式领域特性是问题分析的核心,是连接机器领域规格说明和现实世界需求的桥梁。

5.1.3　问题的分解

现实世界问题有时会比较复杂,在软件工程中,分解一直是应对问题复杂性的策略,是控制规模和复杂性的关键。例如,自顶向下的功能分解将功能按层次进行划分,在任意一层上,每个功能都分解为下一层中的多个功能。用例分解则将软件系统看成是要支持一组用例,每个用例表示软件系统与一个或多个参与者之间的交互,也就是将软件系统看成在限定场景中提供离散服务的机制,用例间越独立,则分解越有效。

问题驱动的方法采用问题分解来控制问题复杂度,就是要将大而复杂的问题分解成一组较小且较简单的子问题,其策略是问题投影,目的是从类型未知的复杂问题中识别出类型已知的子问题。所谓类型已知的问题,指那些已经有规范解决方案的问题,或者知道如何能导出解决方案的问题。当类型未知的问题可以由一组类型已知的问题组合而成时,就能通过组合这些子问题的解决方案,形成整个问题的解决方案。问题类型将在 5.2 节介绍。

根据投影原则,子问题应具有如下特征。

- 完整性:每个子问题都是完整的,有自己的问题图,即包含一个机器领域、一个或多个问题领域,以及一个需求领域。在分析当前子问题时,假设其他子问题的解决方案已经存在,这样可以防止由于要考虑与其他子问题的交互而混淆子问题间的界限,假设其他子问题已经解决是有效的分离关注点的手段。
- 并行性:问题分解不能将问题看作层次结构,子问题应该是并行的。问题划分不能出现如“产品由部件组成,部件由子部件组成,子部件由零件组成”这样的情况。问题划分应该更像是颜色分离,有红色分离、绿色分离和蓝色分离,这三种分离对整幅画来说是叠置的。子问题是整个问题在某个维度上的投影,即:子问题需求是整个需求的投影;子问题机器领域是整个机器领域的投影;子问题的问题领域是整个问题领域的投影;子问题的接口也是整个接口的投影。
- 并发性:由于子问题间的并行性,必须注意子问题间的关系及它们的交互方式,可以理解为,对于两个或多个子问题的机器领域,如果它们的问题领域间有共享现象,则这两个或多个子问题的机器领域的并发执行会引发共享现象的发生。
- 可组合性:子问题的交互非常重要,多个子问题通过交互组合成更复杂的问题。

5.2 问题框架

软件要解决的问题都相同吗?回答显然是“不”。但不同的问题可能会包含相似的子问题,相似的子问题可以归为同一类型,从而可以用相同的关注点去进行问题分析。如果所有的子问题都分析好了,则通过问题的组合就形成对整个问题的分析。

问题驱动的方法通过问题所处的领域、领域特征、接口特征和需求特征来定义问题类,一些可定义的问题类称为问题框架,针对每种问题框架给出分析关注点,从而形成问题驱动方法的分析关注点。本节首先介绍现象及由现象确定的领域特征,然后介绍基本问题框架,最后讨论基本问题框架的几种变体。

5.2.1 现象和领域特征

在明确什么是现象之前,需要区分两个表示原语,即个体和关系。这里,个体指某种可以被命名并且可以明确地与其他个体区分开的东西。问题驱动的方法区分以下三类个体。

- 事件:指在某个特定的时间点上发生或出现的个体,每个时间点都是不可分的且瞬时的,即事件没有中间结构,事件的发生也不需要花时间。因此,“在事件之前”和“在事件之后”是有意义的,但“在事件期间”就没有意义。
- 实体:指持久存在的个体,它可以随时间改变它的特性和/或状态。一些实体在其状态发生变化时还会触发事件。具体的实体可以属于某个实体类,例如,在智能家居系统的老人监护问题中,某个特指的老人就是一个实体,它属于被称为“被监护人”的实体类。

- 值：是无形的个体，它存在于时间和空间之外，是不会发生改变的。一般是用符号表示的数值和字符。例如，智能家居系统的老人监护问题涉及"监测周期"这个值，它表达每两次监测间的最大间隔。

关系指个体之间的某种关联，分为以下三类。

- 状态：状态指实体与一个表示其状态的值之间的关系，可以随时间而变化。例如，在老人监护问题中，"第123号模拟设备处于失效状态"表示为"状态(模拟设备123,失效)"。一个状态可以成立(为真)或不成立(为假)。
- 真值：真值指不随时间发生变化的关系。基本上用于表达数学上的事实，如"等于(|ABCDE|,5)"和"大于或等于(5,3)"。
- 角色：角色指事件和参与事件的个体之间的关系。角色关系有两个作用。其一是区分不同的参与者；其二，将角色的控制与事件的控制分开。

5.1节曾提到领域间通过共享现象进行交互。在个体和关系的基础上，可以讨论现象的含义。有如下两类现象。

- 因果现象：包括事件、角色和状态等关系。它们由某个领域直接引起，或者被某个领域直接控制，并且能引起其他现象，表现出现象间的因果性。
- 符号现象：包括值、真值和仅与值相关的状态。它们用于符号化其他现象及其之间的关系。

在区分了现象的类型后，可以根据以下几种现象类型对问题领域进行类型刻画。

- 因果型：因果型领域通常是物理的领域，其特征是在它的现象之间存在可预测的因果关系。例如，智能家居系统中的空调是一个因果型领域，其因果性体现为：如果收到"开脉冲"事件，它就会处于"开"状态。
- 顺从型：顺从型领域[①]通常由人或者其他具有自主性的外部系统组成，它是物理存在的，但其内部的因果性对机器领域而言是个黑盒子，与因果型领域相比，缺乏可预测性。例如，在大多数情况下，机器领域可以给人发送指令，让他去做某件事，但他是否会去做或者会按要求去做，都不是可预测的。
- 词法型：词法型领域是数据的物理表示，它涉及的是符号现象，但一般同时涉及因果现象，其因果性表现为数据的写入和读取。例如，数据被写入后就可以被读取，这表现为因果性。

5.2.2 基本问题框架

问题驱动的方法提出：将软件能解决的问题用问题框架进行抽象，并让这些问题框架向上匹配需求，向下关联问题分析关注点，从而指导系统化的需求分析。以下五种典型的基本问题框架分别对应特定的软件问题类型。

- 需求式行为框架：存在着物理世界的某个部分，需要有规律地控制其行为。这个软件问题是：创建一个机器领域来施加所要求的控制。
- 命令式行为框架：存在着物理世界的某个部分，需要按照操作者发出的命令来控制

① 在本章参考文献[1]中，Michael Jackson给出的英文名称是biddable domain，要求这类领域遵循机器领域发出的命令，否则有可能产生输入错误而导致机器领域失效，即期望这类领域是顺从的。

其行为。这个软件问题是：创建一个机器领域来接受操作者的命令，并相应地施加所要求的控制。

- 信息显示框架：存在着物理世界的某个部分，关于其状态和行为的信息，需要连续地显示出来。这个软件问题是：创建一个机器领域，不断从物理世界的这个部分获得这些信息，并按规定的形式呈现出来。
- 简单工件框架：需要一个工具，让用户能在上面创建并编辑确定种类的文本、图像或其他结构，供复制、打印、分析或按其他方式使用。这个软件问题是：创建一个机器领域来充当这个工具。
- 变换框架：存在可读的输入文件，其内容需要被转换为另一种确定形式的输出文件，输入/输出文件都有规定的格式，转换也需要遵循给定的规则。这个软件问题是：创建一个机器领域，它能根据输入产生所需要的输出。

问题框架图用来表示问题框架，它在三个方面扩展了问题图。

第一，领域的名字对应于其问题框架的类型，即机器领域分别具体化为控制机器、信息机器、编辑机器和变换机器等，问题领域具体化为受控领域、操作者、现实世界、显示、工件、用户，以及输入、输出等。

第二，每个问题领域附带标记，表示它所属的领域类型，有时一个问题领域具有多个领域类型的特征，可以附带多个领域类型标记。

第三，领域间接口上的共享现象被实例化，表示为形如

<领域名>！<现象集合>[<现象类型>]

的具体现象。其含义是：现象集合中的现象均由名为<领域名>的领域控制，这些现象所属的类型为<现象类型>。下面具体介绍这五种基本问题框架。

1. 需求式行为问题框架

图 5.5 是一个具体的需求式行为问题框架，表示智能家居系统中的空调定时控制问题，即通过一个机器领域（空调控制器）来控制空调（受控领域），定时设置为早上 8 点关闭，晚上 6 点打开。其中，受控问题领域“空调”右下角的 C 表明这个问题领域是因果领域。C1、C2、C3 分别代表空调控制器和空调之间的三组因果现象。

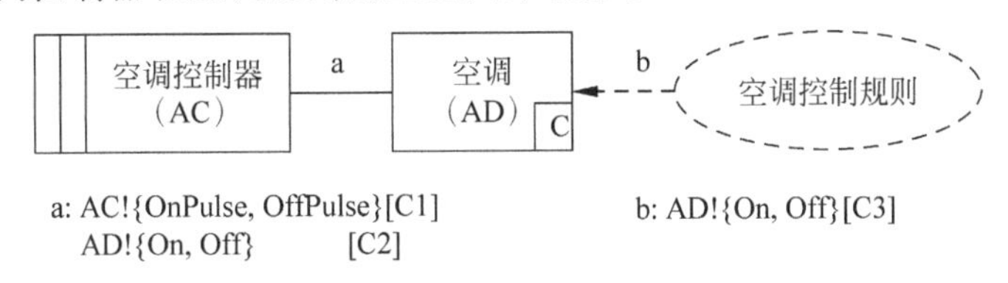

图 5.5　空调定时控制问题的框架图

图 5.6 是需求式行为问题的抽象问题框架图。其中，因果领域和因果现象的表示方式与图 5.5 一致，需要说明以下几点。

- C1、C2 是控制机器和受控领域间的共享因果现象，C1 由控制机器控制，C2 由受控领域控制。控制机器通过现象 C1 来控制受控领域的行为，受控领域用现象 C2 作为反馈。
- 需求由引用受控领域的因果现象 C3 来表达。问题领域和机器领域所共享的现象（C1 和 C2）称为规格说明现象，现象 C3 称为需求现象。

- 需要定义受控因果领域的领域特性,从而建立需求现象 C3 和规格说明现象 C1、C2 之间的联系。

图 5.6　需求式行为问题框架图

2. 命令式行为问题框架

命令式行为问题与需求式行为问题一样,存在一个问题领域需要控制。不同的是,命令式行为问题还有一个操作者,机器领域要根据操作者的命令来控制受控领域,使它产生所需要的行为。例如,图 5.7 表示按照操作者命令进行空调控制的问题框架图。其中机器领域(即空调控制器),根据空调操作者的命令来控制空调。空调操作者是顺从的领域(用 B 作为其领域类型标识),除了因果现象集 C1、C2、C3 外,图中还有空调操作者向空调控制器发出的命令集(Open,Close),被命名为事件集 E4。

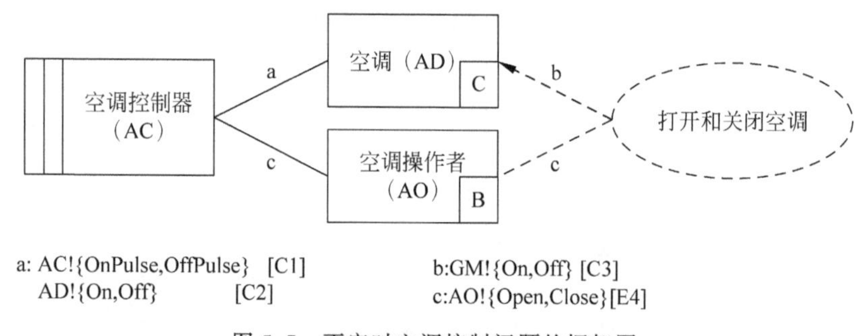

图 5.7　不定时空调控制问题的框架图

图 5.8 为抽象的命令式行为问题的问题框架图。其中,控制机器、受控领域以及它们之间的共享现象都与需求式行为问题一样,但这里多了一个顺从的操作者领域。这个操作者向控制机器发出命令,这些命令被命名为事件集 E4。E4 由操作者和控制机器所共享,并由操作者所控制。

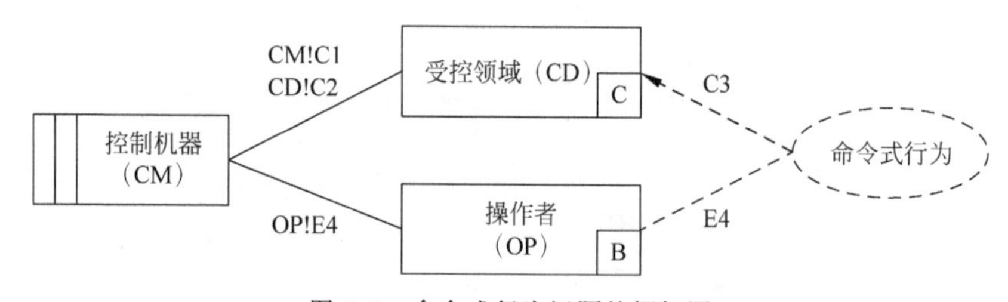

图 5.8　命令式行为问题的框架图

命令式行为问题框架图中的需求称为命令式行为,它描述了所要求行为的通用规则,以及为了响应操作者的命令,受控领域应该如何被控制。对操作者领域来说,其需求现象和规格说明现象不存在差异。因此,事件集 E4 既是操作者领域的需求现象,也是规格说明现象,即与控制机器共享。

操作者领域是自主的,可以在没有任何外界刺激的情况下自主地引发 E4 事件,该问题框架中没有会影响操作者领域的行为。操作者领域控制的 E4 命令是独立的,但 C1 现象则不同，它必须依赖 E4 事件。操作者领域通过 E4 发送命令给机器领域，而机器领域通过 C1 控制受控领域。问题分析的任务就是决定怎样以及在什么时候，机器领域应该（或不应该）引发 C1 现象作为对 E4 命令的响应。同需求式行为框架一样，命令式行为框架需要知道受控因果领域的领域特性，才能建立需求现象 C3 和规格说明现象 C1、C2 之间的联系。

3. 信息显示问题框架

图 5.9 是一个具体的信息显示问题框架。作为智能家居系统的一部分，环境监测子系统实时监测室内环境，包括室内温度、湿度等，并将监测结果显示在指定的屏幕上。其中，用于监测的系统（即环境监视机器）是信息显示机器，它控制传感器（C1）（包括温度传感器、湿度传感器），感知室内的温湿度指标（C3），获得温湿度值，并根据这些值计算穿衣指数等，最后在指定的显示器上（E2）显示出来。显示器和传感器、空气都是因果领域，其中显示器接受显示命令，并将温度值、湿度值和穿衣指数（符号现象 Y4）显示出来。

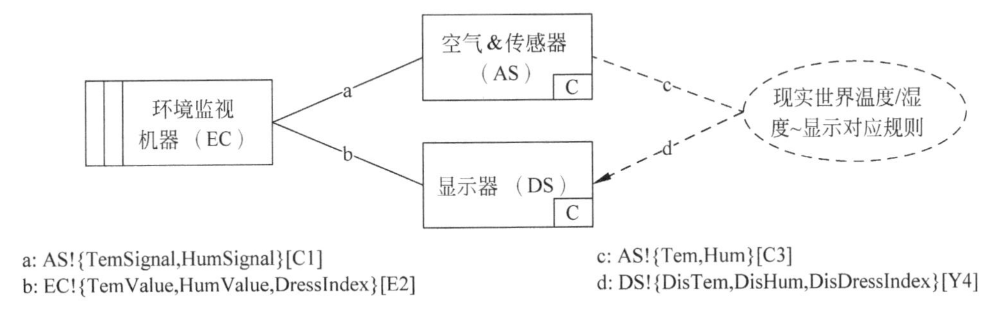

图 5.9 环境监测机器问题的框架图

图 5.10 是信息显示问题的抽象问题框架图。其中，从中获得信息的部分称为现实世界，显示界面指要在这里显示相应的信息。需求称为“现实世界～显示”对应规则，它规定了显示领域的符号现象 Y4 和现实世界的因果现象 C3 之间的对应关系。

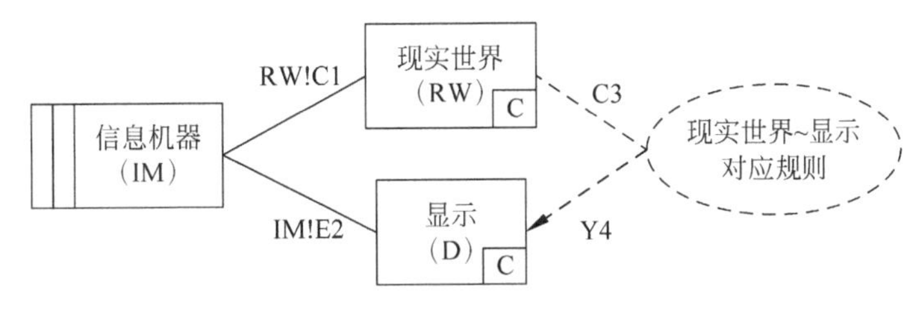

图 5.10 信息显示问题框架图

现实世界领域和显示领域都是因果领域。现实世界领域是主动且完全自治的，它引起事件和状态的瞬间变化，并控制它与机器领域接口上的共享现象，需求没有对它施加任何限制，也没有任何会影响现实世界领域行为的约束，它拥有自身的因果关系。

机器领域根据 C1 现象判断现实世界领域的需求现象 C3，然后机器领域引发事件 E2，引起显示领域的符号值的改变，导致所需的需求现象 Y4，从而满足需求约束。C1 和 C3 之间的联系需要由现实世界领域的因果特性来建立。

4. 简单工件问题框架

工件是指由工具或机器制造出来的制品。软件工具可以用来创建或编辑文本或图形等对象。例如，用字处理软件编辑文档，用画图软件绘制图形等，这里文档和图形都是工件。

案例 5.2 参数编辑

智能家居系统中的控制功能需要设置一些参数,可以维护一个控制参数表,包含要控制的设备、控制参数、时间等内容。例如,空调在 6 点下班之前 10 分钟打开并维持室内温度在 26 度。需要设计控制参数编辑器,用来创建和编辑这个控制参数表。

案例 5.2 中的控制参数表就是工件,需要一个编辑器,用来创建和编辑这个工件。该编辑器的问题框架图如图 5.11 所示。其中,机器领域称为控制参数编辑器(CE),需求称为"正确的编辑操作"。用户通过编辑命令(E3)来创建或者编辑控制参数列表(Y2,Y4)。

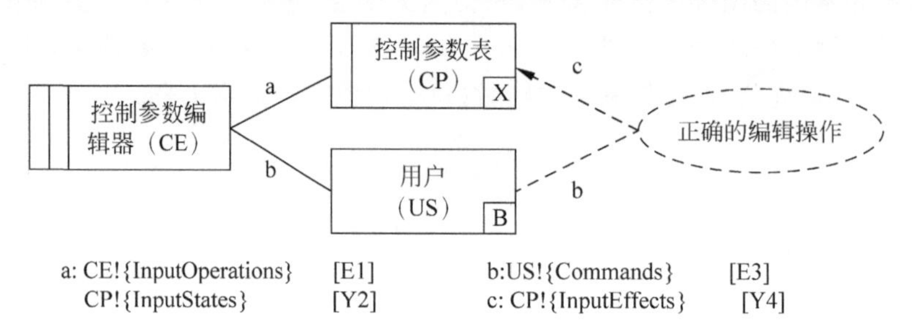

图 5.11 控制参数编辑问题框架图

图 5.12 是简单工件问题的抽象框架图。机器领域称为编辑工具。有一个用户领域(一般是人),它是一个顺从的领域(用 B 表示)。这个用户是自治的,会在没有任何外界刺激的情况下引发 E3 事件。工件领域是一个词法领域(用 X 表示),它与机器领域有共享接口,在这个接口上,机器领域控制对工件进行操作的事件现象 E1,这些操作引起工件领域中的符号值和状态的改变;在同一个接口上,工件领域允许机器领域检测工件的当前符号值和状态,即符号现象 Y2。

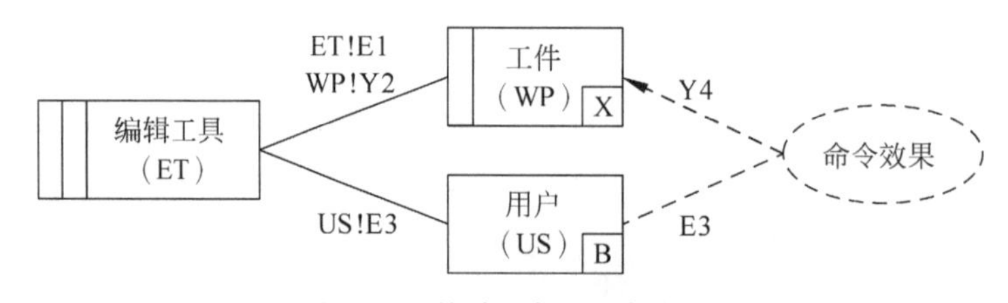

图 5.12 简单工件问题框架图

用户与编辑工具共享事件现象 E3。这个事件现象由用户控制,是用户发给编辑机器的命令。需求称为命令效果,它规定用户发送给编辑机器的命令 E3 应该对这个工件的符号现象 Y4 产生什么效果。现象 Y2 和 Y4 都是工件领域的符号现象,Y2 与 Y4 可以完全不同,也可以部分相同。

5. 变换问题框架

案例 5.3 运动健康分析问题

智能家居系统中有运动健康监测子系统,这个系统实时监测每个人的运动健康情况,例如,给出每个人的体重、行走公里数、消耗卡路里数、吸收卡路里数等。需要一个运动健康分析器产生统计报表，显示出每个人的健康数据与运动数据间的关系，如体重和卡路里数之间的关系。

案例 5.3 描述了运动健康分析器问题，它是一个变换问题，其问题框架图如图 5.13 所示。运动健康记录和报表都是词法领域(用 X 表示)，在标记为 a 的领域接口上，运动健康分析器读取运动健康记录领域中的文件及其中的内容，由文件行和每行的字符组成(Y1)。文件包含了通过检测器搜集到的个人健康信息和运动信息，如日期、体重、行走公里数等。在标记为 b 的领域接口上，运动健康分析器确定报表领域的行和字符(Y2)。需求是"分析规则"，给出运动健康记录的结构以及每条记录如何关联到报表的数据上。

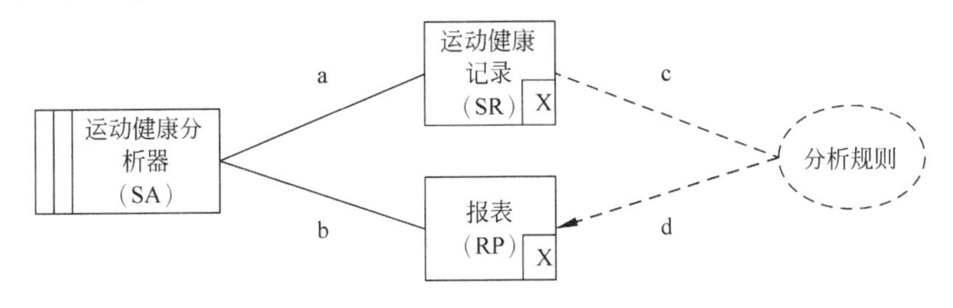

图 5.13 运动健康分析器问题框架图

图 5.14 为变换问题的抽象问题框架图。输入领域和输出领域都是词法的。输入领域是给定的，不能被改变；输出领域由机器领域产生。需求称为"输入/输出"(I/O)关系，它规定了输入领域的符号现象 Y3 和输出领域的符号现象 Y4 之间的关系。机器领域被称为变换机器，它访问输入领域的符号现象 Y1，确定输出领域的符号现象 Y2。Y1 可以与 Y3 相同，也可以不同，Y2 和 Y4 之间也是如此。

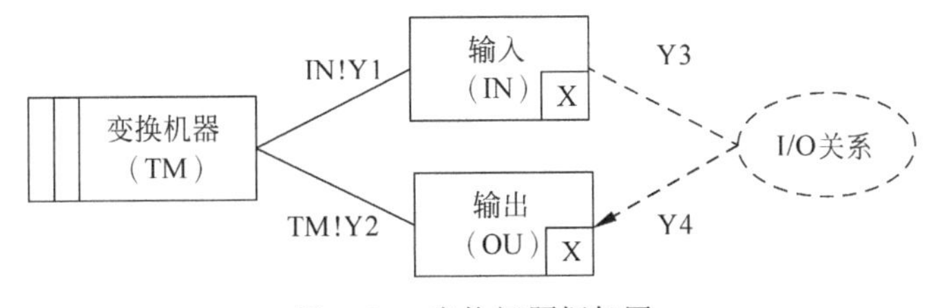

图 5.14 变换问题框架图

5.2.3 基本问题框架变体

5.2.2 节给出了五种基本问题框架，可以将它们看作软件问题的基本模式，这些模式提示了该类软件问题的分析关注点。在实际软件开发时，如果存在与已有问题模式匹配的软件问题，则可以通过该问题模式的关注点的引导，对实际软件开发问题进行分析。

可以通过分析现实问题，提炼并确定尽可能多的问题框架，规约其问题关注点，从而获得更多的问题框架，也可以在已有的问题模式上引入一些变化，产生问题模式的变体。下面介绍基本问题框架的一些常见变体。

(1) 描述变体。

引入描述领域来描述某方面的需求,或者描述可能出现在问题上下文中的某个其他领域,形成问题框架的描述变体。任何基本框架都可以引入描述领域。例如,需求式行为框架引入描述领域,用于显式地表示受控领域的需求式行为,如果需求式行为发生变化,则直接替换该描述领域的内容,控制领域则根据描述领域中给出的行为描述来施加控制。变换框架引入描述领域,用于描述输入领域所包含的符号的含义,变换机器领域则根据该描述领域的符号定义对输入领域实施变换。

(2) 操作者变体。

命令式行为框架就是需求式行为框架的操作者变体,它在需求式行为框架中引入操作者,要求控制机器保证受控领域按照操作者的指令来行动。信息显示框架中引入操作者,构成命令式信息显示框架,这种信息显示框架不像基本信息显示框架那样,在需求中就固定了要显示的信息,而是允许操作者选择要显示的信息,可以认为是机器回答操作者查询的问题。其主要关注点是确定机器能够回答的查询集合。可能的查询受限为:现实世界和机器的接口上直接存在的共享现象;可从领域特性中导出的推理结果(可能带有明确的模型);查询命令语法可以表达的含义。

(3) 连接变体。

基本问题框架假设机器领域与受控领域直接关联。但很多情况下,这个关联需要通过连接领域完成。如果连接领域完全可靠,则可以直接忽略不予考虑。但如果连接领域不可靠,或者可能存在不确定因素的话,就需要专门考虑连接领域,因此出现基本问题框架的连接变体。在这种情况下,机器领域并不直接和问题领域连接,而是通过一个连接领域关联到问题领域,这个问题领域成为机器的远程问题领域。加入了连接领域后,除了需要分析问题领域的特性,还要分析连接领域会如何影响问题领域,这些影响将反映在它与机器领域的共享现象上。

(4) 控制变体。

对事件的控制有三个方面:事件类型的控制(发生哪类事件);事件出现的控制(什么时候发生);事件角色的控制(需要哪些个体参与)。当共享事件的控制发生改变时,则成为相应的控制变体。一般而言,行为框架和信息显示框架没有控制变体,因为它们对共享事件的控制是确定的。但变换框架和工件框架则有可能存在控制变体,如被控的变换框架,其变换方式由输入/输出领域控制。

5.3 框架关注点

基于问题框架的需求分析,通过对问题的分析推导出机器领域的行为描述,产生规格说明。每种问题框架都有特定的框架关注点,这些框架关注点明确了在分析这类需求问题时需要确定的描述,并指导如何将针对不同关注点的描述组合在一起,形成正确的规格说明。本节考察5.2.2节中五个基本问题框架的框架关注点。

5.3.1 需求式行为问题关注点

图5.5的定时空调控制问题是要找到机器领域的行为规格说明,使它能让问题领域(即

"空调")表现出控制规则所规定的行为。解决这个问题的框架关注点,就是如何将需求、规格说明和领域特性的描述适当地搭配起来,形成对这个问题的解释。

其关注点如图 5.15 所示,用数字标识的顺序表示应该如何去解释这个问题,好让用户理解所构造的规格说明能满足需求。即:从指定的机器领域行为(1)出发,与给定的问题领域特性(2)组合在一起,则能实现所需要的行为(3)。

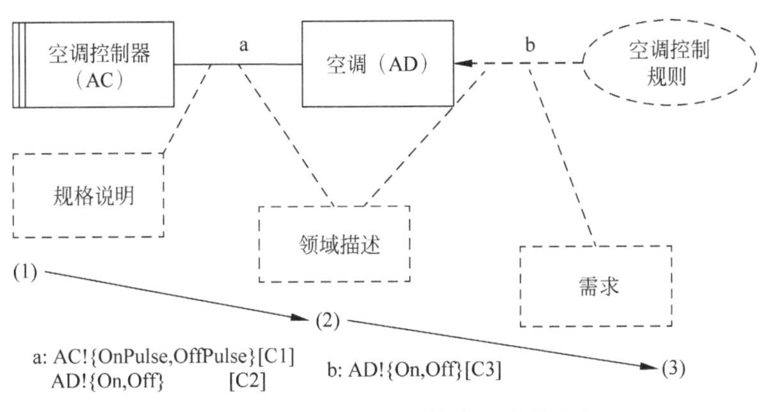

图 5.15 需求式行为问题框架图的关注点

数字标识的逆序还可以启发需求工程师如何获得机器领域规格说明,即从捕获需求(3)开始,研究空调的领域特性,识别机器领域控制问题领域的因果特性(2),然后得出施加控制的机器领域的行为(1)。

5.3.2 命令式行为问题关注点

命令式行为问题框架比需求式行为问题框架多了一个操作者,操作者是完全自主的,可以自由地发布命令。这带来了一定的复杂性,不能假设操作者一定会采用完全正确的方式发布命令,因此在问题分析时,除了要根据需求和问题领域特性归结出机器领域的规格说明之外,还必须分析操作者命令的合理性和可行性。也就是说,需要让机器领域能够对操作者的命令进行选择。例如,在出现下列两种情况之一时需要忽略命令:(a)命令不合理,它们在当前命令上下文中没有意义;(b)命令不可行,它们在受控领域的当前状态下不适当或者不允许。另外,当操作者连续发出的命令对机器领域来说频率太快的时候,还需要考虑不要遗漏有意义的命令。总之,除了需求式行为框架的关注点之外,对命令式行为问题的分析必须考虑命令的合理性和可行性。

图 5.16 展示了不定时空调控制问题的框架关注点。其中,需求(1)规定合理的命令,需求(5)声明如果命令可行的话应该对受控领域带来的作用效果。问题领域特性描述(4)规定,机器领域在共享接口上产生的现象会怎样影响领域状态和行为。规格说明(2 和 3)表明,机器领域对可能出现的命令如何反映,包括如下命令:不合理的命令(2),在问题领域的当前状态下不可行的命令(3),以及既合理又可行,因此要被服从的命令(4)。必须说明所有影响导致的领域状态和行为确实是所需要的(5)。

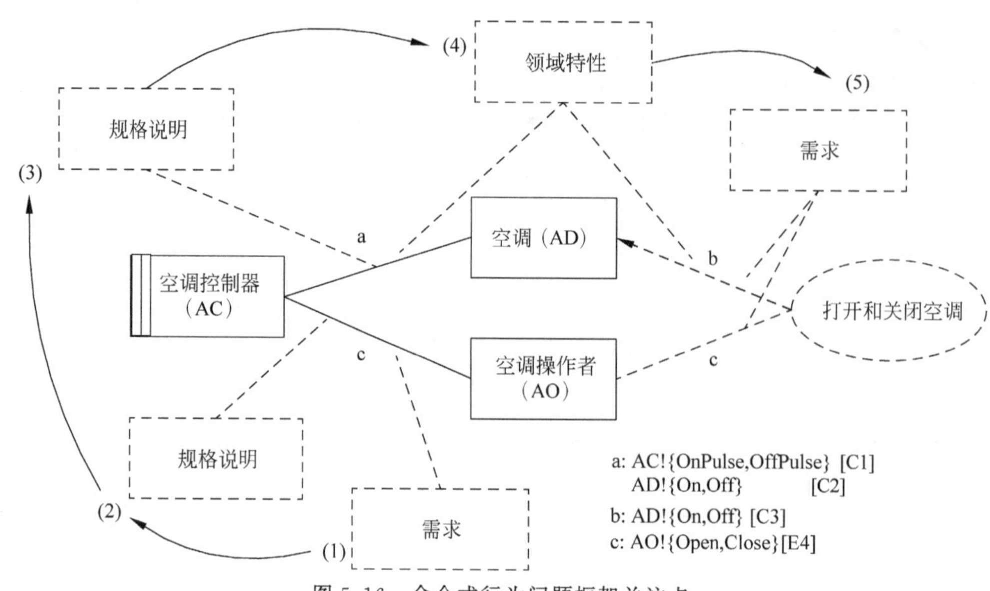

图 5.16　命令式行为问题框架关注点

5.3.3　信息显示问题关注点

信息显示问题需要考虑的是，机器领域和现实世界之间的接口所共享的现象与需求现象之间可能是脱节的，例如图 5.10 中的 C3 现象和 C1 现象之间不能建立联系。以图 5.9 中的环境监测子问题为例，需要机器领域报告空气的不同方面（温度、湿度及穿衣指数等）的情况，但是它只能直接读取两个传感器的读数，并不知道真实的情况。要确定建立了它们之间的联系，必须通过领域特性来解释，即依赖于空气 & 传感器领域的特性。

图 5.17 中，为了解决适合于信息显示问题的框架关注点，必须拥有需求描述、领域特性和机器规格说明。其中，需求(1)涉及现实世界的状态，并规定需要被显示的信息(6)。物理

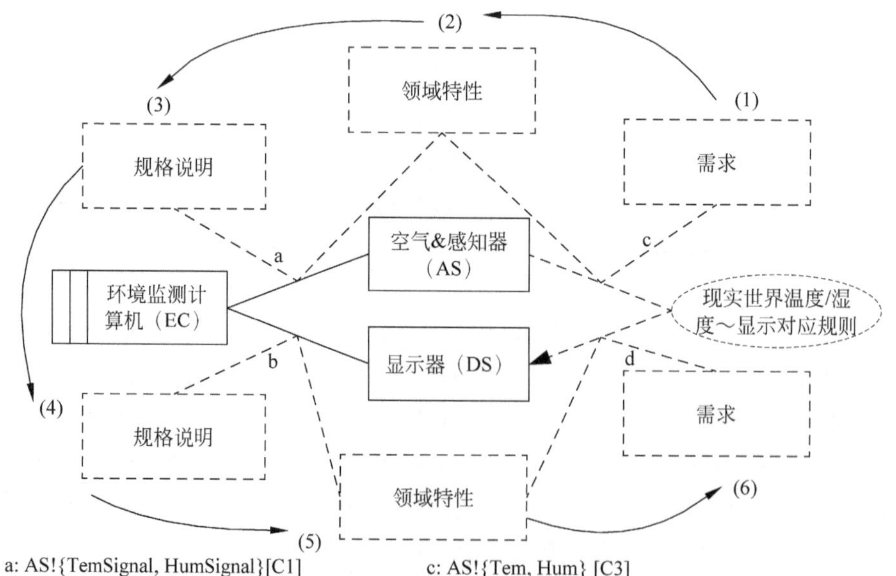

图 5.17　信息显示框架的框架关注点

世界的领域特性描述(2)指出需求(1)中涉及的现象应该如何引发,从而产生能被机器领域直接监测到的现象(3)。机器领域必须像在其规格说明(4)中描述的那样响应这些现象,并且显示领域(5)的领域特性将保证将所需要的信息输出(6)。

信息显示问题中的显示领域比较容易处理,它是设计出来的,如显示器。物理世界领域(如空气 & 传感器领域)相比而言要难一些。问题分析的任务是建立需求现象(要显示的各种信息)和机器接口现象(传感器读数)之间的联系。机器领域的行为必须体现从空气变化引起的传感器读数变化中推断出空气的温度、湿度的规则,以及穿衣指数与空气温度、湿度的关系。

5.3.4 简单工件问题关注点

工件问题中的用户相当于命令式行为问题中的操作者,他们有相同的关注点。机器领域也必须考虑用户命令的上下文,并且拒绝其中的一些命令。图 5.18 是图 5.12 中的控制参数编辑问题的框架关注点,与命令式行为框架的框架关注点有些类似,只是在工件领域的特征上有不同,工件领域支持用户操作和操作效果之间的因果性,但主要是在词法层面,通常是设计的领域。例如,控制参数表领域有数据结构,能够保存值和值之间的关系,有一些能引起这个数据结构中的值和关系发生变化的操作。

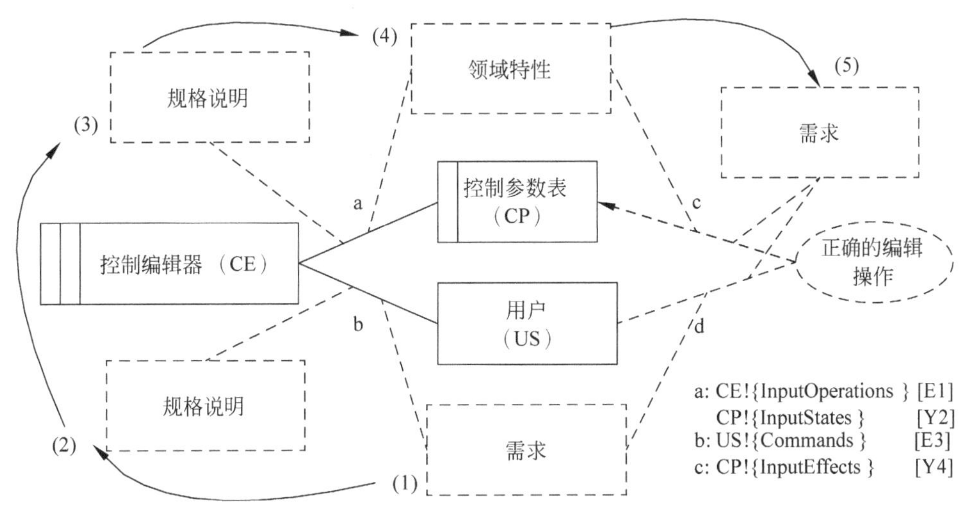

图 5.18 简单工件框架的关注点

另一个方面是次序问题,需要用规定的次序去考虑领域特性和需求。例如,要从控制参数表领域开始,进而考虑用户命令;或者先描述用户命令及它们的作用,然后描述控制参数表领域和输入操作。

5.3.5 变换问题关注点

图 5.14 中的运动健康分析器问题框架图是一个变换问题,其输入和输出领域都是词法的。在任何情况下,领域的需求现象与机器接口上的规格说明现象都不同。领域的需求现象和规格说明现象之间的关系是重要的关注点。另一方面,需要理解词法领域输入和输出的纯符号视角和这些符号现象被变换机器存取的因果视角之间的关系。机器领域必须遍历输入和输出领域以满足需求。

图 5.19 是运动健康分析器的关注点，按两条路径(a)和(b)进行，双重遍历嵌入其中的检索和存储符号的操作，必须正确地对应于这两个领域的结构和内容，保证需求中给定的输入/输出关系得到满足。

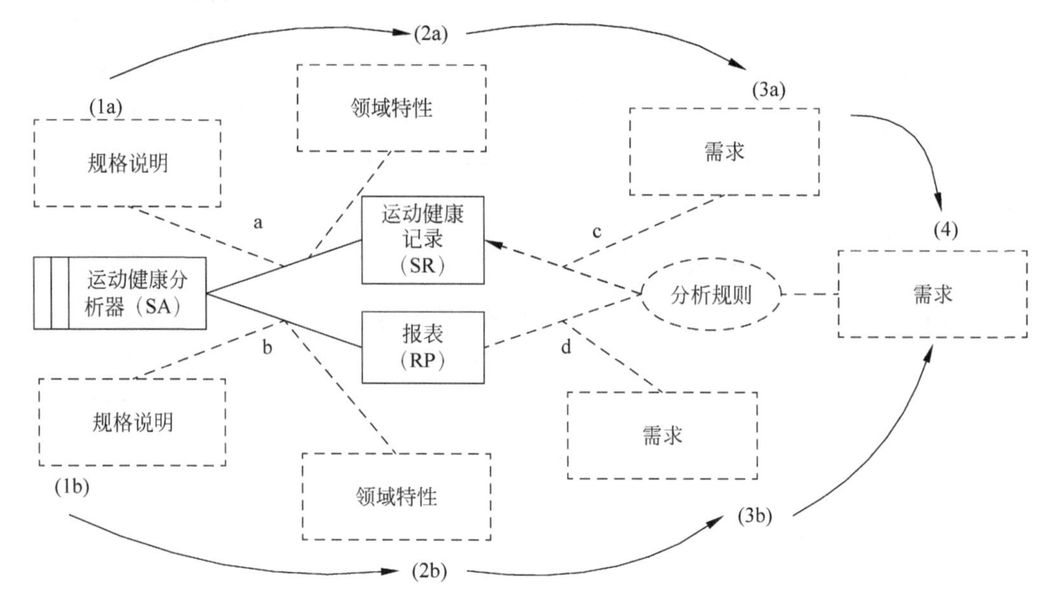

a: SR!{FileDir , File, Line, Char} [Y1] b: SA!{ReportLine, Char} [Y2]
c: SR!{Date,Duration,Kilometers} [Y3] d: RP!{LineData} [Y4]

图 5.19　变换框架的关注点

5.4　综合关注点

5.3 节给出了五类基础问题框架的需求关注点，除此之外，还有一些独立于问题的关注点，它们不依赖或不局限于特定的问题框架，是软件开发需要考虑的综合关注点。本节简单分析几种典型的综合关注点。

1. 溢出关注点

在系统实际运行过程中，每个领域都在连续地与其他领域交互，在下一个事件出现之前，领域能否完成对当前事件的反应，这就是溢出关注点。也就是说，当两个领域在接口上存在速度不匹配的情况时，溢出关注点就会产生。即如果在共享连续现象的两个领域之间，一个领域相对于另一个领域来说反应太快或太慢，则存在产生溢出关注点的可能性。

例如，图 5.12 中的控制参数编辑问题，如果用户输入命令的速度比控制参数编辑器能够处理的速度更快，在用户领域与控制编辑器之间则存在溢出关注点；图 5.9 中的环境监测问题，监测机器可能会以快于显示器的速度来产生信息输出事件，因此在监测机器与显示器之间也可能存在溢出关注点。前一个例子是用户的动作太快，即问题领域相对机器领域来说太快；后一个例子则是由机器领域引起的，是机器领域相对于问题领域太快。

当机器领域太快，可以通过在机器领域中引入延迟而让它的速度慢下来。或者，在机器领域和问题领域之间引入新的共享现象，来判定问题领域是否准备好了下一步的交互。例如，环境监测问题中的显示器可以使用流控制的形式，即机器领域只有在显示器发出准备接收的信号时才发送数据。

当问题领域对于机器领域来说太快的时候，解决溢出关注点有以下多种策略。

第一种策略是简单阻止，指在机器领域还没有准备好的时候阻止共享事件。这种策略在受控领域是顺从的领域时是合适的，人可以调整自己的动作以避免死锁，如等待或者做别的事情。当问题领域是因果领域的时候，简单阻止就行不通了，因为简单阻止意味着要阻止由因果领域控制的事件，但因果领域的共享事件是根据领域本身的因果性产生的，是不可抗拒的。

第二种策略是忽略，指机器领域忽略那些它没有准备好参与的事件。也就是说，机器领域在还没有准备好的时候，简单地忽略在这期间出现的事件，就相当于假设没有出现这些事件。采取这种策略需要满足下面两个条件：(1)共享事件是由顺从的领域发出的命令；(2)机器领域需要给出明确的提示，表明命令被忽略。

当受控领域是因果领域时，采取这种策略需要考虑忽略这个因果领域共享的事件会带来什么后果。例如图 5.7 中的不定时空调问题，假设空调操作者首先发出 Open 命令，然后是 Close 和 Open 命令，命令的发出非常快以至于机器领域来不及对 Open 命令做出反应，而不得不忽略它。空调操作者知道 Open 命令会被忽略吗？如果不知道，操作者可能会觉得莫名其妙。而如果这个因果领域是另外一个问题的机器领域，并且这个事件被声明为前提条件，即它引发的事件对另一个问题领域具有决定性作用，在这种情形下，采用忽略策略可能会带来无可挽回的错误。

第三种策略是缓冲，即将机器领域没有准备好参与的事件缓存起来，等机器领域准备好了再参与。对缓冲策略而言，当问题领域是顺从的领域时，可能会导致如下情形发生，即一个以前被认为是被动的领域，如事件反应式或状态反应式，表现出其主动式，从而让用户或操作者莫名其妙。特别是在一个命令由于当前的条件不允许执行而被缓冲起来的时候，会出现这样的情形。例如，在一个飞行器控制问题中，"……机器领域发出'关闭舱门'的命令，这个'关闭'命令是飞行员在测试飞机状况的时候扳动控制面板上的关闭开关而产生的，而当时由于地勤人员正在对这个门进行维护，机械禁令起了作用，门没有被关闭。两个小时后，维护工作完成，机械禁令解除，机器领域激活这个命令，把舱门关闭。"这个关闭舱门的动作可能出人意料。这里的"阻止"就是一种缓冲，而不是禁止。错就错在容许命令的发生和机器领域响应的行为之间存在延迟。在机器领域执行这个命令的时候，操作者可能早就忘记了这个命令还在等待队列中。

2. 初始化关注点

初始化关注点指机器领域设置其问题上下文的初始状态。初始化关注点分为初始化机器领域和初始化问题领域，一般而言，机器领域可以在任何时间被启动或重新被启动，也就是说，只要操作员或用户愿意，他们就可以在任何时候启动或重启机器领域，而机器领域一旦被启动，就按照规格说明中描述的行为开始运行。需要考虑的是启动或重启机器领域在什么情况下才能发生，没有特别原因，通常假设任何时候都可以发生。

但来自物理世界的问题领域就不那么简单了，它们可能是连续变化的。它们一般在机器领域出现之前就已经存在，它们的状态不由机器领域来设定，而是由其自身的因果性决定。那么，哪个状态可以作为起点呢？这个需要视情况而定。行为问题中的问题领域通常从受机器领域控制的状态中选择一个作为初始状态，但信息显示问题不能这样处理，因为在信息显示问题中，来自物理世界的问题领域是自治的，不受机器领域控制，这种情况下，需要给机器领域施加约束，将它变得与物理世界的问题领域同步。另外，当机器领域与设计领域存在共享现象时，通常可以初始化这个设计领域。

3. 可靠性关注点

软件开发的目的是构建机器领域，该机器领域利用问题领域描述中的领域特性来满足所指定的需求。

行为式问题中，机器领域利用受控领域的特性，来保证所需要的领域行为。例如，空调控制器依赖空调装置的特性来打开和关闭空调。

信息显示问题中，机器利用现实世界的特性，从它能够直接访问的传感器的状态现象中推断出需求现象。例如，显示机器依赖空气传感器的特性，从传感器中获得空气的温度和湿度。

变换问题中，机器领域利用输入领域的词法特性来分析输入，并将其转换为输出。例如，运动文件分析器依赖目录结构和邮件文件语法，正确地分析消息。

但是问题领域是物理世界的一部分，物理世界中有各种各样的实体，不能假设它们总是可靠的，例如，空调可能坏了，空气传感器也可能坏了。可靠性关注点涉及如何应对并处理这种可能性。当然，可靠性关注点针对问题领域，解决可靠性关注点是为了保证系统能应对某些失效带来的风险，当然，应对措施的实施需要付出代价，这是否值得呢？要回答这个问题，需要对失效的可能性与失效所导致损失的严重程度进行分析。安全关键系统中，失效的后果会非常严重，因此必须要保证系统能应对所有失效，甚至包括不太可能发生的失效，哪怕要付出很大代价。例如图 5.4 中的老人监护问题，即使假设模拟设备是可靠的，也必须诊断并报告可能的失效，因为监测失败会使被监护人的生命处于危险之中。在非安全关键系统中，不会考虑付出太大的代价来提升系统安全性，因为任何策略的引入都是有成本的。

解决可靠性关注点的一种方式是进行问题分解。采用这个策略需要定义一个更精确的问题领域描述，其中包含了所有可能的失效，然后引入一个失效检测子问题去检测这个可能失效的问题领域。这个子问题的需求首先包含检测，也就是说，识别某些失效是否已经出现；它还可能包含诊断，例如，诊断已经检测到的特定错误的原因；它有时还包含修复，例如对词法领域，可以通过修复领域来消除错误。在增加了这个检测子问题之后，原来的问题就可以不考虑问题领域的失效了。

4. 身份关注点

当一个问题领域的多个实例可以独立存在的时候，身份关注点用于识别属于相同问题领域的不同实例。例如，当机器领域与一个问题领域的多个实例之间都存在共享现象，而且这些实例是独立存在的，就需要考虑身份关注点。解决身份关注点的关键在于共享现象的接口，需要区分机器领域是一次只连接到一个实例，还是可以同时连接到多个实例。这两种情况下，这个关注点都要决定，对所共享的现象，机器领域要与哪个实例共享。可以引入一个设计领域来保证正确地识别实例的身份。

5. 完整性关注点

顾名思义，这是为了保证问题需求、问题领域和机器描述是完整的，保证要创建的软件将做用户需要的所有事情。当然，对这个问题谁都不敢打包票，人们基本上做不到仅根据当前的情况就考虑周全未来的需求。需求分析的任务之一就是帮助需求干系人识别出他们所需要的东西。

5.5 小结与讨论

本章介绍的问题驱动方法，通过识别与现实世界的交互去定位问题、进行问题描述和问题分析，它通过问题分解来控制复杂度，根据问题框架（或模式）推断软件设计规格说明。适合于人机交互系统、嵌入式系统、信息物理融合系统等的需求识别、建模与分析。

针对问题驱动方法，有如下三个研究方向值得关注。

- **自动问题分解**：问题驱动方法通过问题分解来控制问题复杂度，它提出了问题投影的概念，对问题投影得到的子问题的性质进行了规约。目前的问题投影机制还是人工的，随着系统规模的增大，需要有系统化的方法支持自动问题投影，例如定义问题投影的维度（根据什么进行投影），问题投影的完整性（如何保证投影得到的子问题一定是完整的子问题），等等。
- **自动问题组合**：问题驱动的方法以问题为驱动，结合现实世界上下文建立机器领域的行为规约。但现实的问题总是由一组以复杂的方式进行交互的子问题组成的，这就引出了组合关注点，基于交互的组合成为采用简单问题框架解决复杂问题的瓶颈。实际上，问题组合和问题分解是解决问题复杂性的两个方面。问题分解从复杂问题出发，识别出可以有效规约的子问题；问题组合是从可以有效规约的问题出发，建立基于交互的聚合，可能产生涌现现象，构建相对复杂的问题规约。
- **自动问题渐变**：在基本的问题框架中并没有考虑远程领域，但在实际的软件项目中，特别是一些复杂问题，都存在着远程领域。例如本章的智能家居例子中，就有一些需要考虑的远程领域。用户需求往往存在于远离机器领域的现实世界中，从用户需求向机器领域靠近，获取机器领域规约的过程称为问题渐变，需要系统化的方法予以支撑（如何进行自动的问题渐变）。

除此之外，问题驱动方法还有其他一些关注点需要深入研究，如非功能需求的描述。需要寻找更多的问题框架以适配更多的现实问题。为了推动其走向成熟，还需要在工业界推广应用，相关工具的研制也是必要的。

5.6 思考题

1. 请介绍经典的基本问题框架，并给出其直观含义。
2. 根据问题驱动的方法的原理，需求工程师应该如何去识别问题？
3. 什么是问题驱动的方法中的问题分解手段？
4. 请使用问题驱动的方法对下述问题进行建模。

胰岛素系统是一种胰岛素注射系统。传感器监测患者的血糖数据，并将数据发送到控制器。在接收到传感器数据后，控制器向泵发送喷射命令，泵在接收到命令后设置喷射量。针头注射相应量的胰岛素。

5. 灯光控制系统有两种控制方式，一种是按照操作者的指令进行控制，另一种是定时控制。请画出其问题图，再进行问题分解，最后识别出其子问题所属的问题框架。
6. 请对如下系统进行问题建模。

构建一个智能植物养护系统，它可以实现以下功能：

(1) 当人靠近时(通过红外线传感器感知)，门会自动打开。

(2) 当通过温度传感器感知到温度低于设定值的时候，新风系统换气速度变慢；当通过二氧化碳检测仪检测到二氧化碳浓度过低时，换气速度加快。

(3) 当在一天某个时段内光照强度(通过光照传感器感知)达不到要求，就会启动光照系统。

(4) 当系统内的湿度(通过湿度传感器感知)低于设定值，灌溉系统就会启动，定期自动施肥的功能也由该系统来完成。此外，还有一个展示系统来展示系统内的相关参数，如温度、湿度和二氧化碳浓度。

7. 请对如下停车场管理系统进行问题建模。

停车场管理系统需要监控车位。在入口处检测到新车进入时，大门开启，车位数量减1；而在车离开停车场时，费用支付之后，大门开启，车离开，车位数量加1；剩余车位数量将进行实时显示。

参考文献

[1] Jackson M. Problem Frames: Analyzing and Structuring Software Development Problems[M]. Reading,MA: Addison-Wesley,2001.

[2] Jin Z. Environment Modeling-Based Requirements Engineering for Software Intensive Systems[M]. San Francisco,CA: Morgan Kaufmann,2018.

[3] Hall Jon G,Rapanotti L,Jackson M. Problem Oriented Software Engineering: Solving the Package Router Control Problem[J]. IEEE Trans. Software Eng.,2008,34(2): 226-241.

[4] Jin Z,Liu L. Towards Automatic Problem Decomposition: An Ontology-based Approach[C]//2nd International Workshop on Advances and Applications of Problem Frames (IWAAPF 2006),2006: 41-48.

[5] 陈小红，尹斌，金芝. 基于问题框架方法的需求建模：一个本体制导的方法[J]. 软件学报，2011，22(2)：177-195.

[6] 陈小红. 结合情景与问题框架的需求捕获和问题投影方法[D]. 北京：中国科学院大学，2010.

[7] Jin Z, Chen X, Zowghi D. Performing Projection in Problem Frames Using Scenarios[C]//APSEC2009: 249-256.

[8] Yuan Z,Chen X,Liu J,et al. Simplifying the Formal Verification of Safety Requirements in Zone Controllers Through Problem Frames and Constraint-Based Projection[J]. IEEE Trans. Intell. Transp. Syst,2018,19(11): 3517-3528.

[9] Li Z,Hall Jon G,Rapanotti L. On the Systematic Transformation of Requirements to Specification[J]. Requirements Engineering Journal,19(4): 397-419.

[10] 李智，金芝. 从用户需求到软件规约：一种问题变换的方法[J]. 软件学报，2013，24(5)：961-976.

[11] Yin B,Jin Z. Extending the Problem Frames Approach for Capturing Non-functional Requirements[C]//ACIS-ICIS 2012: 432-437.

第6章 面向情景的方法

案例1.1(续)

现实世界场景描述：

寒假，小红回家过春节，途中牙齿疼了起来。她想知道自己是否患了龋齿，需要采取哪些临时保护措施。于是，她打开手机上提供移动健康服务的微笑口腔App，进入"健康自诊"功能，界面上首先显示一个身体部位模型；她选择"口腔"后，界面上显示一个口腔牙列模型；她选中相应的牙齿，这颗牙齿在模型中被标注出来，并提示她进入下一级菜单选择症状；她选择"牙疼"后，系统给出初步的评估结果和就诊建议。小红希望直接连线一位医生进行相关咨询，她进入"线上问诊"功能，在系统中输入了要向医生咨询的问题，并上传了患病牙齿的照片。简单回答几个问题之后，医生诊断她患了龋齿，需要到口腔医院牙体牙髓科进行治疗。为了能在回家后第一时间见到口腔医生，进行相应的治疗，小红进入"预约挂号"功能，选择就诊科室为"牙体牙髓科"，并选好就诊日期和就诊时段；系统显示在该时段可以预约的医生，小红选择一位医生，并提交预约请求；系统根据小红账户绑定的身份信息和手机号码发送确认消息；稍后，小红收到了医院发来的预约成功短信。

第3章介绍的面向目标的方法是自顶向下的方法，本章要介绍的面向情景的方法则是一种自底向上的方法。情景反映软件在某个或某类特定使用情况下表现出来的行为特性，在软件需求获取和分析验证中都有重要作用。在需求获取过程中，用户可以提供一些情景实例，以此表达他们需要的软件功能、使用方式及限制条件，综合这些情景实例可以得出完整的系统需求。在需求分析或验证过程中，情景实例可以用来测试需求，找出目前需求中的错误与不足，促进需求规约的迭代演化。

6.1 概　　述

基于软件技术的创新往往体现在对传统业务过程的改进，软件的引入能使系统和用户间的职责分配、交互方式、交互过程发生有价值的变化。软件的情景相关性使面向情景的方法成为一种简单自然的、以用户为中心的需求获取和分析方法。其基本思想是：从识别系统使用情景出发，描述和分析每种使用情景下的软件需求，然后将各种情景下的需求集成，得到整个软件系统的需求定义。图6.1示意性地展示了面向情景的方法的工作过程，"情景”作为促进用户与需求工程师交流的途径，经历了情景捕获、结构化、抽取、验证的过程，所得到的情景描述中既包括对当前系统使用情景的描述，也包括对待设计系统的预设情景的描述。

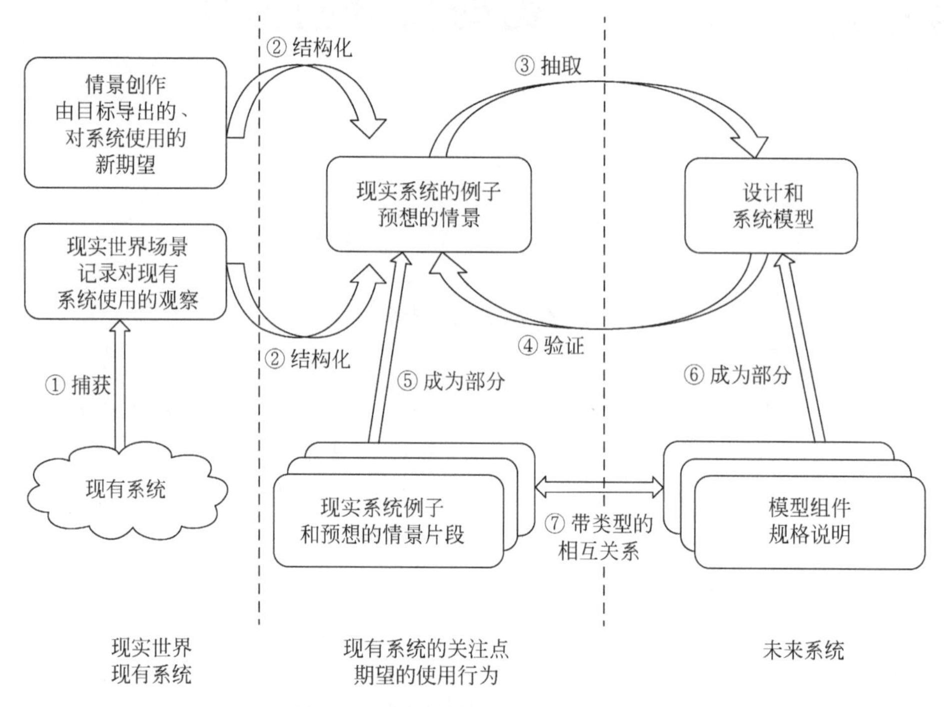

图 6.1 面向情景的方法的基本原理

面向情景的方法从具体情景实例出发获取用户需求，建立用户与系统交互的行为模型并进行反复的验证与精化。“情景模型”是用户和需求工程师之间达成共识的基础认知模型，是对情景的结构化表述。主要步骤描述如下。

第一步 情景定义

通过观察用户使用现有系统时的情景，将相似用户归为同一类，记录每类用户为完成一个功能目标与系统之间发生的交互活动序列，形成“情景实例”；对于新系统，或者已有系统不能满足新用户目标的时候，按用户期望的方式定义新的“情景实例”。

第二步 情景建模

“情景”是系统完成预期目标的特定执行过程所包含的动作和事件序列。情景建模就是将第一步中定义的“情景实例”抽象建模为结构化的情景模型，包含情景的参与者，交互活动的序列、前置条件和后置条件、候选的或异常的分支等。

第三步 情景模型的精化

找出第二步产生的情景模型中存在的不完整、不一致及重复的部分，反复进行补充、取舍、归并和扩展。

第四步 情景原型生成

根据精化后的抽象情景建立系统界面原型，可以是纸上原型、静态界面原型或者可执行的动态交互式原型。

第五步　情景模型验证

用情景模型或系统原型与用户确认“情景”的准确性，当出现用户认为不合理的步骤或交互方式时，再返回第一步修改情景定义。

情景主要关注系统的功能性需求，分为两个抽象层次：具体的“情景实例”和抽象的“情景模型”。“情景实例”描述具体应用场景的实例，是需求描述的基础。例如，针对一个具体的用户，用户和系统分别做了什么，怎么做的，各步骤中涉及的特定数据对象、触发事件、动作参数和值等。抽象的“情景模型”定义一类情景实例的通用步骤。抽象情景不会涉及参与者“小红”，而只会涉及“就诊者”这一角色。“情景模型”的每次执行都是一个“情景实例”。

情景可以是非形式化的、半形式化的或形式化的。

- 非形式化的情景使用自然语言文本、视频和故事脚本描述，这种方法容易采集和获取原始情景素材；
- 半形式化的情景使用结构化的表示方法来描述，例如带模板结构的情景描述文本、表格、顺序图或活动图；
- 形式化的情景使用形式文法或状态图等来表示。

情景的用法灵活丰富。情景常被用于抽象模型的细化和具体化，帮助需求协调，促进各方达成一致，降低认知难度。常见的图形化的情景表示方法是用例建模，常见的文本表示方法是敏捷开发中的用户故事，请读者参考本书 11.1 节进一步了解用户故事的有关内容。

6.2　基于文本的情景描述

自然语言的表达能力强，不需要专门的培训学习，采用自然语言描述情景是一个自然的选择。采用自然语言进行情景建模，首先需要了解系统的功能目标，目标抽取出来后，就开始撰写每个目标所对应的情景。情景的建立需经过两个步骤：情景撰写和情景细化。

6.2.1　识别业务目标/功能

目标通常表示为一个动词和若干参数。例如：

$$(\text{提供})_{\text{动词}}(\text{移动健康服务})_{\text{业务目标}}(\text{给患者})_{\text{对象}}$$

是从本章开始的案例描述中识别出来的微笑口腔 App 要实现的目标，这个目标包含一个动词和一个宾语。目标抽取可以基于模板，也可以基于自然语言中“目标”的常用表达。

识别出初始目标后，则可以参照第 3 章介绍的面向目标的方法来构建目标模型。例如，初始目标为“提供移动健康服务给患者”，那么，从本章开始的案例表述中，可以细化出如下三个具体目标：

提供(健康自诊服务)给患者

提供(线上问诊服务)给患者

提供(网上预约挂号服务)给患者

6.2.2　撰写情景描述

情景描述，既可以采用自由文本撰写，也可以基于模板撰写。基于模板撰写情景，就是通过文法来定义用于描述情景的自然语言关键字和句式结构，其表达方式近似于自然语言，但其中只包含描述应用领域知识所必需的语汇。基于模板撰写情景比较方便，但对情景描述的自由度有一定的限制。

情景实例描述系统与外部环境实体的交互过程，其目的是确定系统的目标和行为。情景实例是从用户的角度对系统（预期的）运行情况的描述，因此能够自然地映射为问题域模型，是需求分析工作的起点。

下面给出本书采用的类自然语言的情景实例描述的参考结构。从中可以看出，从情景实例出发，便于明确与系统交互的角色、系统面对角色时所承担的职责、完成这些职责要采取哪些行动，以及采取这些行动时有哪些条件。当采集到尽可能多的情景实例后，经过对情景实例的归纳，可以获得系统需求的情景规约，从而得到关于问题的完整描述，完成需求分析阶段的任务。

系统名称:〈系统名称〉
主体:〈主体说明系列〉
情景实例:〈情景实例定义系列〉
〈情景实例定义系列〉::=〈情景实例定义〉;〈情景实例定义系列〉|〈情景实例定义〉
〈情景实例定义〉::= **情景实例** -〈实例编号〉-〈实例名〉
进行以下交互活动:〈初始状态定义〉,〈动作流定义〉
〈动作流定义〉::= [〈前提条件〉,]〈动作定义〉[,〈限制条件〉][,〈后续状态定义〉]
|〈动作流定义〉〈连接符〉〈动作流定义〉|(〈动作流定义〉)
〈连接符〉::= **然后** | **同时**
〈动作定义〉::=〈动作序号〉-〈主体名〉-〈动词〉-(〈对象名序列〉)
〈初始状态定义〉::= **初始状态**:〈条件表达式〉
〈后续状态定义〉::= **后续状态**:〈条件表达式〉
〈前提条件〉::= **动作的前提条件**:〈条件表达式〉
〈限制条件〉::= **动作需满足限制条件**:〈条件表达式〉
〈主体说明序列〉::=〈主体说明〉,〈主体说明序列〉
〈主体说明〉::= **用户**〈主体名〉| **系统**〈主体名〉

文法说明

1. 用户首先给出要定义系统的名字，之后定义若干情景实例；
2. 每个情景实例是对系统外部参与者和系统之间发生的一次交互活动的描述；
3. 情景实例的核心内容是交互动作序列.每个交互动作序列由若干原子动作顺序或并行组合而成；
4. 初始状态定义每个情景实例发生时系统的初始状态。后续状态定义交互动作导致的系统状态变化。系统状态的变化主要通过某个或某些对象的变化体现出来。对象的变化通过定义对象变化后的值来说明。
5. 前提条件是引发其后所定义动作执行的触发条件，即当该条件满足时，系统自动执行该条件后面定义的动作.限制条件定义操作对象要满足的限制条件，如输入对象和输出对象之间的数值关系和逻辑关系、对象的取值约束等。

需要注意的是，虽然情景是从系统和外界交互的视角表达需求，但并不是说在需求阶段就考虑系统界面设计，只有进入设计阶段才开始考虑界面设计。二者的区别在于，情景描述“做什么”，而界面设计描述“怎么做”。

例 6.1 情景描述的文本表示。

系统名称：微笑口腔 App

主体说明：**外部主体**用户（小红），**系统**微笑口腔 App

情景实例-01-健康自诊

进行以下交互活动：

初始状态：用户(小红)下载、安装并运行微笑口腔 App

01 用户单击"健康自诊"；

02 系统界面上出现身体部位模型；

03 用户选择口腔；

04 系统界面上出现一个口腔牙列模型，如图 6.2 所示；

05 用户选中相应的牙齿；

06 系统界面上该颗牙齿被标注出来；

07 系统提示进入症状选择菜单；

08 用户选择症状(牙疼)；

09 系统给出初步的评估结果(龋齿)；

10 系统给出就诊建议("请尽快赴综合医院口腔科或口腔医院牙体牙髓科就诊治疗")。

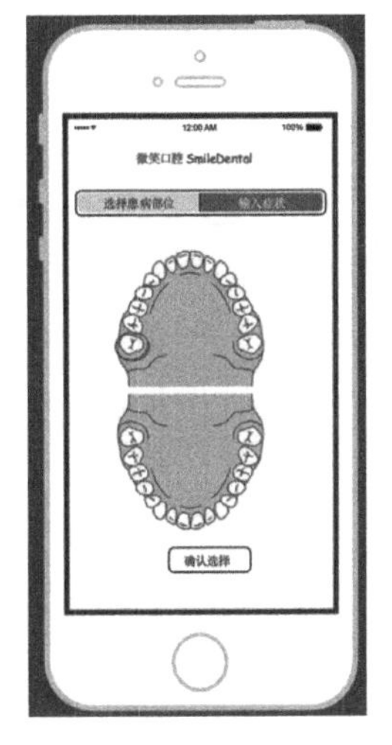

图 6.2　健康自诊页面

6.2.3　情景细化

从例 6.1 可以看出，**情景**是一段文本描述，表示为实现某个目标而发生在系统与外部主体之间的动作流。**情景实例**是情景的一次具体执行，是一个不含分支和选择的具体动作流。参与情景的**外部主体**有三个属性：角色名、待实现目标和交互动作集合。每个**系统**只能实现有限个用户目标。每个**目标**的实现都具体化为有限个交互动作组成的系统工作流。因此，情景描述包括主体定义、主体的目标定义、主体和系统交互动作序列的定义以及交互过程所涉及的对象的说明。

基于模板的方法需要使用系统预先定义的模板来撰写情景实例，比采用自由文本来撰写要受些限制，但对控制情景描述的认知复杂性有好处，可以更加明显地反映出情景的语义内涵，也可以降低情景与模型之间产生二义性的风险。因此，一般建议先采用自由文本表达需求，让用户可以随心所欲地给出对系统功能与行为的愿景，然后采用交互式半自动的情景细化过程，将自由文本转化为结构化文本，即通过文法分析、修正和结构化的概念映射，将自由文本情景实例描述转化为如例 6.1 所示的结构化情景描述。情景获取也不是一蹴而就的，在撰写情景实例或归纳情景模型的过程中，可能会识别出新的目标。对每个新目标，又可以撰写新的情景实例，然后反复迭代，直到归纳出相对完整的情景模型。

6.3　基于用例的情景建模

自然语言文本主要用于描述上下文和交互情景，图或表结构则便于描述情景和参与者间的关系，以及情景之间的关系。常见的图形化情景表示方式是用例建模。

6.3.1　用例和用例图

用例(use case)是 OMG 标准化组织推出的统一建模语言(Unified Modelling Language，UML)中的主要模型之一，在参考文献[3]中对用例建模做了详细介绍。下面列举用例的两个比较经典的定义：

(1) 用例是对**参与者**(**actor**)使用系统某项功能时所进行的交互过程的文字描述序列。

(2) 用例是系统、子系统或类与外部的参与者之间交互的动作序列的说明,包括可选的动作序列和会出现异常的动作序列。

用例是从参与者使用系统的角度对系统行为的描述,用例名一般为动宾结构或主谓结构。例如,在微笑口腔 App 的用例模型中,“健康自诊”“在线问诊”“预约挂号”均可以定义为用例。图 6.3 给出了这三个用例组成的用例图,其中,人形图标表示参与者,椭圆形图标表示用例,参与者和用例之间的连线表示该参与者与系统交互完成该用例。除此之外,任何系统都离不开注册、登录、退出系统、支付服务费用等常见的用例。

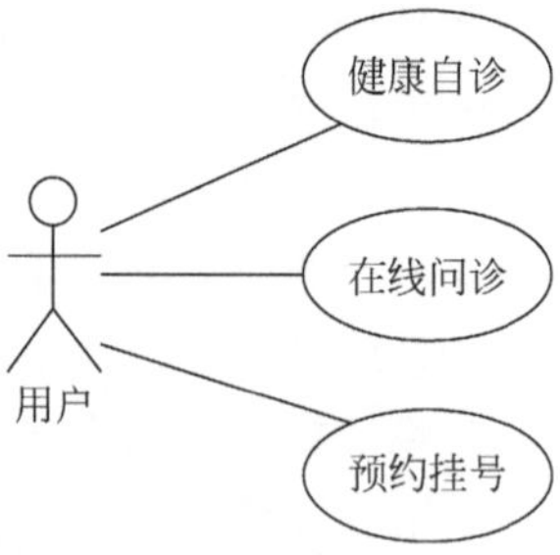

健康自诊
在线问诊
预约挂号
用户

图 6.3　用例图的例子

识别用例的基本方法是和用户交互,把自己当作外部参与者,与目标系统进行交互。考虑:我和系统交互的目的是什么?我需要向系统输入什么信息?希望系统如何处理?我要从系统得到何种结果?识别用例和识别参与者不能截然分开。其中,参与者是指系统以外的,需要使用系统或与系统交互的主体,包括人、设备和其他系统。例如,在微笑口腔 App 中,主要参与者包括患者、医生、医院和系统管理员等,他们和系统的交互内容分别如下。

- 患者:从系统获取健康信息服务;
- 医生:通过系统提供在线健康咨询服务;
- 医院:接收来自系统的预约挂号申请;
- 系统管理员:支持患者注册与身份认证、支持医生注册与身份认证、支持医院可用号源在线开放与回收。

(1) 参与者之间的关系。

参与者之间可以存在继承/泛化关系,表示抽象的参与者角色与具体的参与者之间的联系。子参与者继承了父参与者的行为,还可以增加自己特有的行为。子参与者可以出现在父参与者能出现的任何地方。如图 6.4 所示,患者和医生都是用户,因此均需关联

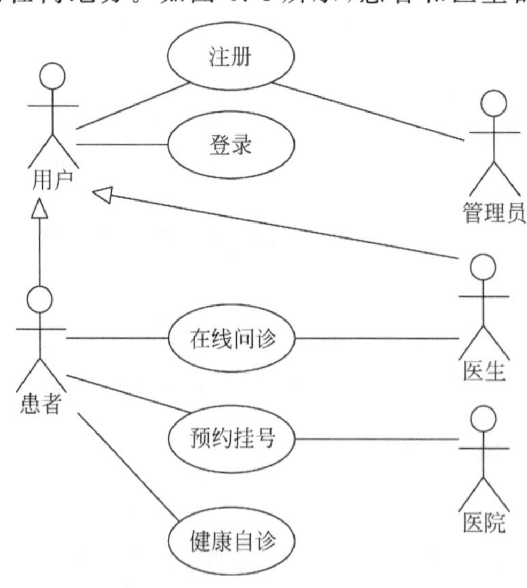

图 6.4　参与者之间的泛化关系

注册、登录两个用例。当然患者和医生的注册流程不同，因此注册用例需要被特化为两个子用例。

(2) 情景(Scenario)。

用例模型中，情景指贯穿用例的一条路径，表示用例的一个实例。例如，"预约挂号"这个用例包含如下几个情景：预约成功的情景、相关号源不足的情景、由于预约者身份认证不通过而被拒绝预约的情景，这些情景的组合形成了这个用例。

(3) 用例间的关系。

除了和参与者有关联外，用例之间也存在关系，包括泛化关系、包含关系、扩展关系等。

- 继承/泛化关系(generalization)：代表抽象用例与特殊用例之间的关系。用例间的继承/泛化关系与类之间的继承/泛化关系类似。
- 包含(include)关系：指一个用例的行为包含了另一个用例的行为。
- 扩展(extend)关系：扩展用例是在被扩展的用例声明的"扩展点"的地方(extension point)添加少量特殊的步骤，扩展用例的进入需要满足一定的入口条件。

表 6.1 给出了用例间的关系及其图形化表示，图 6.5 是用例间的包含关系和扩展关系的示例。

表 6.1 用例图中的关系及其表示

关系类型	说　　明	表示符号
关联(association)	actor 和 use case 之间的关系	————————
泛化(generalization)	actor 之间或 use case 之间的关系	————————▷
包含(include)	use case 之间的关系	<<include>> - - - - - - - ->
扩展(extend)	use case 之间的关系	<<extend>> - - - - - - - ->

用例图：用例模型由若干**用例图(use case diagram)**描述。用例图是描述一组用例、参与者以及它们之间关系的图。

用例描述：用例采用自然语言描述参与者与系统进行交互时双方的行为。描述用例的原则是尽可能写得"充分"，而不追求写得形式化、完整、漂亮。用例描述应该包括以下几部分。

- **前置条件**：条件列表，这些条件必须在访问用例之前得到满足。
- **后置条件**：条件列表，这些条件将在用例完成以后得到满足。
- **基本操作流程**：用例中各项工作都正常进行时所遵循的路径。
- **可选操作流程**：变更工作方式、出现异常或发生错误的情况下所遵循的路径。
- **被泛化的用例** [**可缺省**]：此用例所泛化的用例列表。
- **被包含的用例** [**可缺省**]：此用例所包含的用例列表。
- **被扩展的用例** [**可缺省**]：此用例所扩展的用例列表。

例 6.2 给出了一个用例描述的示例。用例图建模的步骤如下。

① 找出系统外部的参与者和外部系统，确定系统的边界和范围；

② 确定每个参与者所期望的系统行为；

③ 把这些系统行为命名为 Use Case-系统行为；

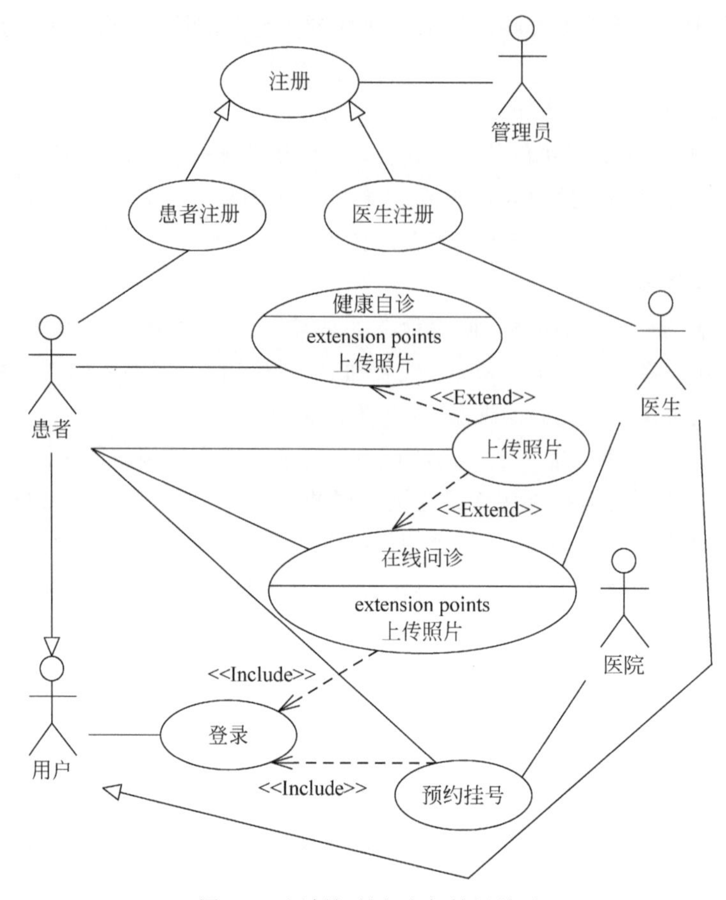

图 6.5　用例间的包含与扩展关系

④ 使用泛化、包含、扩展等关系梳理出系统行为的公共或变更部分；

⑤ 为每个用例撰写交互流程脚本；

⑥ 绘制用例图；

⑦ 区分主事件流和异常情况的事件流，把表示异常情况的事件流作为独立的用例处理；

⑧ 细化用例图，解决用例间的重复与冲突问题。

例 6.2　用例描述举例。

用例名称：健康自诊

标识符：UC101

用例描述：当一个用户选择健康自诊的时候这个用例开始。它基于系统知识自动评估患者症状，给出初步的病情推断和就诊建议后结束。

参与者：患者

优先级：1

状态：通过审查

前置条件：患者用户登录系统

后置条件：增加一条自诊记录

基本操作流程：

1. 用户单击"健康自诊"，

2. 系统界面上出现身体部位模型，

3. 用户选择口腔，

4. 系统界面上出现一个口腔牙列模型，

5. 用户选中相应的牙齿，

6. 系统界面上该颗牙齿被标注出来，

7. 系统提示进入症状选择菜单，

8. 用户选择症状(牙疼)，

9. 系统给出初步的评估结果(龋齿)，

10. 系统给出就诊建议("请尽快赴综合医院口腔科或口腔医院牙体牙髓科就诊治疗")。

可选操作流程：

1a 用户选择"返回"……

3a 用户选择颌面部，……

3b 用户选择颈部，……

被泛化的用例：无

被包含的用例：登录（UC106）。

被扩展的用例：无

修改历史记录：

曹 *，定义基本操作流程，2019 年 8 月 8 日

陈 *，定义可选操作流程，2019 年 8 月 9 日

用例从系统使用者角度描述系统需求信息，站在系统外部看系统功能，不考虑系统内部对该功能的具体实现方式。它描述用户提出的可见的需求，对应于具体的用户目标。使用用例可以有效促进与用户的沟通，理解正确的需求，也便于划分系统与外部实体的界限，是系统设计的起点，是类、对象、操作定义的来源和依据。

用例分析是基于功能分解的技术，理论上可以把软件系统的所有用例画出来，但实际运用时只需把重要的、交互过程复杂的情景画出来。基于用例的方法还有助于需求的确认以及生成测试用例。另外，还有学者对用例图进行扩充，如引入"误用用例"(Misuse cases)，表示系统应避免的行为；补充用例间的"威胁"、"减轻"和"加重"等关联关系，表达用例间的正负作用；提出"滥用用例"(Abuse cases)；等等。这些扩充可以非常直观地表示系统安全的相关需求。

6.3.2 用顺序图建模情景

交互是指主体间为实现某种目的而彼此传递消息的行为，其核心是描述对象之间如何进行协作。情景建模中，参与者和系统的交互非常重要。在 UML 中，还有一些其他的形式来表示交互，例如顺序图(sequence diagram)，也称时序图，它由电信领域广泛应用的消息序列图(Message Sequence Chart，MSC)演化而来。顺序图按时间序表示对象间的交互，有哪些对象参加交互，以及消息传递的序列、消息描述对象间的交互操作和值传递过程。

顺序图可以表达单个情景实例的行为，每个用例对应一个顺序图。顺序图表示系统内外的对象间如何协作完成用例所对应的功能，描述在系统边界输入输出的消息数据及系统内部各组件间的消息传递。例如，图 6.6 展示了微笑口腔 App 中健康自诊的顺序图。

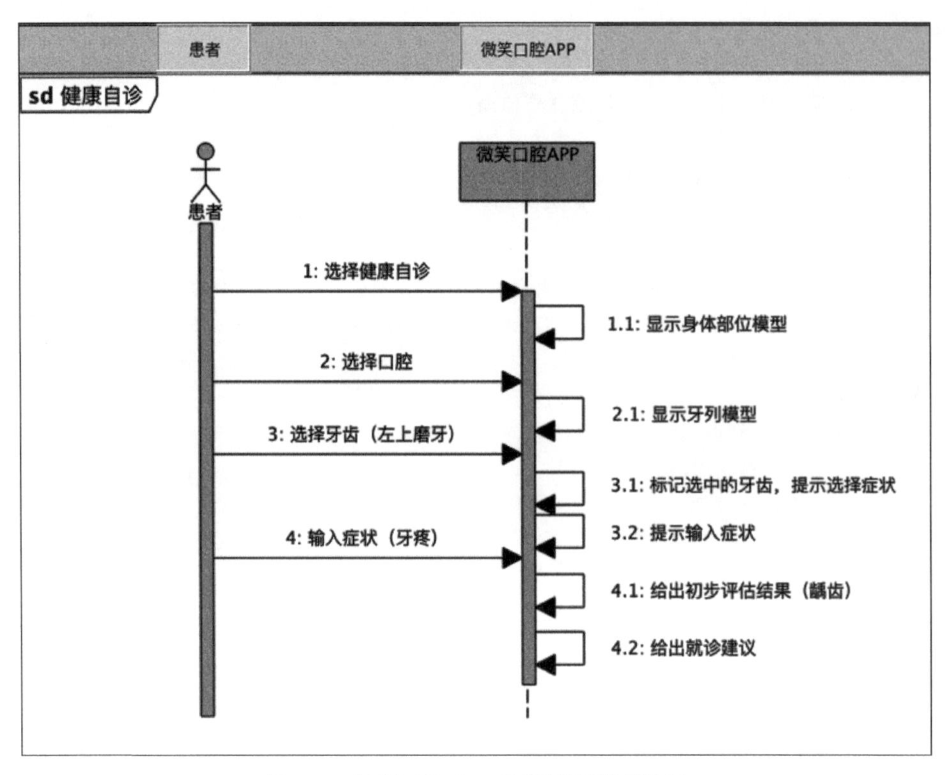

图 6.6　微笑口腔 App 的顺序图模型举例

顺序图可帮助分析人员对用例图进行扩展、细化和补遗。顺序图在软件开发的不同阶段有不同目的并描述不同粒度的行为。在需求分析阶段，顺序图不含设计对象，消息不带参数类型，有人将需求阶段的顺序图称为系统顺序图。

创建顺序图的步骤如下。

(1) 在顺序图左上角框中写出顺序图所建模的用例名，作为该顺序图的名字；

(2) 在顺序图上添加用例所涉及的外部参与者名及系统名；

(3) 参与者和系统下面的竖线表示该对象的生命线；

(4) 对一些复杂的流程，添加控制框进行复杂操作的封装。

上述步骤中，步骤(1)～(3)都比较简单，步骤(4)较为复杂，进一步说明如下。图 6.6 展示的例子比较简单，不需要做任何的封装。图 6.7 所示的例子中出现活动的封装，如循环控制框 loop，其中，圆括号内的数字(1,3)表示循环执行次数的上限为 3，下限为 1。因为最少执行 1 次循环，所以在检测条件之前至少执行一次密码判断。在循环内，用户输入密码，系统进行验证。如果密码不正确，该循环就会继续。如果超过 3 次，则循环结束。

接下来有一个选择控制框 alt，如果密码正确，则执行这个选择操作；否则就跳过该顺序图后面的部分。这个选择控制框表明：用户输入正确的密码后，可进入健康自诊、在线问诊或预约挂号流程。选择控制框中的活动结束后，顺序图对应的用例情景执行完毕。

若控制框是并行操作符 par，表明两组动作间不存在相互影响，可按任意顺序执行。两组动作并行执行，不规定组之间动作的顺序，也不需要两组动作交互同步。并行控制框的两组动作都执行，则并行控制框执行完毕。

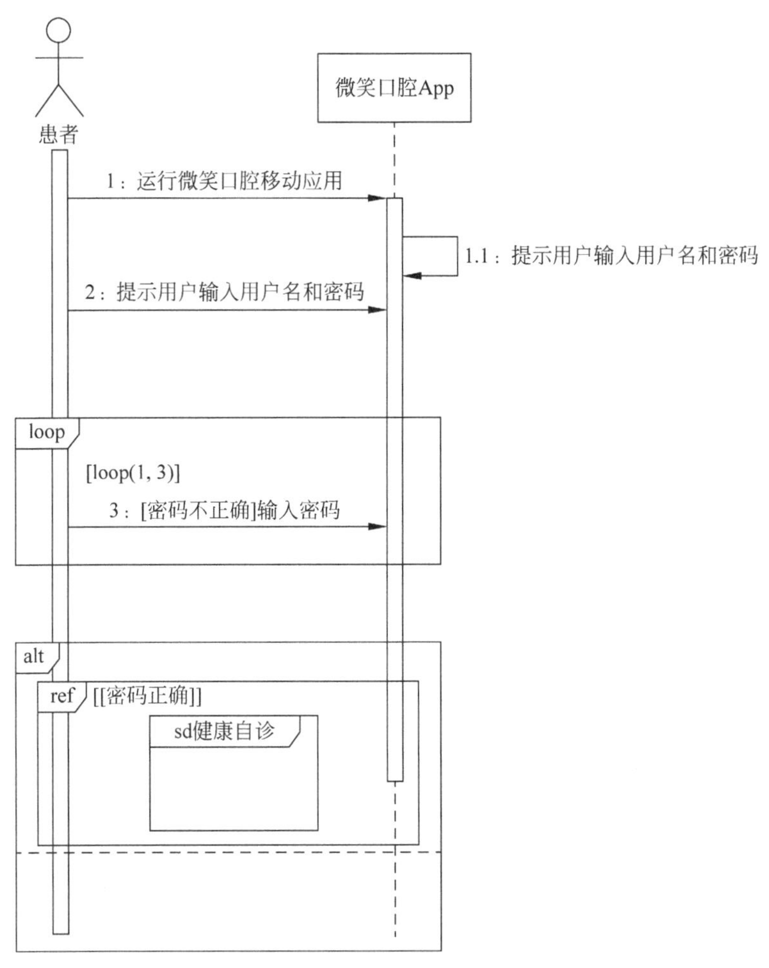

图 6.7 微笑口腔 App 带控制框的顺序图模型

用顺序图建模情景，其注意力聚焦于关键交互活动。例如，顺序图主要用于描述业务逻辑，没必要过多关注与后台数据库间的交互活动。消息建模时，优先考虑消息的内容，而非消息参数的类型，也不必关注明显的返回消息。

6.3.3 用活动图建模情景

在 UML 中，活动图用于描述不同抽象层次和粒度的工作流程。在面向情景的方法中，活动图用于识别复杂系统用例和对象的复杂操作行为。图 6.8 展示了微笑口腔 App 案例中用活动图对上述情景所涉及的交互流程进行建模的例子。

活动图主要包括活动、控制转移、泳道、决策点及决策分支、并发分支与汇合和对象流等概念。活动是用例执行流程中的一个步骤完整的任务，可以用自然语言中的短语表示，也可以进一步细化为子流程(用顺序图或者活动图表示)。泳道用来划分责任区，表明活动由哪个对象完成。决策分支表示一个活动导致的多种可能后续流程，需要确定进入后续流程的入口条件。并发分支用于表示一个活动结束后同时开启多个并行执行流程，这些并发流程可以在后面同步汇合，也可以分别结束。活动图的两个活动间可以有数据对象依赖，表明前一个活动的输出作为后一个活动的输入。

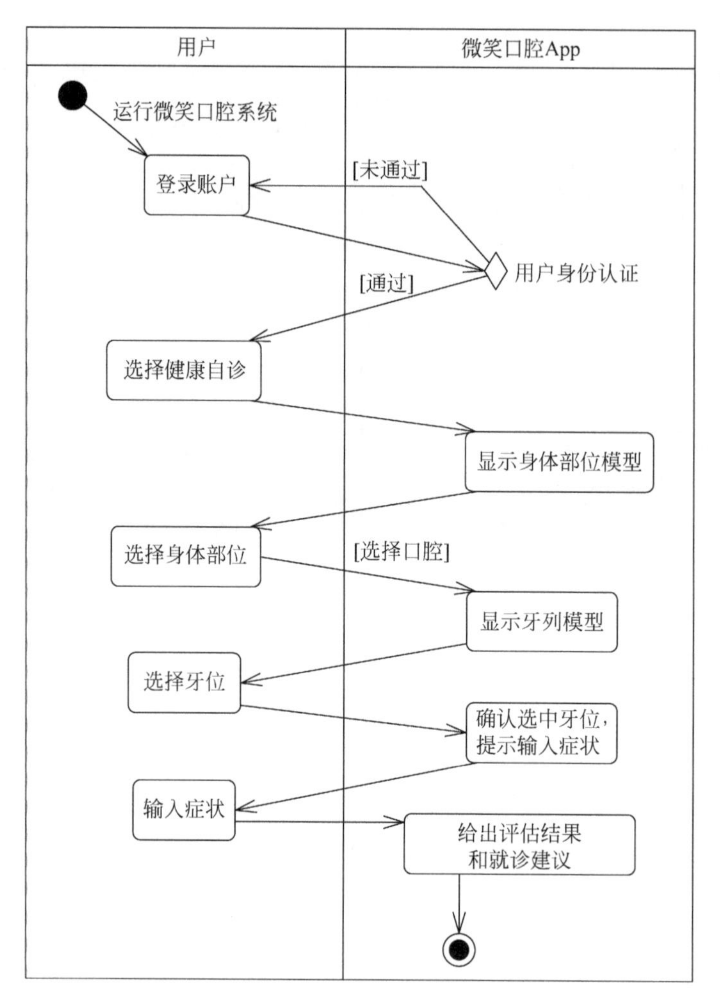

图 6.8　微笑口腔 App 带泳道的活动图模型

6.4　应用情景图

应用情景图(use case maps,UCM)也是一种图形化的情景表示方法，描述一个或多个用例所涉及的功能职责的因果关系，与上述图形表示法不同，应用情景图引入系统构件，情景描述的动作都隶属于某个系统构件。应用情景图由路径元素(path elements)和组件(components)构成，通过一条贯穿系统对象的路径来表示活动的因果关系。基本路径将责任点(responsibilities)按照**因果关系**顺序、选择或并行地连接起来。责任点用来表示各种可复用的处理过程。路径将起始点、责任点和终点连接起来。路径起点可以带有相应的前置条件，责任点和终点则可以带有相应的后置条件。构件是具有不同功能的系统单元，当某个责任点被置入某个构件时，称该职责被绑定到该构件，即该构件负责执行责任点的动作、任务和功能。图 6.9 表示上班通勤的基本活动路径，其中包含了基本的 UCM 建模元素。

当单个应用情景图显得复杂时，可以用插槽(stubs)和插件(plug-ins)将应用情景图中的细节进行分层和封装，如图 6.10 所示。静态插槽(static stubs)通常与一个插件绑定，将

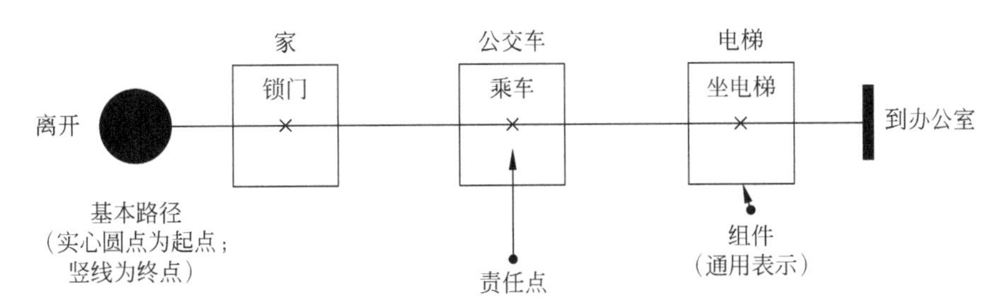

图 6.9　应用情景图：上班通勤基本活动路径

复杂的应用情景图表示为分层结构。图 6.10 中的静态插槽“电梯”可以与图 6.11 中的“带计时器的电梯”绑定。

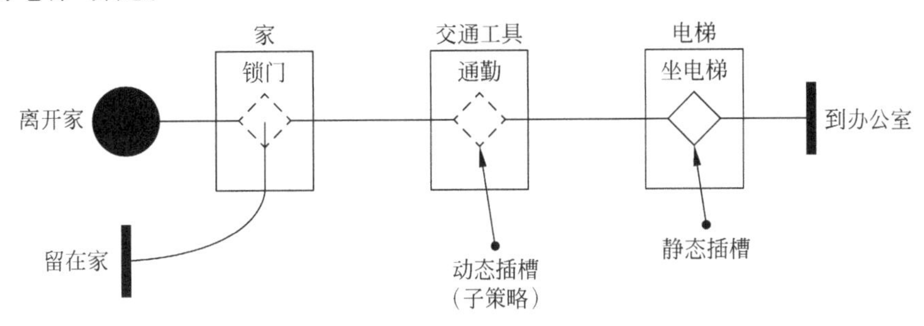

图 6.10　应用情景图分层：上班过程中的插槽

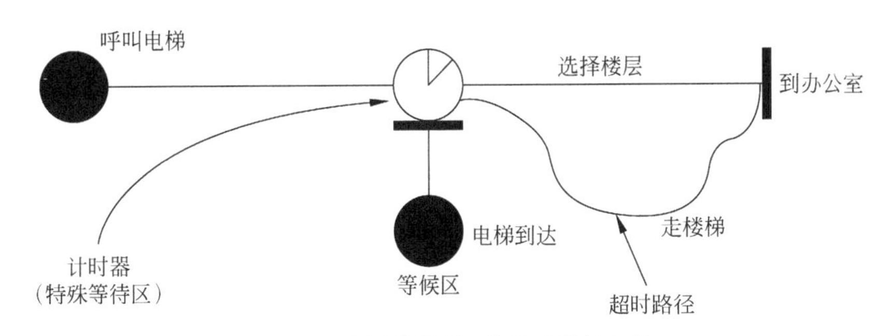

图 6.11　应用情景图：带计时器的电梯

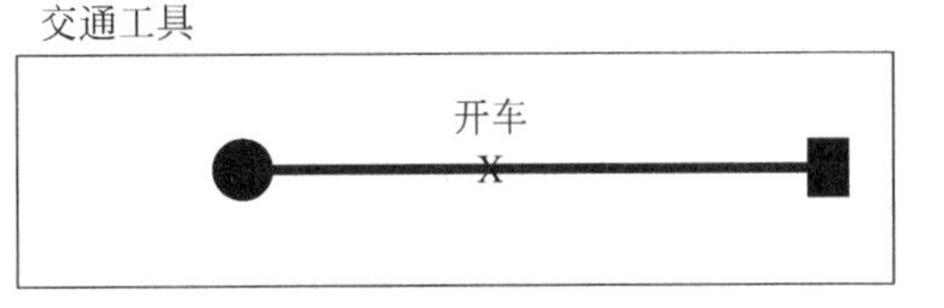

图 6.12　应用情景图：插件“交通工具-开车”

动态插槽（dynamic stubs）可以与多个插件绑定，运行时由前置条件决定选择哪个插件。也可以同时选择多个插件，将它们顺序或并行地放入一个插槽，需要补充说明组合方式。图 6.10 中的动态插槽“交通工具”可以根据前置条件（如通勤者的偏好）在图 6.12 所示的“开车”和图 6.13 所示的“坐公共汽车”两个插件中做出动态选择。

责任点和插件的后置条件是路径上后续责任点和插件的前置条件，是该路径上关于情景执行状态的断言。路径的“或合并”（OR-join）将两条重叠的路径合并到一起，路径的“或分叉”（OR-fork）将一条路径分成两或多条可选路径（alternatives）。每条可选路径在给定条件满足时才能执行。并发与同步的路径段用竖线括起来，起点称为“与分叉”（AND-fork），终点称为“与合并”（AND-join）。

图 6.11 中的计时器（timer）表示一个特殊的等候区，由特定事件的发生及时间来触发。

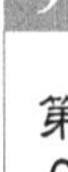

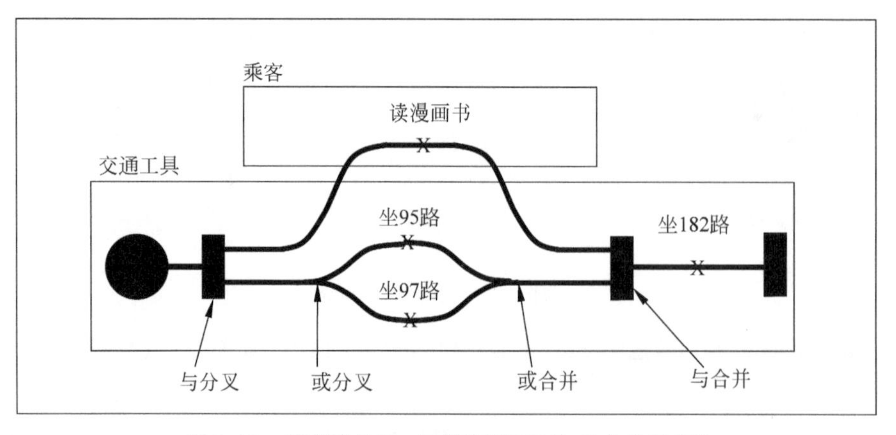

图 6.13　应用情景图：插件“交通工具-坐公共汽车”

如事件在规定时间内未发生，则进入超时路径。

应用情景图能够将用例、需求和设计模型联系起来，将行为和结构用图形化的方式联系起来，为体系结构设计决策提供建模框架。它通过紧凑的图形化模型表达丰富的信息，将多个应用情景有机地集成在一起，支持对所需要的情景交互进行分析和推理，为那些在运行时情景和结构动态变化的系统（如电子商务应用、网络服务、多主体分布式系统等）提供有效建模机制。应用情景图简单、直观，开发人员较易掌握，文档可以随设计自动生成，成为开发人员学习相关领域业务知识的有效工具。

6.5　情景的原型化

原型本质上是软件产品的一个精简化样品。通常情况下，原型一般不包含产品的实际功能，但是能够以可视化的方式展示出用户与系统交互的流程，是围绕用户使用系统的情景展开的。因此，原型本身容易被用户理解，也通常能有效地启发用户提出新的需求。前述例子的部分界面原型的实例如图 6.14 所示。

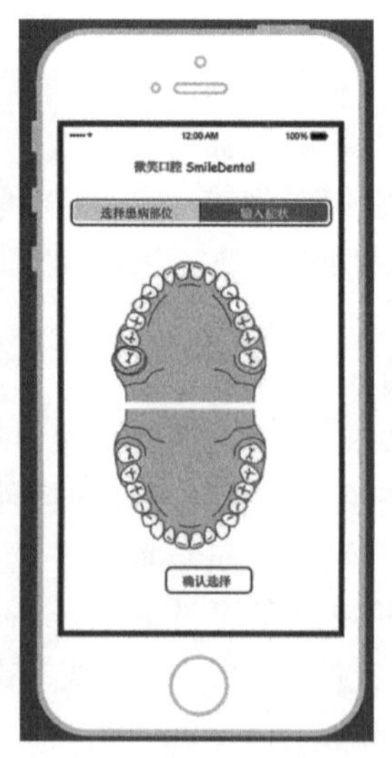

图 6.14　微笑口腔界面原型设计实例

可用的原型设计工具很多，功能和特点各不相同。基于对 17 种来自学术界的原型工具和 90 种商用工具的调研，发现这些原型设计工具有 13 个主要功能(如表 6.2 所示)：免编码，基于草图风格，组件化，动态组装，协同工作，重用机制，场景管理，预览模式，支持可用性测试，支持代码生成，版本控制，添加注释，支持全设计周期。一般的原型设计工具主要实现其中的一个或几个功能，例如，重点关注基于草图的原型生成方法，还提供了组件化、重用机制、预览模式、版本控制和添加注释等功能。

表 6.2　原型设计工具支持的功能

功　　能	支持该功能的工具占比
免编码	67.69%
基于草图	5.38%
组件化	60.77%
动态组装	56.15%
协同工作	21.54%
重用机制	63.08%
场景管理	8.46%
预览模式	52.31%
支持可用性测试	5.38%
支持代码生成	21.54%
版本控制	19.23%
添加注释	41.54%
支持全设计周期	6.92%

为了在一定程度上实现原型构建过程的自动化，可以基于 UML 类图、用例或形式化的静态模型进行实体识别和原型自动生成。相比之下，直接由需求文本向原型进行自动化转换较为困难，所以基于文本的信息提取和原型构建工作通常由人工完成。

系统界面在结构上往往有相似性，以网页应用的界面结构为例，按页面特征进行聚类，可以构建一套网页原型模板。基于中文需求文本的自动分析，实现模板和组件的推荐，辅助原型构建过程，在技术层面具有可行性。UML 模型及形式化语言的自动分析相对容易，以此为基础实现原型的自动生成也具有可行性。

智能辅助原型设计工具的实现主要包含网页原型模板构建、模板和组件推荐两项主要任务。

6.6　小结与讨论

情景是用户与系统为实现某一业务目标而发生的交互事件序列。面向情景的需求方法通过识别系统使用情景和事件序列的集合来获取系统需求。面向情景的方法除了能帮助需求获取外，还可以作为系统实现后的测试案例规格说明和测试案例的设计模型。目前，面向情景的需求方法包括基于 UML 用例图的情景分析、基于用户故事的敏捷需求管理和主要用于电信行业的应用情景图。与面向目标的方法相反，情景分析的方法着眼于具体的细粒度的系统行为，从具体的应用情景出发获取需求，用户易于领会和表达，从而给出对软件系统与环境的主要交互活动的描述。

本书各章介绍的方法可以结合项目和分析师的需要整合地应用。情景描述可以与第5章介绍的问题驱动方法联合使用。针对给定问题的特定需求(相当于一个用例),其问题领域之间的交互现象序列可以用情景描述,参见7.3节。用例中的参与者与面向主体方法中的主体有对应关系。用例中的主体标明系统边界,我们在分析过程中关注其与系统间的具体交互操作。而主体分析方法关注主体的目标、意图和选择偏好。

面向情景的方法与面向目标的方法相辅相成,从不同的两个侧面对需求知识进行组织。面向情景的需求工程方法获取为实现特定业务目标而使用系统的典型应用场景,因此,可以将目标和情景放在一起考虑。业务目标是情景的上下文背景,将目标包括在情景定义的内容中,并通过记录现场情景来确认当前系统通过该情景的运行是否实现了预期的目标,可以从操作情景中推断特定目标,也可以通过情景分析发现新的目标。针对给定的情景,分析它所实现的是哪个业务目标。例如,根据情景导出目标,引导需求获取过程。描述情景可以采用文本格式,也可以用图形化的模型。工程师描述情景时,需要掌握撰写情景的思路和方法,包括对情景进行粒度划分,将情景交互过程按照结构化模板或图形化模型表示出来,并在描述过程中对需求进行细化。此外,对情景文本描述,还需判定其正确性、一致性和完整性。在安全性与可信性需求的表示方面,误用用例和滥用用例可以作为目标分析的辅助手段。相应地,目标分析的过程可以通过引入正反用例和情景得以具体化。

6.7 思考题

根据下面的描述,画出相应的用例图,给出用例描述及主要用例对应的活动图或顺序图。

在医生的办公室里,接待员、护士和医生使用病人记录和计划安排系统。当病人第一次来看病时,接待员使用该系统输入病人信息,并且安排所有的预约。护士使用该系统跟踪病人每次看病的结果并输入护理病人的信息,如医疗和诊断。护士也可以访问这些信息以打印病人诊断结果或病人看病历史。医生主要用这个系统查看病人的病史,偶尔也输入病人的医疗信息,但通常让护士输入这些信息。

请基于用例图或描述,回答以下问题:

1. 系统涉及哪些主要参与者?
2. 系统要实现哪些主要功能?
3. 每个主要用例涉及哪些参与者?
4. 每个用例的主要交互流程是什么?有哪些前置条件和后置条件?
5. 是否存在子用例?如果有,请列出。
6. 是否存在扩展用例?如果有,请列出。
7. 可能有哪些例外情况?
8. 用例是否可能被误用?
9. 用例对应的测试用例有哪些?
10. 可以用什么测试数据集来验证系统满足该用例的要求?

参考文献

[1] Alexander I. Modelling the Interplay of Conflicting Goals with Use and Misuse Cases[C]//8th International Workshop on Requirements Engineering: Foundation for Software Quality (REFSQ-02),2002.

[2] Alexander I. Misuse Cases: Use Cases with Hostile Intent[J]. IEEE Software,2003,20(1): 58-66.

[3] Jacobson I. Object-Oriented Software Engineering,a Use Case Driven Approach[M]. Redwood City, CA: Addison-Wesley Publishing Company,2004.

[4] Sutcliffe A. Scenario-Based Requirement Analysis. Available as CREWS Report[EB/OL]. [2022-12-30]. http://ftp. informatik. rwth-aachen. de/ftp/pub/CREWS/CREWS-98-07. pdf.

[5] Haumer P,Pohl K,Weidenhaupt K. Requirement Elicitation and Validation with real World Scenes [J]. IEEE Transactions on Software Engineering, 1998, Vol. 24, No. 12, Special Issue on Scenario Management: 1036-1054.

[6] Hsia P,Samuel J,Gao J,and et al. Formal Approach to Scenario Analysis[J]. IEEE Software,1994.

[7] Kimbler R B,Wesslen A. Improving the Use Case Driven Approach to Requirement Engineering[C]// RE'95,1995: 40-47.

[8] Anderson J S,Durney B. Using Scenarios in Deficiency-driven Requirements Engineering[C]//RE'93, 1993: 134-141.

[9] Amyot D,Mussbacher G. URN: Towards a New Standard for the Visual Description of Requirements [C]//International Conference on Telecommunications,2002: 21-37.

[10] Liu L,Jin Z,Lu R,and et al. Agent-Oriented Requirements Analysis from Scenarios[C]//KES-AMSTA,2011: 394-405.

[11] Liu L,Yu E. Designing Information Systems in Social Context: a Goal and Scenario Modelling Approach[J]. Inf. Syst. ,2004,29(2): 187-203.

第7章 基于环境建模的方法

自动驾驶系统能在没有用户干预的情况下，自动规划行车路线并控制车辆行驶。控制软件是自动驾驶系统的核心部件，它可以调度各种车载传感器，感知车辆所处的道路环境，并根据当前道路状况、车辆位置以及是否有障碍物等，实时进行行为决策，控制车辆的行进、转向和速度等，使车辆安全行驶到达目的地。

可以看到，自动驾驶系统是一类具有很强的环境交互性的系统，它除了需要具备基本的车辆驾驶等能力外，在施展驾驶能力的时候，还需要时刻关注车辆的外部环境，关注其中存在的各类实体，以及车辆与这些外部实体的关系(如距离等)。外部环境及其中的环境实体是实时变化的，它们和车辆的关系也是实时变化的，系统需要根据变化的情况实行动态决策，实现对驾驶功能点安全、可靠的调度和控制。

上面矩形框中的那段话是关于自动驾驶系统的一个非常简要的需求描述。即便如此，从中也可以看出自动驾驶系统需要关注的外部实体非常多样。如车辆行驶的道路及其路况，车辆周围的障碍物、行人及其他车辆，当时的天气，以及驾驶员和乘客的状态等，这些都是自动驾驶系统需要关注的外部实体的不同方面，是系统在实现安全可靠的驾驶功能时需要考虑的因素。在系统分析和设计时，如何系统化、高效率地考虑这些因素，并制定正确有效的设计策略以应对这些环境因素的变化，是这类系统在需求阶段需要充分考虑的问题。

基于环境建模的需求工程以系统环境模型为基础，帮助需求工程师识别系统的环境关注点，引导其对这些环境关注点进行系统化的分析，从中引导出系统和环境的交互能力需求。在基于环境建模的需求工程方法中，假设环境模型承载了待开发系统需要掌握的环境知识，在进行系统需求建模和分析时，可以从环境知识和用户需求出发，推断并规约系统需求。对具有环境高耦合度的系统，环境模型对这类系统的需求识别、分析和建模均有明显的帮助。

与此同时，基于环境建模的思想还能帮助需求工程师有针对性地引入环境特征识别、交互情景推理和系统动态决策等功能点，以支持对系统自适应性、可靠性和安全性等与环境相关的非功能性需求的识别和分析。

本章介绍基于环境建模的方法，包括环境建模方法、环境模型驱动的功能需求分析，以及由环境特性引入的典型非功能需求分析等。

7.1 概　　述

本书第1章曾阐述环境特征(E)、用户需求(R)和规格说明(S)三者之间的关系,即将规格说明为S的软件系统,部署在特征为E的交互环境中,并与之发生交互,则交互环境需要能表现出用户需求R中表达的期望行为。这个三元关系是需求工程领域的共识。需求工程的任务就是在确定的交互环境特征的基础上,依据用户提出的期望需求,构造软件系统的规格说明,使得据此构建的软件系统部署到交互环境中后,用户期望的需求能够得到满足。

第5章的问题驱动方法进一步明确,用户期望的需求是一组现实世界现象间的希求式约束,当符合规格说明的软件系统部署到这个现实世界(即系统交互环境)中时,其交互环境要能满足所期望的约束。因此,软件系统与其环境实体的交互行为(软件系统行为加上环境实体行为),与软件系统能否起到预期的作用(满足用户需求)紧密相关。

对运行在相对静态、封闭和确定的环境中的软件系统而言,可以假设软件系统所处的交互环境是固定的,可以预先假设其环境实体的行为,形成交互环境假设,需求工程的任务就是根据用户期望的需求,推断出可行的系统规格说明。

但像自动驾驶这类系统,它们将运行在开放、动态的交互环境中。例如自动驾驶系统,其在驾驶过程中可能遇到晴天、雨天、雾天、雪天甚至沙尘天气;还会遇到很多静态或动态的物体,如静止的障碍物、路上跑过的动物、其他行驶中的车辆和过马路的人等;车辆也可能行驶在平坦的大路上、狭窄的小路上、蜿蜒的山路上、泥泞不堪的乡村公路上,等等。其交互环境的这些特征明显地需要作为系统需求分析的特别关注点。

对这类系统而言,在需求阶段不能假设系统环境的特征能事先完全确定,系统行为能力需求来自可能的环境实体的行为。除此之外,系统还可能需要具备动态、实时地感知运行场景及其环境实体的状态并实时决策自身行为的能力。随着信息技术的发展,越来越多的软件系统将运行于开放、动态的环境,需要从方法学层面为这类软件系统的需求获取和分析给出系统化的解决方案。

基于环境建模的方法提出对交互环境进行抽象,实现对交互环境中实体的建模,并在较高的抽象层次上表示交互环境的变化性。软件系统的规格说明建立在环境模型的基础上,并将交互环境中的环境实体的特征及其可能的变化点考虑在内,以应对交互环境的变化性。同时,还考虑环境实体可能的(恶意或偶然)行为对系统操作效果带来的影响,帮助识别环境威胁和环境风险,支持对系统安全需求和隐私需求的识别和规约。

值得注意的是,环境模型不仅可以支撑这类软件系统的需求获取和规约,还可以用于指导这类系统的需求验证等。例如在自动驾驶系统中,环境模型一方面可用于进行环境模拟,以支持系统需求的有效性验证;另一方面还支持对环境变化的预测,以允许据此进行需求持续变更的分析决策。

本章的内容安排是:7.2节介绍环境建模,7.3节介绍基于环境建模的功能需求规约,7.4节介绍由环境特性引入的几种典型非功能需求。

7.2 环境建模和环境本体

基于环境建模的方法将环境实体作为核心概念，其概念抽象原则如下。

- 建模原则一（环境实体的类型化）：根据环境实体的属性或特征，对环境实体进行类型化，分门别类进行建模。
- 建模原则二（环境实体的状态化）：一些环境实体在不同情况下会具有不同特征，据此抽象出环境实体的内部状态。环境实体在不同时刻处于不同状态。
- 建模原则三（环境实体的因果性）：具有内部状态的环境实体会展现出自身遵循的行为规律，即呈现其内在的行为因果性。

环境建模，顾名思义就是对待开发软件系统的交互环境进行结构化建模，这里的系统交互环境由待开发软件系统以外的、系统将与之进行信息交换的可识别环境实体组成。目前只限于考虑离散的环境实体，其信息交换方式包括状态感知、事件感知、信息存取等。

本体是可共享概念模型的结构化规范说明，通过对概念及其相互关系的规范化描述，勾画出特定领域的基本知识体系。以领域本体为基础，可以支持信息理解及知识共享、重用和推理。基于环境建模的方法采用本体构建方法，抽象软件系统交互环境中与环境实体相关的基础概念，以及概念之间的关联和需要满足的约束，形成软件系统的环境本体(Environment Ontology)。

环境本体又分为顶层环境本体(Top-level Environment Ontology)和领域环境本体(Domain Environment Ontology)两个层次，如图7.1所示。其中，顶层环境本体包括环境模型的通用概念、通用概念关联及其相关约束，领域环境本体则包括特定应用领域的环境相关概念、关联和约束，领域环境本体是顶层环境本体在特定领域的实例化。

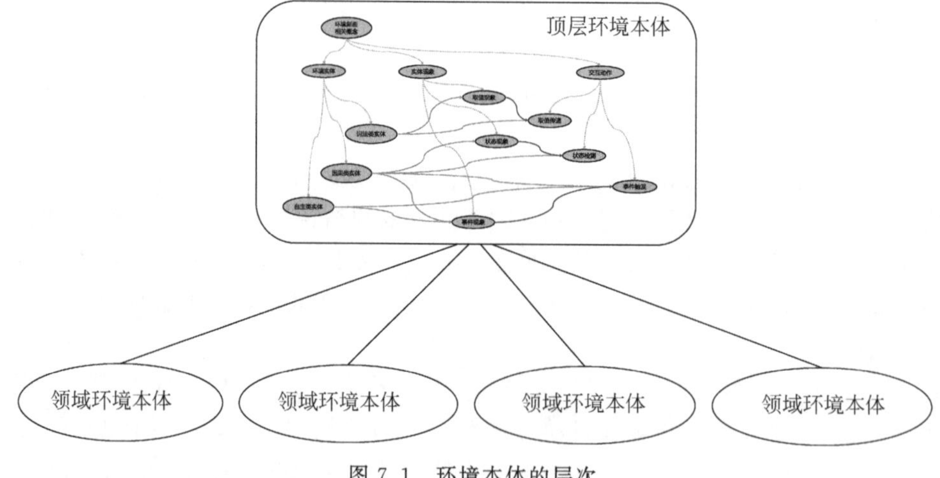

图7.1 环境本体的层次

7.2.1 顶层环境本体

顶层环境本体由环境建模相关概念及其之间的关系组成，主要有三类概念，即环境实体、实体现象和实体交互。在这些概念及其之间的关系之上，还可以定义一组约束，以表达对概念和关系的限制。

1. 环境本体的概念和关联

环境本体的概念，首先是环境实体(Environment Entity)，指现实世界中可能存在需要关注的外部实体。根据建模原则一，并继承问题驱动方法的问题领域标识，我们将环境实体分为三类，即**因果类实体**(Causal Entity，C 为其类型标记)、**自主类实体**(Autonomous Entity，A 为其类型标记)和**符号类实体**(Symbolic Entity，S 为其类型标记)。其中，**因果类实体**主要指问题驱动方法的因果领域，表示一类物理存在的实体，主要刻画其因果性特征，即内部存在明确的具有因果关系的行为规律，可以假设在与它相关的交互现象之间存在可预测的因果关系。

自主类实体基本涵盖问题驱动方法的顺从式领域[①]，表示一类物理存在的实体，但与因果类实体不同的是，这类实体假设是自治的，没有明确的(或者目前还不清楚其)内部因果性，不能假设与它相关的交互现象存在确定可预测的因果关系。独立于待开发软件系统的其他软件系统(这里看作黑盒系统)，我们认为它们具有自主的特征。如果待开发系统的交互对象是人，则将其建模为自主类实体。

符号类实体继承问题驱动方法中的词法领域，一般是设计出来的数据或者是信息的物理存储。需要注意的是，这里的符号类实体不需要有物理存储，例如，软件系统利用不同类型的感应器[②]时，就是与抽象的符号类实体进行交互。与符号类实体的交互现象仅限于信息/数据的存取。

第二类概念是实体现象(Phenomenon)。建模环境就是要描述环境实体的静态或动态特性，这里用实体现象来刻画，包括取值现象、事件现象和状态现象。具体含义包括：每个环境实体都可以有一组**属性**(Attribute)，这些属性描述了它的静态特性；每个属性有相应的值，**取值**(Value)现象就是指某个属性在某一时刻所取的特定的值。符号类实体只包含静态特性。

因果类实体和自主类实体，除了具有作为实体描述的静态特性外，还具有外部可见的动态特性。**事件**(Event)现象用于刻画这两类环境实体可呈现的一种动态特性，它指某个特定时间点上发生或出现的事情或事项，这些事情或事项被看作原子的和瞬时的。因果类实体可以发起事件现象，也可以对其接收到的事件现象做出反应。自主类实体也可以自治地发起它有能力(或有职责)发起的事件现象。

由于具有内部的因果性，因果类实体发起或接收事件现象具有可预测性。具体而言，因果类实体一般可以用**状态机**(State Machine)刻画其内部的因果关系，状态机用**状态**(State)刻画因果类实体所处的情况，因果类实体的状态是外部可感知的(即状态现象)。状态机用**状态变迁**(Transition)刻画在某个状态下，该实体受到某个外部**事件现象**触发时会采取的动作，包括跳转到下一个**状态**，或者同时对外发起**事件现象**。

环境实体和待开发软件系统之间发生实体现象共享，指在待开发软件系统和环境实体之间发生了**交互动作**。上述的“属性-取值”对(**取值传递**动作)、“实体-状态”对(**状态检测**动作)、“实体-事件”对(**事件触发**动作)等，就是系统和环境实体之间的交互动作的类型。

---

① 在开放环境下，系统交互对象很多是外部的，这里更强调其自主性，而不是顺从性。

② 对感应器而言，当将它看作物理设备时，它具有因果类实体的特征；当看作信息感知通道时，它具有符号类实体的特征。一个具体的环境实体可以具有多个类型标记。

综上所述,顶层环境本体的概念分类层次如图 7.2 所示,其概念类别和含义如表 7.1 所示。顶层概念之间的关联如图 7.3 所示,关联的含义见表 7.2。

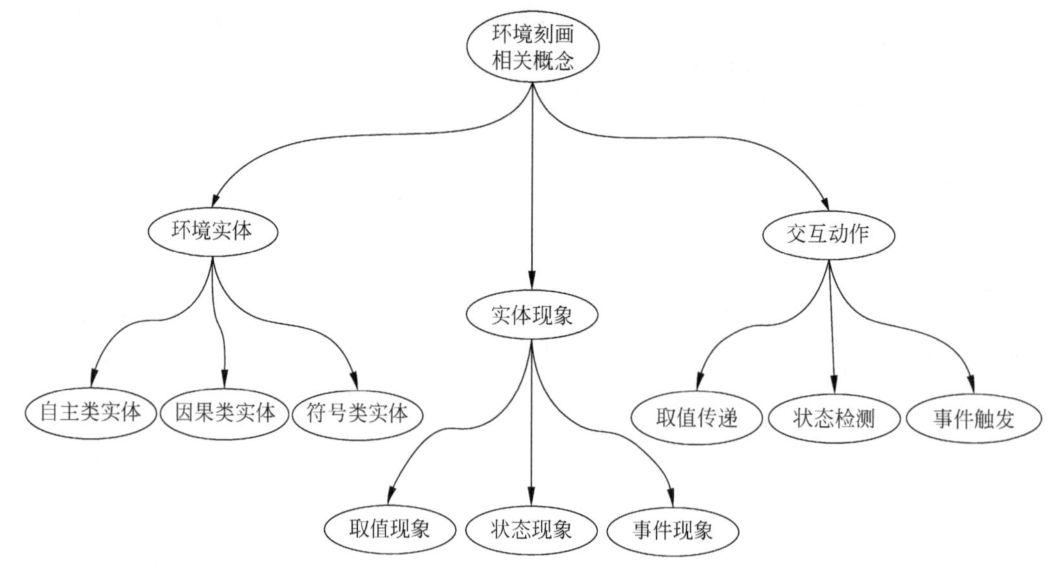

图 7.2　顶层环境本体的概念分类层次

表 7.1　顶层概念的含义

概念类别	概　　念	概 念 含 义
环境实体	符号类实体	一般是设计出来的数据或其他信息的物理存储
	自主类实体	自治的物理存在的实体,没有明确的内部因果性,不能假设与它相关的交互现象之间存在确定的因果关系。
	因果类实体	物理存在的实体,特征是其内部存在明确的具有因果关系的行为规律,可以假设在与它相关的交互现象之间存在可预测的因果关系
个体现象	取值现象	某个属性在某一时刻所取的特定的值
	状态现象	因果类实体在某一时刻所处的特定的情况
	事件现象	某个特定时间点上发生或者出现的事情或事项,被看作原子的和瞬间的
实体交互	取值传递	“属性-取值”对
	状态检测	“实体-状态”对
	事件触发	“实体-事件”对

表 7.2　顶层概念关联及其含义

关　　联	关联的含义
自主类实体⇒事件现象	自主类实体有一组它可以触发的事件现象
自主类实体⇒事件触发	自主类实体可以进行事件触发动作
因果类实体⇒状态现象	因果类实体有一组可以处于的状态现象
因果类实体⇒事件现象	因果类实体有一组它可以触发的事件现象
因果类实体⇒事件触发	因果类实体可以进行事件触发动作
因果类实体⇒状态检测	因果类实体可以进行状态检测动作
符号类实体⇒取值现象	符号类实体拥有一组已经被赋值的属性
符号类实体⇒取值传递	符号类实体可以进行取值传递动作
取值现象⇒取值传递	取值现象是取值传递动作的内容
状态现象⇒状态检测	状态现象是状态检测动作的内容
事件现象⇒事件触发	事件现象是事件触发动作的内容

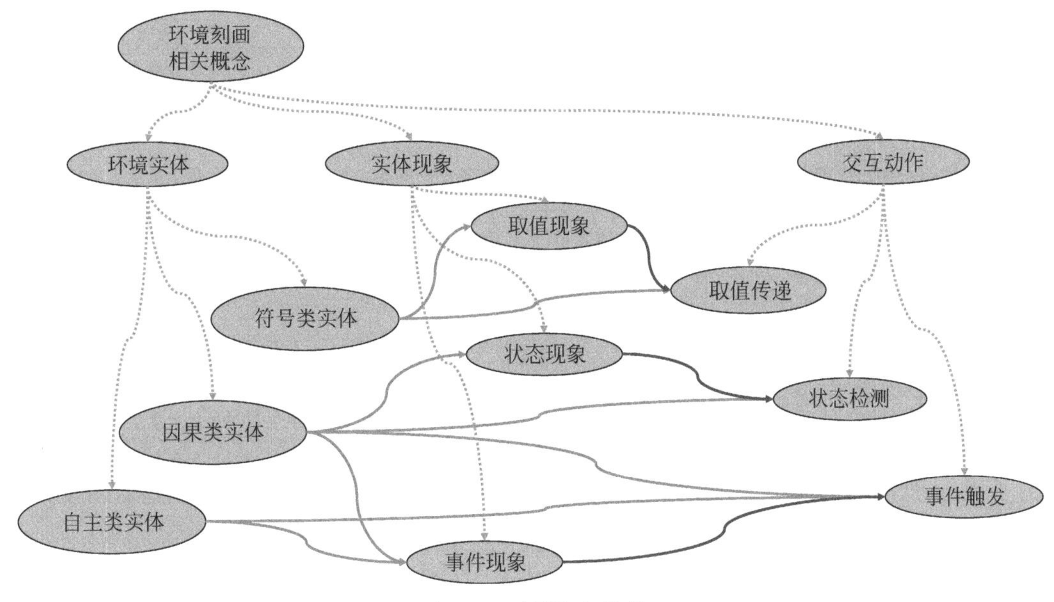

图 7.3　顶层概念关联

2. 环境本体的约束集

顶层环境本体除了顶层概念及其关联外，还可以包含一组约束，即一组对概念和关联的约束，用于表达概念和关联需要满足的条件，在开发领域本体或者本体实例时需要遵循这些约束条件。作为实例，例 7.1 中给出顶层环境本体中的一些概念的基本约束。其中，EntSet 是环境实体的集合，StateMS 是表示因果类实体的因果行为的状态机集合。

在例 7.1 中，约束 1 和 2 表明领域环境实体及其实例之间的层次关系应该满足的约束，这里 isa 是“子类-父类”关系，partof 是“部分-整体”关系。

约束 3～7 分别表示三类环境实体的典型特征，也就是它们各自必要的描述属性。其中，约束 3 指符号类实体需要包含一组“取值现象”；约束 4 指自主类实体能产生一组“事件现象”；约束 5 指因果类实体需要有内部行为规律(用状态机描述)，其中的状态为该因果类实体所具有的“状态现象”，它同时还能产生一组“事件现象”。

约束 8～12 则具体描述了因果类实体的内部因果性，即其行为状态机的约束。约束 8～12 分别表达：状态集不能为空；变迁集不能为空；行为状态机都有初始状态，并且其他状态都是由初始状态可达的；行为状态机中的所有状态和该因果类实体形成“状态现象”；存在一个变迁满足以下条件，该因果类实体从一个状态出发，在一个“现象”的触发下发生该变迁并进入另一个状态，并且在变迁过程中触发一个事件，这个事件和该因果类实体形成“事件现象”。

例 7.1　环境本体约束实例[①]

1. $\forall ent_1, ent_2 \in EntSet$: $isa(ent_1, ent_2) \rightarrow \neg isa(ent_2, ent_1)$

① 为了便于讲解，这里用/n 中的 n 表示参数个数。symbolic/1 表示其参数是一个符号类实体；autonomous/1 表示其参数是一个自主类实体；causal/1 表示其参数是一个因果类实体；valuephe/2 表示取值现象；eventphe/2 表示事件现象；statephe/2 表示状态现象；phe/2 表示现象；behavior/2 表示因果类实体的状态机；stateset/2 表示状态机的状态集，transitionset/2 表示状态机的变迁集。

2. $\forall ent_1, ent_2 \in EntSet$: $partof(ent_1, ent_2) \rightarrow \neg partof(ent_2, ent_1)$
3. $\forall ent \in EntSet$: $symbolic(ent) \rightarrow valuephe(ent, AttributeValue)$
4. $\forall ent \in EntSet$: $autonomous(ent) \rightarrow eventphe(ent, Event)$
5. $\forall ent \in EntSet$: $causal(ent) \rightarrow behavior(ent, StatesMachine)$
6. $\forall ent \in EntSet$: $causal(ent) \rightarrow eventphe(ent, Event)$
7. $\forall ent \in EntSet$: $carsal(ent) \rightarrow statephe(ent, State)$
8. $\forall sm \in StateMS$: $stateset(sm, ss) \rightarrow ss \neq \varnothing$
9. $\forall sm \in StateMS$: $transitionset(sm, ts) \rightarrow ts \neq \varnothing$
10. $\forall ent \in EntSet. causal(ent), behavior(ent, sm)$: $true \rightarrow \exists s_0 \in ss. start(s_0), \forall s \neq s_0 \in ss. reachable(s_0, s)$
11. $\forall ent \in EntSet. causal(ent), behavior(ent, sm)$: $stateset(sm, \{\cdots, s, \cdots\}) \rightarrow statephe(ent, \{\cdots, s, \cdots\})$
12. $\forall ent \in EntSet. causal(ent), behavior(ent, sm)$: $transitionset\left(sm, \left\{\cdots, \left(s, \frac{\alpha}{\beta}, s'\right), \cdots\right\}\right) \rightarrow eventphe(ent, \{\cdots, \beta, \cdots\})$

例 7.1 只罗列了环境本体中部分概念的一些基本约束，针对具体场景，可以根据需要引入其他形式的约束。在领域环境本体，也可以根据领域知识引入更具体的领域约束。

7.2.2 领域环境本体

领域环境本体结合领域概念并通过实例化顶层环境本体来构建，具体来说，就是实例化其顶层环境本体中的概念和关联，并通过约束集约束领域内的概念和关联。领域环境本体描述了具体领域中软件系统交互环境的组成。

例如，第 1 章案例 1.2 和第 5 章案例 5.1 中的智能家居是一类具有较强的环境交互性的软件系统，其功能需求简单来说，就是感知室内空气的质量、室内温度、室内亮度等室内舒适度指标，根据用户的指令和隐含偏好，动态调节家居中的设备，如窗帘、空调、照明灯等，给住户提供更舒适、方便的居家体验。下面以智能家居系统为例，说明领域环境本体的构建过程。本节仅关注领域部分设备的建模。

1. 环境实体及其类型

从智能家居系统的描述中，可以识别出以下典型的环境实体。

- 符号类实体：如室内亮度、室内温度、室内湿度等，它们虽然是抽象的关于室内空气各项指标的度量，但在存在相应感知器的条件下，可以具有可读取的值，值的读取由相应的感知器来完成。
- 自主类实体：如住户(人)、室内环境等，它们都是自主存在的实体。软件系统只能接受它们触发的事件，不能对它们施加控制。
- 因果类实体：如窗帘、空调、各类感知器(如温度感知器、湿度感知器和光亮感知器)等。其中，对窗帘、空调和各类感知器，软件系统可以根据其设备控制要求施加控制，它们具有可预测的行为。

2. 环境实体的属性

各类环境实体都拥有用于描述该实体的属性，如下所述。

- 符号类实体可以有取值：如智能家居有“室内光照度”值，合理范围一般在 0.001～20 000 勒克斯；“室内温度”值，合理范围一般在－30 摄氏度到＋50 摄氏度之间；“室内湿度”值，合理范围一般在 10％到 100％之间。
- 自主类实体可以触发事件：如住户(人)可以发起启动空调、关闭空调、打开窗帘、关上窗帘等事件；

- 因果类实体可以具有状态：如窗帘可以有"开着"和"关着"两种状态，其状态迁移图如图 7.4(a)所示。当其处于"开着"状态时，如收到"开脉冲"事件，则保持"开着"状态，如收到"关脉冲"事件，则进入"关着"状态；当其处于"关着"状态时，如收到"开脉冲"事件，则进入"开着"状态，如收到"关脉冲"事件则保持"关着"状态。同样，图 7.4(b)给出了空调的状态迁移图，包含"制热""制冷"和"关闭"三个状态。

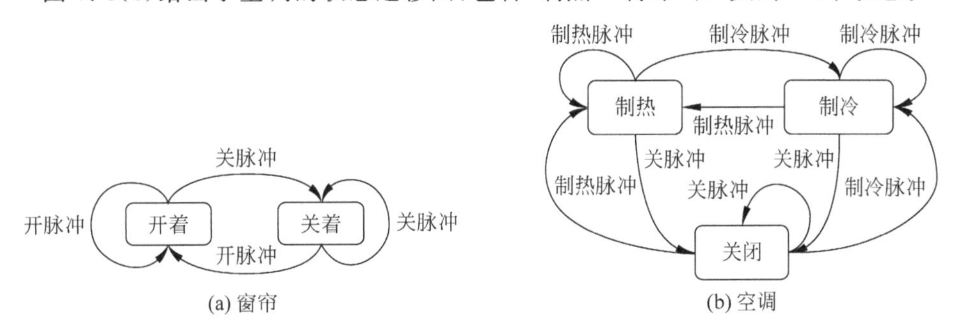

图 7.4　智能家居领域中部分因果实体的因果行为

7.3　软件系统问题规约

基于环境模型的软件系统问题规约，是指以问题驱动的方法为基础，以顶层环境本体和领域环境本体为支撑，根据需求描述，推断软件系统的功能规格说明。图 7.5 给出了领域环境本体制导下的问题规约过程，包括如下四个步骤：本体引导的环境实体识别，本体支持的共享现象确定，本体制导的用户需求定义，本体驱动的现象关系规约。

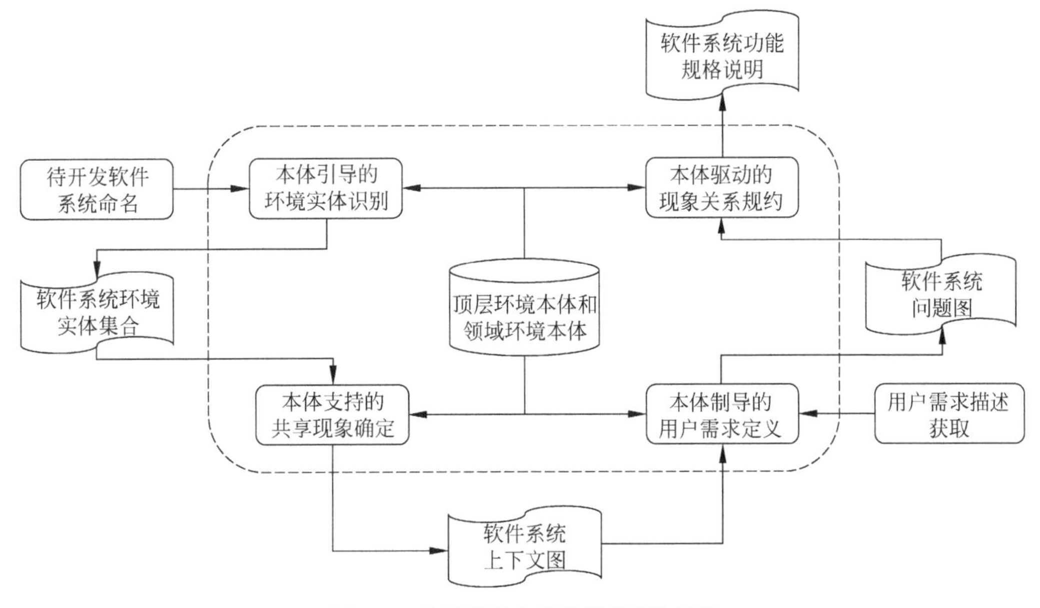

图 7.5　基于环境本体的需求获取过程

下面仍用智能家居系统作为案例，来展示采用基于环境建模的方法构建软件系统功能规格说明的过程。

案例 7.1　智能家居系统

在第 1 章案例 1.2 和第 5 章案例 5.1 的基础上，进一步细化智能家居系统的住户需求如下：(1)根据住户的命令开关空调；(2)当亮度大于 30 流明时关闭顶灯和台灯；(3)当温度高于 25 摄氏度且湿度小于 25%时打开空调。

首先创建一个项目——智能家居系统，并载入智能家居的领域环境本体，然后可以开始进行智能家居系统的需求获取和规约。

7.3.1　本体引导的环境实体识别

环境实体的识别主要用于确定待开发软件系统的边界，即确定待开发软件系统将会与之共享现象的环境实体。在识别环境实体之前，首先需要为**待开发软件系统**命名，并给出简要描述，以区分待开发软件系统和它的环境实体。

例 7.2　本案例是智能家居系统，可以命名为智能家居控制软件系统，简称智能家居控制软件。

环境实体是待开发软件系统之外的、将与该软件系统共享现象的现实世界实体。作为领域知识的载体，领域环境本体包含了本领域的候选环境实体类，并指出了其建模关注点，也给出了需要满足的约束。可以根据其建模关注点设计相应的需求获取问卷，用于指导对待开发软件系统的环境实体的识别和建模。

例如，可以针对每类环境实体的建模关注点，设计需求获取的问题如下。

- 针对可能的符号类实体，需要考察：待开发软件系统是否需要从它们那里获取信息或数据？它们是否使用待开发软件系统产生的信息或数据？如果需要，则将这样的符号类实体确定为待开发系统的外部环境实体，将需要传递的信息或数据识别为交互现象；
- 针对可能的自主类实体，需要考察：它们是否使用待开发软件系统？待开发系统是否需要它们来维护或管理？待开发软件系统是否需要了解或掌握该类实体的状况？如果待开发软件系统与这些自主类实体之间存在交互，则这些实体很可能需要成为待开发软件系统的外部环境实体，其间发生的使用、管理和感知等事件将被识别为交互现象；
- 针对可能的因果类实体，需要考察：它们是否需要由待开发软件系统控制？待开发软件系统是否需要感知其状态？如果两个问题的回答都是肯定的，则确定将这些实体作为待开发软件系统的外部环境实体，将其间的事件控制、状态感知等识别为交互现象。

例 7.3　上述智能家居系统属于智能家居领域，可以加载智能家居环境本体。然后，根据领域环境本体及不同环境实体类的建模关注点，产生相应的问卷，可以获得如下需求相关信息。

- 自主类实体包括住户和室内环境，住户和室内环境可以被确定为待开发软件系统的环境实体。
- 室内环境除了具有自主性，还具有其他一些特征，如亮度、温度和湿度等。这些特征的取值可以通过亮度感知器、温度感知器和湿度感知器等分别获得，这些特征可以作为符号类实体。

- 亮度感知器、温度感知器和湿度感知器等是一组物理设备，其行为具有内在的因果性，是因果性实体。它们一方面能感知并获得相应的特征取值，另一方面可以和待开发软件系统共享这些特征取值，因此作为待开发软件系统的环境实体。
- 智能家居一般还包括其他一些物理设备，如空调、灯、窗帘等，这些设备应该都能通过和待开发软件系统共享现象，接收待开发软件系统控制的调度信息，它们的行为也都具有因果性，是因果类实体。

根据上述需求获取和分析过程，可以得出待开发软件系统的上下文图，如图 7.6 所示。

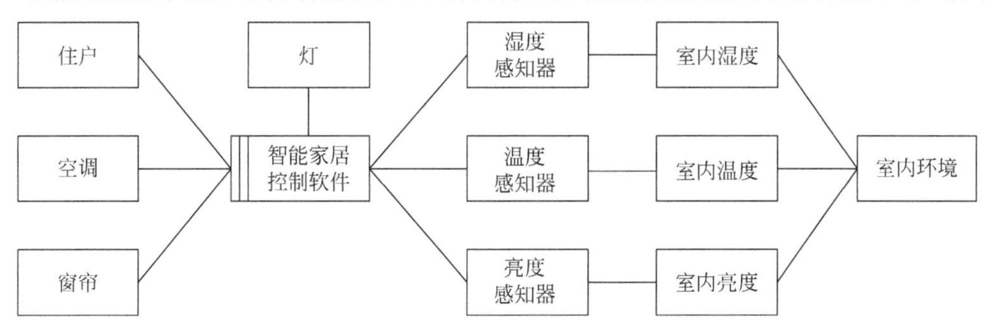

图 7.6　智能家居控制软件的简化上下文图

7.3.2　本体支持的共享现象确定

确定共享现象就是要获取并描述待开发软件系统与外部环境实体之间可能发生的交互，包括以下两个步骤。

(1) 识别待开发软件系统与外部环境实体之间的共享现象。

对于共享现象，可以根据环境实体类型进行识别，例如自主类实体考虑发出的事件或接收的取值，因果类实体考虑接收或发出的事件或取值及可以观察到的状态，以及符号类实体考虑接收或发出的取值。除此之外，共享现象也可以在领域环境本体的提示下，进一步通过如下问题诱导需求提供者而进行需求获取：

- 对每个自主类实体，从环境本体中找到该实体类，查询它关联的事件和取值，询问该实体是不是与待开发软件系统或其他环境实体共享这样的现象；
- 对每个因果类实体，从环境本体中找到该实体类，查询它关联的事件、状态和取值，询问该实体是不是与待开发软件系统或其他环境实体共享这样的现象；
- 对每个符号类实体，从环境本体中找到该实体类，查询它关联的取值，询问该实体是不是与待开发软件系统或其他环境实体共享这样的现象。

例 7.4　基于智能家居各环境实体类型和智能家居环境本体，可以诱导出如下需求相关信息。

① “住户[A]”发出让空调制冷、制热或关闭空调等命令；

② “室内环境[A]”与“室内温度[S]”“室内湿度[S]”“室内亮度[S]”分别具有可共享的“温度值”“湿度值”和“亮度值”；

③ “室内温度[S]”“室内湿度[S]”“室内亮度[S]”分别通过“温度感知器”、“湿度感知器”和“亮度感知器”共享室内温度、室内湿度和室内亮度样本，而这些感知器与待开发智能家居控制软件共享“温度信号”“湿度信号”与“亮度信号”；

④ “空调[C]”和待开发智能家居控制软件共享的现象有“制冷脉冲”“制热脉冲”和“关闭脉冲”等事件，通过它们才能够打开空调制冷模式、制热模式和关闭空调；

⑤ “窗帘[C]”和待开发智能家居控制软件共享的现象有“窗帘关脉冲”和“窗帘开脉冲”事件，通过它们才能打开或关闭窗帘，这从领域环境本体中获取；

⑥ “灯[C]”和待开发智能家居控制软件共享的现象有“关灯脉冲”和“开灯脉冲”事件，通过它们才能够开灯或者关灯。

(2) 识别接口。

在共享现象的基础上，要进一步识别待开发软件系统和环境实体的接口，即确定共享现象的发起者和接收者。

例 7.5 住户发起命令，与待开发智能家居控制软件共享，现象类型都是事件，现象都由住户发起，由待开发智能家居控制软件接收。由此可以定义接口 a。类似地，可以识别其他接口。经过步骤“本体引导的环境实体识别”和“本体支持的共享现象确定”(7.3.1 节和 7.3.2 节)之后，得到待开发智能家居控制软件的上下文图，如图 7.7 所示。

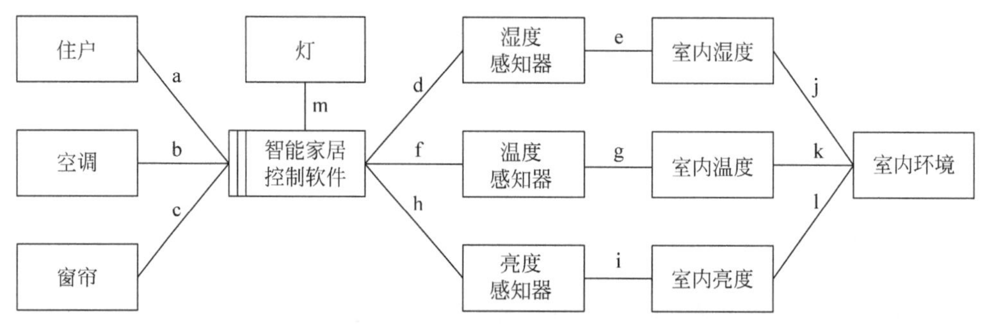

a: 住户!{制热命令，制冷命令，关闭命令} b: 智能家居控制软件!{制热脉冲，制冷脉冲，关闭脉冲}，空调!{制热，制冷，关闭} c: 窗帘!{打开，关闭}智能家居控制软件!{开脉冲，关脉冲} d: 湿度感知器!{湿度信号}
e: 室内湿度!{空气湿度样本}f: 温度感知器!{温度信号} g: 室内温度!{空气温度样本} h: 亮度感知器!{亮度信号}
i: 室内亮度!{亮度样本}j: 室内环境!{湿度值} k: 室内环境!{温度值} l: 室内环境!{亮度值}
m: 智能家居控制软件!{关灯脉冲}

图 7.7 智能家居控制软件的上下文图

7.3.3 本体制导的用户需求定义

需求定义的任务是获取需求描述并定义需求产生的效果，它分为两个子步骤。

(1) 获取用户需求描述。

软件系统需求一般来自于人们要“超过当前现状”的期望，一般表现为共享现象间期望的约束关系。

例 7.6 根据案例 7.1，智能家居控制软件问题中期望要满足的三个约束关系是：①如果住户主动对空调实施操作，则根据住户的命令开关空调；②当室内温度高于 25 摄氏度且室内湿度小于 25%时空调应设置为制冷模式；③当室内亮度大于 30 流明时窗帘和灯都应处于关闭状态。

(2) 识别需求引用和需求约束。

在获得上述期望的约束后，需要识别其中涉及的环境实体，并确定它是什么形式的约束。两种约束形式为需求引用和需求约束。它们都是指对环境实体的期望现象(也称为需求现象)，其中，需求引用是不需要待开发软件系统作用而发生的需求现象，需求约束是需要待开发软件系统发挥作用之后才能发生的需求现象。

领域环境本体可以用于对确认是哪种约束形式进行以下诱导：

- 针对每个自主类实体，从领域环境本体中找到该实体类，查找到它关联的事件和取值，询问该实体是否接收或发起这样的现象。若是，发起者是谁？接收者是谁？一般来说，自主类实体涉及的都是需求引用。
- 针对每个符号类实体，从领域环境本体中找到该实体类，查到它关联的取值，询问该实体是否接收或者发起这样的现象。若是，发起者是谁？接收者是谁？一般来说，符号类实体涉及的都是需求约束。
- 针对每个因果类实体，从领域环境本体中找到该实体类，查找到通过它关联的事件、状态，询问该实体接收或发起这样的现象之后是否发生状态的变迁。若是，发起者是谁？接收者是谁？一般来说，符号类实体涉及的都是需求约束。

例 7.7 为满足需求 1“根据住户的命令开关空调”，要看每个环境实体在该需求下的用户期望现象。这个需求跟“住户”和“空调”两个环境实体相关。从智能家居领域环境本体中可以得知，自主类实体“住户”会发出“制热”、“制冷”和“关闭”等命令事件，智能家居系统需要接收这些命令，并进行相应的动作，这些是用户期望的需求引用。

我们还可以从智能家居领域本体中了解到，因果类实体“空调”有状态现象“制冷状态”“制热状态”或“关闭状态”（见图 7.3），它们是用户期望的需求约束，智能家居控制软件可以感知这些状态现象。按同样的方式，可以得到其他需求引用和需求约束。最终得到待开发智能家居控制软件的问题图，如图 7.8 所示。其中需求和环境实体之间的虚线表示需求引用，从需求到环境实体的带箭头的虚线表示需求约束。

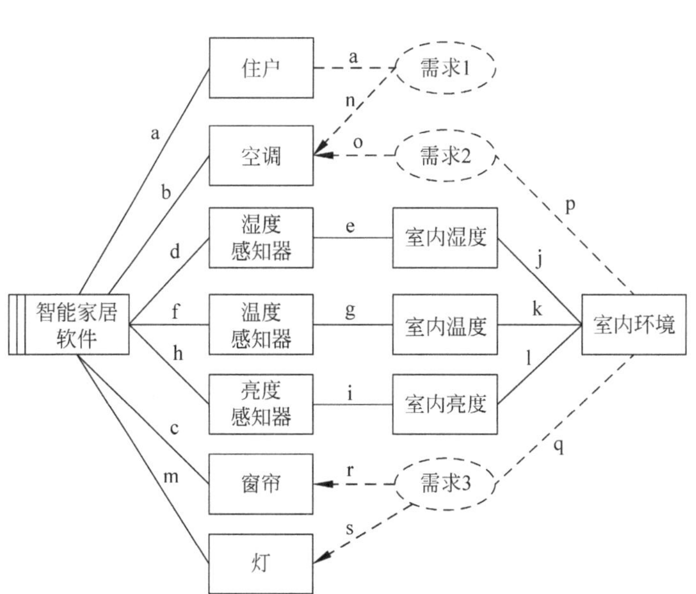

a: 住户!{制热命令，制冷命令，关闭命令}
b: 智能家居软件!{制热脉冲，制冷脉冲，关闭脉冲}，空调!{制热，制冷，关闭}
c: 窗帘!{窗帘打开，窗帘关闭}智能家居软件!{开窗脉冲，关窗脉冲}
d: 湿度感知器!{湿度信号}
e: 室内湿度!{空气湿度样本}
f: 温度感知器!{温度信号}
g: 室内温度!{空气温度样本}
h: 亮度感知器!{亮度信号}
i: 室内光亮!{亮度信号}
j: 室内环境!(湿度值)
k: 室内环境!{温度值}
l: 室内环境!{亮度值}
m: 灯!{灯打开，灯关闭}，智能家居软件!{开灯脉冲，关灯脉冲}
n: 空调!{制热，制冷，关闭}
o: 空调!{制冷，关闭}
p: 室内环境!{温度>25摄氏度，温度>25%}
q: 室内环境!{亮度>30流明}
r: 窗帘!{窗帘关闭}
s: 灯!{灯关闭}
需求1: 按住户命令控制空调
需求2: 温度高于25摄氏度且湿度小于25%则开冷空调
需求3: 亮度大于30流明则关闭窗帘和灯

图 7.8 智能家居控制软件的问题图

7.3.4 本体驱动的现象关系规约

现象关系规约将需求现象(发生在环境实体和需求之间的现象)间的关系转换为系统行为规约现象(发生在软件系统和环境实体之间的现象)间的关系,领域环境本体提供这个转换所需要的领域特性。从需求现象到系统行为规约现象的转换过程包含以下三个步骤。

(1) 定义需求发生序列。

定义需求发生序列指确定每个需求中需求现象发生的顺序关系,类似于用例中的场景概念,可以用类似于统一建模语言(UML)中的活动图来表示,其中每个现象可以类比为一个活动,现象之间的先后关系可以用活动之间的先后关系表示。为了不引起混淆,定义虚线圆角矩形表示需求现象。对每个需求,需要创建一个需求活动图来表示预期的需求发生序列。

例 7.8 以需求 3(当室内亮度大于 30 流明时顶灯和台灯都应处于关闭状态)为例,当亮度大于 30 流明时,用户期望看到顶灯和台灯都是关着的。可以得到其需求发生的活动图,如图 7.9 所示。

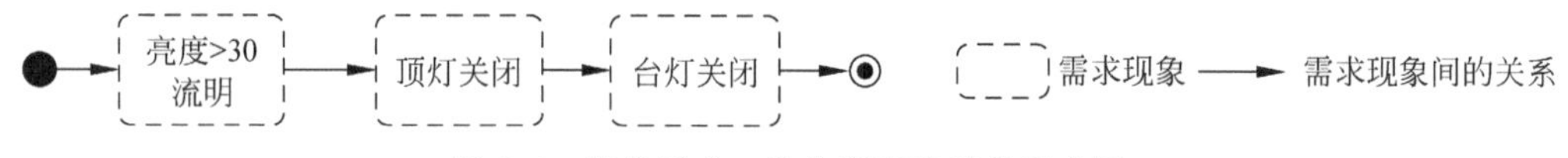

图 7.9 定义需求 3 发生序列的需求活动图

(2) 获取需求现象与规约现象间关系。

需求现象与规约现象间有如下三种关系。

- 行为使能关系:指系统行为规约现象使能需求现象的发生,例如制冷脉冲会让空调的状态变为制冷状态。
- 需求使能关系:指需求现象使能系统行为规约现象的发生,例如想要知道当前室内温度值,需要获取温度传感器传来的信号。
- 同步关系:指系统行为规约现象与需求现象可以同时发生。

对于这三种关系,可以根据环境实体类型的不同建模关注点来识别。

- 针对因果类实体,环境本体中的状态变迁提示行为使能关系。具体指找到该环境实体的状态图中该需求现象的触发事件,将这个事件作为规约现象,在这个规约现象与需求现象之间就存在行为使能关系。
- 针对符号类实体,其需求现象与规约现象之间存在着需求使能关系。
- 针对自主类实体,通常需求现象与规约现象之间是同步关系。

可以将识别出来的关系标识在需求活动图上。

例 7.9 继续以需求 3 为例,其中,符号实体"亮度"中,需求现象"亮度大于 30 流明"与规约现象"亮度值"之间是需求使能关系,它要求从亮度样本中通过亮度感知器获取亮度值发送给软件。而"顶灯关着"则是来自因果类实体"顶灯",根据环境本体图(图 7.3)中的状态图,要想达到顶灯关着的状态,则需要发送"顶灯关闭脉冲",这是行为使能关系,将它们标记在图上,获得如图 7.10 所示的现象关系图。

(3) 获取规约现象间关系。

规约现象之间必然要遵守特定的顺序,才能使得其需求现象按照前面指定的顺序发生。

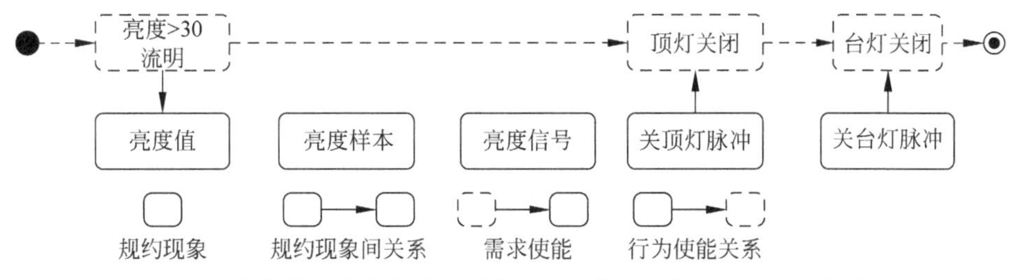

图 7.10　智能家居控制软件的需求 3 中需求现象与规约现象间的关系

有如下规则：需求现象间的关系与其对应的系统行为规约现象间的关系一一对应，即若前者存在顺序关系，则后者也存在顺序关系。对那些没有对应关系的系统行为规约现象，则需要进行手动排序，最终获得相应的系统需求规约。

例 7.10　同样以需求 3 为例，在图 7.10 的基础上，将得到的系统行为规约现象按照所期望的需求现象的顺序进行排列，手动排序其他的系统行为规约现象，可以抽取出需求 3 的系统行为规约，如图 7.11 中的下半部分所示。

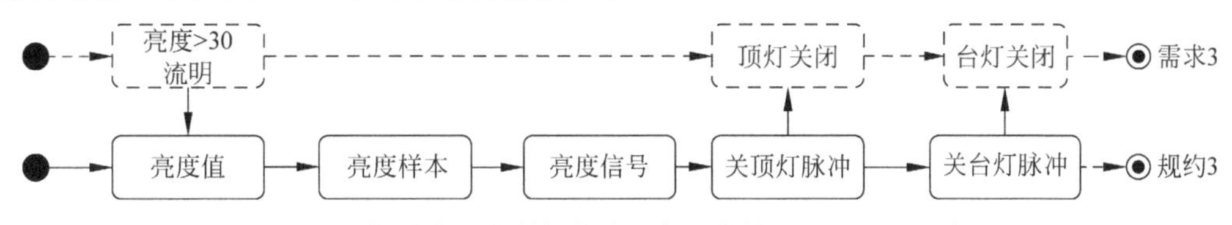

图 7.11　智能家居控制软件从需求 3 中抽取规约 3 的示意图

7.4　环境相关的典型非功能需求

环境模型需要反映现实世界的复杂性，定义各种各样的性质和约束，这些不同类型的环境特性和约束都可能预示不同的非功能需求关注点。下面列举一些典型的由环境特性引出的非功能需求。

(1) 环境不确定性与自适应性。

现实环境充满了不确定性。例如，自动驾驶汽车按标线行驶在道路上，右侧车道内的车辆突然驶入该车辆所在车道，或者前方出现急弯，自动驾驶系统必须及时做出合适的反应。又如，在行驶过程中突然起雾，必须马上打开雾灯并关注雷达信号，根据情况进行动态的控制。

在动态的不确定环境下，软件系统需要具有监视环境变化的能力、实时决策能力以及动态响应和控制能力。设计具有自适应性的软件系统，需要关注环境情景的识别和基于情景的设计，并在软件系统中引入情景感知和分析能力、动态决策和部署能力等。关于基于环境建模的自适应需求工程，读者可以参阅本章文献[1]、[5]、[6]。

(2) 环境时间特性与时间约束。

环境实体中事件的发生常常有严格的时间约束，这是固有的物理特性。例如，给汽车发出刹车指令并不能让车立刻停下，从刹车踏板到刹车盘等一系列机械操作需要一定时间去执行，也许 3 毫秒之后才能得到反应，这就是环境实体的时间特性。在汽车刹车系统中进行需求提取的时候，需要考虑这 3 毫秒进而提出对软件系统行为的时间约束。例如，“从前方发现行人到汽车刹住车必须在X毫秒内完成”,其中的X必须大于3,X－3毫秒才是真正能用于计算决策的时间,这是软件系统行为的时间约束。

关于环境的时间特性建模及时间需求的分析可以参阅文献[7]～[10]。

(3) 环境脆弱性与公共安全需求。

环境对象本身具有脆弱性并存在公共安全隐患。例如,列车作为一种环境实体,当被撞时容易翻车,这就是列车的脆弱点。环境的脆弱性可能被直接利用,如错将油门当刹车导致撞人;也可能被间接利用,如温州动车事故中多个连锁故障造成火车追尾。为了防止软件系统触发环境实体的这些脆弱点,从而造成环境的损失,需要识别环境脆弱点,同时提供软件系统行为的管控能力,避免软件系统触发环境实体的脆弱点,引起环境安全或公共安全问题,这是公共安全需求的识别方法。

关于公共安全需求的研究请参阅文献[11]、[12]、[13]。

(4) 环境威胁与信息安全需求。

在开放的交互环境中,可能出现来自各种对软件系统的威胁和攻击。例如,在车联网系统中,黑客可以通过远程网络恶意攻击远程服务器连入车联网,篡改车辆的控制参数,监听车辆里的对话。为了防止来自交互环境中的对软件系统的这些攻击,在进行软件系统需求规约时,需要考虑软件系统可能面临的攻击,并引入为应对各种破坏或者窃取系统信息和数据的威胁而应该采取的应对措施,这是进行信息安全需求的获取和规约时需要考虑的问题。

关于信息安全相关的需求获取和规约可以参阅文献[1]和[14]。

(5) 环境信息敏感性与隐私保护需求。

当软件系统需要采集和存储个人用户信息时,就潜在地引入了隐私安全问题,引出隐私保护需求。例如,在软件系统的操作过程中不能暴露任何用户隐私;软件系统只能在指定情况下有针对性地暴露部分隐私信息;等等。如何识别这类隐私保护需求,如何准确表达这类隐私保护需求,如何确保这类隐私保护需求得到满足,这些都是隐私保护需求抽取和规约时需要考虑的问题。

随着互联网、电子商务、网络服务商等的发展,隐私需求得到了广泛的关注,许多国家专门制定了相关的政策法规来保护个人的隐私。如欧洲的《通用数据保护条例》(GDPR)、美国的《健康保险携带和责任法案 》(HIPAA法案),我国先后发布的《信息安全技术个人信息安全规范》《互联网个人信息安全保护指南》。隐私需求成为一种典型的法律法规要求下的需求。

7.5 小结与讨论

本章介绍了基于环境建模的需求工程方法的基本思想。在环境建模中,随着信息物理系统、人机物融合系统、智能系统、移动系统等的发展,系统规模越来越大,融合了各种类型的环境实体,具有更多的特性和约束。本章仅仅给出了离散的环境模型,在实际项目中可以针对特定的建模关注点,对环境模型进行扩展。例如,可以使用时间自动机对时间特性进行扩展,使用随机混成自动机对不确定进行扩展,等等。

在环境模型的具体应用方面,本章仅仅介绍了基于环境模型的功能需求获取,而实际上基于环境模型可以做更多的事情,如系统能力的刻画、系统能力的比较和组合、系统能力的精化、系统能力的聚合等，相关内容可参阅参考文献[1]。

在环境相关的非功能需求中，本章介绍了环境特性带来的典型非功能需求。在实际应用中，随着系统规模的扩大，与环境相关的非功能需求也更加突出，并且呈现出综合性涌现的趋势。如何在环境模型的支持下，具体研究每种非功能需求及多种非功能需求约束下的行为，都是有意义的研究课题。

7.6 思 考 题

1. 什么是基于环境建模方法的基本理念？

2. 环境建模会给需求工程带来哪些好处？

3. 上层环境本体中，环境实体分为不同类别，请为每种类别给出一些现实世界中的实例。

4. 请根据上层环境本体构建关于智能会议室的领域环境本体。

5. 如何区分需求现象与规约现象？请举例说明。

6. 与环境相关的典型非功能需求有哪些？它们都有什么特征？

7. 请遵循7.3节中的领域环境本体制导下的问题规约过程，对智能会议室系统进行问题规约。

智慧会议室系统会自动读取预订系统中的会议信息。在有预订会议的时间段内，如果有人进入会议室，则会自动打开窗帘；若有人接近屏幕，则自动打开屏幕，关闭窗帘，打开灯，启动开会模式。会议结束后，人离开会议室，则所有设备全部自动关闭。

8. 请根据如下描述，构建智能马桶的领域环境本体，并根据该本体进行问题规约。

智能马桶包括四个部分：冲水单元(Flusher Unit)、清洗单元(Washing Unit)、加热单元(Heating Unit)和智能马桶盖(Toilet Cover)。这些部分分别由冲洗控制器(Flusher Operator)、清洗控制器(Washing Operator)、加热控制器(Heating Operator)和红外传感器(Infraed Sensor)控制。对于冲水单元、清洗单元和加热单元，其控制器按钮可以控制该单元的开关；而智能马桶盖会通过红外传感器感知人的位置，当使用者靠近时会自动打开，而使用者远离时会自动合上。

参考文献

[1] Jin Z. Environment Modeling-Based Requirements Engineering for Software Intensive Systems[M]. Burlington, MA: Morgan Kaufmann, 2018.

[2] Chen X and Jin Z. Capturing Software Requirements from the Expected Interactions Between the Software and its Environment: an Ontology based Approach[J]. IJSEKE, 2016, 26(1): 15-39.

[3] 陈小红. 结合情景与问题框架的需求捕获和问题投影方法[D]. 北京：中国科学院大学，2010.

[4] Jackson M. Problem Frames: Analyzing and Structuring Software Development Problems[M]. Boston, MA: Addison-Wesley, 2001.

[5] 杨卓群. 不确定情景下软件系统自适应决策方法研究[D]. 北京：中国科学院大学，2017.

[6] 赵天琪. 基于特征模型的自适应动态决策技术研究[D]. 北京：北京大学，2017.

[7] Chen X, Yin L, Yu Y and et al. Transforming Timing Requirements into CCSL Constraints to Verify

Cyber-Physical Systems[C]//ICFEM 2017：54-70.

[8] Chen X, Liu J, Ding Z. On Constructing Software Environment Ontology for Time-Continuous Environment[C]//2011 International Conference on Knowledge Science, Engineering and Management (KSEM2011), 2011：148-159.

[9] 尹玲，陈小红，刘静.信息物理融合系统的时间需求一致性分析[J].软件学报，2014，25(2)：400-418.

[10] Chen X, Liu J, Mallet F and et al. Modeling Timing Requirements in Problem Frames Using CCSL [C]//APSEC 2011：381-388.

[11] Luo Y, Yu Y, Jin Z and et al. Environment-Centric Safety Requirements for Autonomous Unmanned Systems[C]//RE 2019：410-415.

[12] Leveson N. Are You Sure Your Software Will Not Kill Anyone[J]. Communication of ACM, 2020, 63 (2)：25-28.

[13] Martins L E G and Gorschel T. Requirements Engineering for Safety-Critical Systems：An Interview Study with Industry Practitioners[J]. IEEE Trans. Software Eng., 2020, 46(4)：346-361.

[14] Tun T T, Yang M, Bandara A K, and et al. Requirements and Specifications for Adaptive Security：Concepts and Analysis[C]//SEAMS@ICSE 2018：161-171.

第8章 质量需求分析

前几章多次提到智能家居系统。请仔细思考：什么叫"智能"家居"系统"？它和传统的家居设备有什么区别？它又如何成为一个"系统"？一个直接的回答可以是：一般家居设备在功能或服务提供上是孤立的，但就智能家居系统而言，这些家居设备需要通过后台软件(通过有线或无线方式)连接在一起，并提供联动式的功能和服务，而且这些联动式的服务需要呈现智能特征。再进一步思考：A公司和B公司分别开发了各自的智能家居系统，两个系统都实现了各自声称的"智能"，你又如何进行选择呢？这就引出了软件系统的质量问题。

大多数人一谈起对软件系统的需求，首先想到的是对特定功能的需求，质量需求常常会被忽略。例如，对智能电表，人们往往首先想到的是自动测量用电数据并发送给电力公司，而忽略了在数据传输时是否会被监听(安全性)，在遭遇断电重启后是否能够保存历史测量数据(可靠性)，当电力公司使用的业务逻辑发生变化时是否能够及时进行系统更新(可维护性)…… 这一系列问题都与软件系统的质量需求相关。

质量需求涉及软件系统的质量，需求满足的程度直接关系到软件系统的成败，但质量需求又是很难满足的，这有三方面的原因。首先，质量需求是主观的，不同的人对它有不同的看法、不同的理解、不同的解释、甚至不同的评判方式；其次，质量需求是相对的，对质量需求的解释及它的重要性随待开发软件系统的不同而变化，质量需求的实现也是相对的，因为可以不断改进现有的技术，提高质量需求的满足程度。第三，质量需求之间常常存在特征上的交互，满足了一项质量需求可能会影响其他质量需求的可满足性。总之，质量需求很难满足，但是否满足质量需求对软件系统开发的成败又有决定性作用，因此特别需要有效的方法。本章首先对质量需求的定义、分类框架及分析方法进行概述，然后介绍质量建模和分析框架，最后对质量需求的精化与操作化进行详细介绍。

8.1 概　　述

8.1.1 质量需求定义

功能需求是对待开发系统期望的行为的描述，而质量需求则是对系统行为的质量属性(如安全性、可用性、效率等)的期望。质量需求常被涵盖在非功能需求(Non-Functional Requirements，NFR)中进行讨论。然而，非功能需求从文字表面的意义上指所有不是功能性需求的需求，存在概念上的模糊性。人们对质量需求的解读往往带有自身的主观性，有人将其定义为附加在系统服务上的约束或限制，也有人认为它是与功能需求相对应的质量需求。学术界和工业界对非功能需求有十多种不同的定义，在实际的需求分析中容易出现概念的混淆。

但大部分针对非功能需求的工作关注的主要是质量需求，例如，人们常常将面向目标分析方法（第 3 章）中的软目标（softgoal）等同于质量需求。又如，“智能电表系统每年崩溃不超过一次”是具有明确达成指标的可靠性需求，也属于质量需求。总体上说，质量需求是对系统（功能）质量的期望的描述，由质量属性、质量约束、约束对象和有效期四个要素组成，其关系如图 8.1 所示。

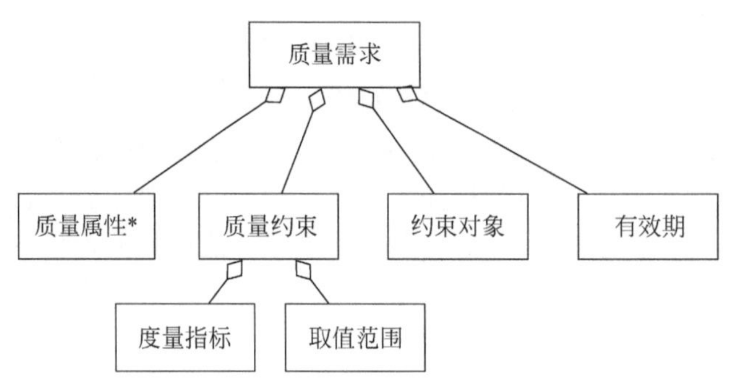

图 8.1　质量需求的核心要素

质量属性：质量需求是对系统特定质量属性的要求，如性能、安全性、可扩展性、可用性等。质量属性具有层次性，一种质量属性可以包含多种子属性。例如，一般认为安全性包含信息保密性（Confidentiality）、数据完整性（Integrity）和功能可用性（Availability）等。质量属性的分类繁多，目前并没有统一的质量属性分类与层次结构。随着相关研究不断取得进展，质量属性的分类方式也会不断演化。以国际标准为例，描述质量模型的 ISO/IEC 9126.1991 国际标准被 ISO/IEC 25010：2023（图 8.4）取代，质量属性扩充为 8 类。

质量约束：给定一个质量属性，需要确定该质量属性定义的相应的质量约束，以表示希望在该质量属性维度应达到的程度和标准。质量约束涉及度量指标和取值范围两部分。例如，在描述智能电表系统“成本与费用”的质量需求时，首先要明确采用何种货币单位（质量指标）进行度量，然后再通过分析给出针对该度量指标的具体取值范围。常见的质量属性及其所对应的度量指标如表 8.1 所示。

表 8.1　常见质量需求的度量指标

质量属性	常用度量指标
效率	每秒处理的事务数，用户输入的响应时间
可靠性	功能点失效出现的频率，失效的平均时间
易用性	用户操作所需的时间，操作出现错误的频度
可维护性	诊断和改正系统错误的成本
兼容性	系统能够兼容的系统平台数量，系统能够兼容的版本的数量
安全性	系统信息泄露的次数，系统成功防御外部攻击的次数
可移植性	原程序设计和调试的成本与移植所需费用的比值
功能适配性	能够满足用户需求的功能点数量

约束对象：质量需求不是独立存在的，而是要依附于特定客体，表达对其的约束，这个特定客体即为约束对象。约束对象可能是整个软件系统，也可能是某个系统模块或特定功

能，抑或是与系统运行相关的物理或信息资产。

有效期：质量需求在不同时间区段上可能不相同，即质量需求所施加的约束存在有效期。例如，高考试题在考试前对其保密性的要求非常高，而在考试结束后试题可以公开。准确地分析和提炼质量需求的约束时间区段能够有效地降低系统开发成本。

质量需求的上述四个要素中，质量属性在需求分析中最为重要。其他三个要素在未做特别说明的情况下，可以具有默认的含义。质量约束在一般情况下是对质量属性的默认方向进行约束，如"安全性"通常是"(高)安全性"，"用户负担"通常是"(低)用户负担"。表8.1中列出的质量属性中，约束对象一般指软件系统，还有一些质量属性的约束对象为软件系统的某个具体的组成成分，如数据保密性、数据完整性、数据一致性等。约束时间在没有明确说明的情况下则默认为软件系统运行的全周期。

满足质量需求一般会增加开发成本，如果在需求分析阶段只停留在粗粒度的泛泛而谈的表述上，大部分情况下质量需求不会引起开发人员关注而流于形式，有时也会导致过度开发。因此，需求工程阶段应当通过反复精化分析，尽可能获取和撰写精准的质量需求描述。

8.1.2 质量需求分析概述

质量需求的建模和分析关注系统质量属性，具有较强的主观性，需求抽象层次比较高，还涉及不同类型的质量属性(如安全性)，通常需要结合特定领域的上下文知识来进行。

质量需求分析的过程是将抽象的质量需求转换为可度量的系统特性描述的过程。分析思路与第3章介绍的面向目标方法中自顶向下精化分析一致，实际上，很多质量需求分析方法都是面向目标方法的扩展。分析思路为：首先质量需求来自于需求干系人对系统的总体目标；然后，通过对总体目标的分解导出质量需求；接着，通过对质量需求进一步分析，得出可度量的需求。

图8.2给出了质量需求分析流程，与功能需求分析步骤大致相同，但所使用的方法和知识不同，下面对每个步骤分别展开介绍。

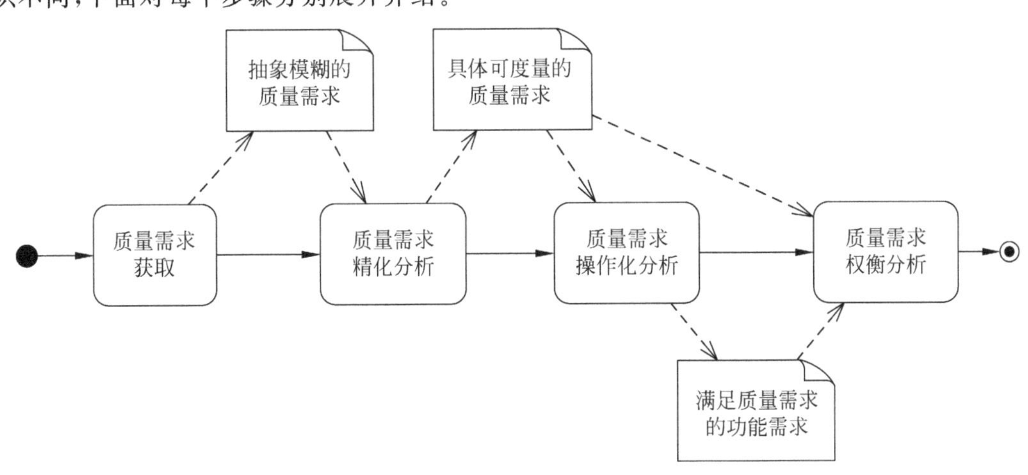

图8.2 质量需求分析流程

(1) **质量需求获取**：质量需求大部分从系统干系人那里获取，通常一开始只是一些比较含糊的表达，或者一些需要关注的问题。这些关注点对系统干系人来说可能很重要，但要准确地表达为系统需求却不是很容易。表8.2给出了部分质量关注点与质量需求或质量属性的联系，这些关注点对应系统的顶层策略目标，是系统成功的关键。

表8.2 用户关注点和质量需求的对应关系

用户需要	用户关注点	质量需求（质量属性）
功能质量	容易使用	可用性
	非授权访问	保密性
	失败的可能性	可靠性
性能质量	资源利用	效率
	性能验证	可验证性
	容易交互	互操作性
设计质量	容易修改	可维护性
	容易变化	灵活性
	容易移植	可移植性
	容易扩展	可扩展性

(2) **质量需求精化分析**：质量需求描述了对软件系统质量方面的要求和约束，粒度越粗，所约束和影响的范围就越广，满足该需求的代价就越高。对质量需求进行精化分析的核心目标，是准确地分析并识别出系统干系人的细粒度质量需求，从而更加精准地设计系统功能以满足质量需求。分析用户关注点而获取的质量需求及其对应的质量属性，通常是质量需求的概要描述，需要在质量属性、质量约束、约束对象、有效期等维度上进行精化，得到细粒度的质量需求。

对质量需求的精化分析需要借助领域知识，往往需要领域专家参与到精化分析过程中，或者将该领域知识以规则或知识模型的方式嵌入分析方法中，支持（半）自动分析。8.3节将以安全需求为例，详细介绍质量需求精化分析方法。

(3) **质量需求操作化分析**：将质量需求精化到可度量的细粒度需求后，需要通过操作化分析来设计能满足该质量需求的设计方案。有些质量需求只是将其对质量的约束施加到系统设计中，并不一定需要额外添加功能。例如，需求"系统应在1秒内响应请求命令"就是对完成系统响应的算法设计施加约束，实现相关算法功能时需遵守此约束。另一些质量需求则需要添加额外的功能。例如，需求"校内系统只允许在校师生访问"，满足这个安全需求就需要增加"用户登录/注册"功能。

质量需求的操作化分析同样需要领域知识。一个定义好的操作化设计模式实现了对领域知识的复用，可以提高分析效率。8.4节将以安全模式为例，详细介绍质量需求的操作化。

(4) **质量需求权衡分析**：软件系统的设计过程中经常需要进行一些设计决策，质量需求是系统设计方案选择与权衡时的主要考量。同时，质量需求的操作化也需要进行设计决策。例如，针对质量需求"系统应在1秒内响应请求命令"，在权衡多个系统设计方案时，要考虑每种设计方案对该质量需求的满足程度，将其作为权衡分析的重要依据。根据面向主体的建模方法中的贡献关系(Contribution)进行权衡是目前常用的方法，参阅4.2节中的贡献关系建模。

8.2 质量需求建模框架

质量需求是对系统功能的质量属性的期望。因此，对质量需求的建模需要附加在功能需求之上进行，即在对质量需求本身进行建模的同时，需要将质量需求与其约束的功能需求关联在一起。由于质量需求在开始往往是表述模糊的，特别需要借助于建模分析框架的支持，以便使其建模过程更加系统化。本节介绍基于目标模型的质量需求建模框架，它复用了第3章面向目标方法中的核心概念，并在其基础上进行了扩展，抽象概念模型如图8.3所示。建模过程的特点是：它首先基于图8.1中质量需求的定义对质量需求进行描述；其次表达和分析质量目标与功能目标之间的约束关系；最后，复用面向目标方法中的部分关系(如精化关系和操作化关系)，并针对质量需求的精化分析和操作化分析进行扩展。

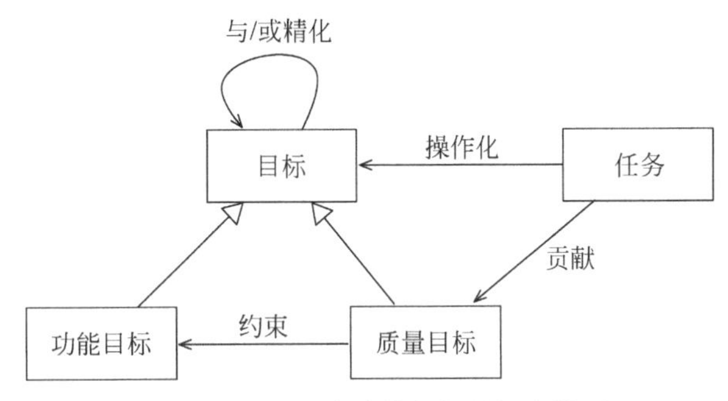

图8.3 质量需求建模框架的概念模型

本节将围绕案例场景8.1(智能电网实时定价场景)，详细介绍质量需求建模框架。

案例场景8.1 智能电网实时定价场景

基于智能电网进行实时定价能够动态改变用电需求，从而有效引导用户用电行为，减少高峰用电，防止意外停电。具体来说，电力供应商收集实时能耗数据，根据相应的电价情况适时调整用电模式，从而平衡电网负载，优化电力基础设施的运行和管理。其中，用电数据收集和定价决策是关键。

8.2.1 质量目标的定义与建模

质量目标表示系统干系人期望系统达到的某种程度的质量。根据图8.1，质量需求包括质量属性、质量约束、约束对象和有效期四方面，其中质量属性是核心概念，它是质量目标必须描述的内容。表8.3借助扩展的巴科斯范式(Extended Backus-Naur Form，EBNF)给出质量目标的定义。

表8.3 质量目标定义

<质量目标> ::= <质量属性>,<质量描述>*	(定义1)
<质量描述> ::= <描述维度>,<描述信息>	(定义2)
<描述维度> ::= '质量约束'|'约束对象'|'有效期'	(定义3)

根据表 8.3,质量目标由质量属性和零到多个质量描述组成。第一,质量属性阐述质量目标所关注的核心属性(安全性、可用性等),质量描述则可以从不同方面对质量目标进行精化描述(定义 1)。质量属性一般可以参考国际标准 ISO/IEC 25010：2023 所归纳的质量类别给出,如图 8.4 所示。第二,质量描述由描述维度和描述信息两部分组成(定义 2),其中描述维度表示对质量目标进行细化的维度,而描述信息则是该方面的具体内容,一般是这个质量目标的自然语言表达。第三,描述维度包括质量约束、约束对象和有效期等(定义 3)。

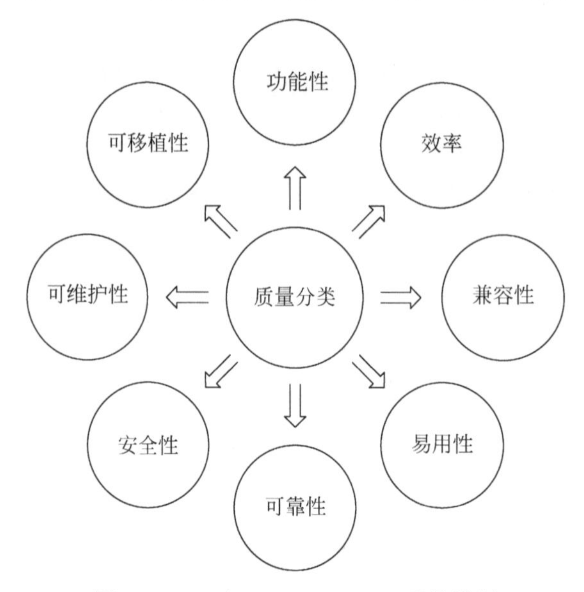

图 8.4　ISO/IEC 25010：2023 质量类别

定义 3 中的描述维度对质量目标进行细节描述。由于质量需求在一开始可能难以明确表达。如果质量描述缺失,定义 3 中的三个维度可以按一些默认值先给出. 例如,若质量属性为安全性,质量约束默认为“高”；约束对象默认为“整个系统”,即与系统相关的全部实体对象；有效期默认为“永久”,即应始终满足该质量需求。这些默认的取值在需求精化的过程中可以根据情况调整,在需求精化分析结束后可以得到具体和精确的质量需求。

图 8.5 是案例场景 8.1(智能电网实时定价场景)的质量需求模型。其中,左侧是基于面向目标方法构建的系统功能目标模型,右侧是系统质量需求(此场景中为安全需求)模型。这里,质量目标的可视化表示为云形节点,其质量目标的含义是“在 G2(即实时价格计算)的执行过程中,应保证能源使用数据的高安全性”,其中,质量属性是“安全性”,质量约束是“高”,约束对象是“能源使用数据”,有效期是“G2 执行过程中”。该质量目标的描述信息为“在实时价格计算时,需要保证能源使用数据的高安全性”。

8.2.2　质量目标与功能目标的关联建模

质量需求是对系统或其特定功能的约束。质量需求不能独立存在,而应与所约束的系统功能需求相关联。在质量需求分析中,应记录和维护其与功能需求间的关联关系,并在需求分析过程中统筹和协调二者之间的关系。一方面,质量需求和功能需求由于各自的精化程度不同,分别处于不同的抽象层次；另一方面,质量需求对功能需求的约束也会随着功能需求的细化而细化,即不同抽象层次的功能需求受对应层次的质量需求约束。

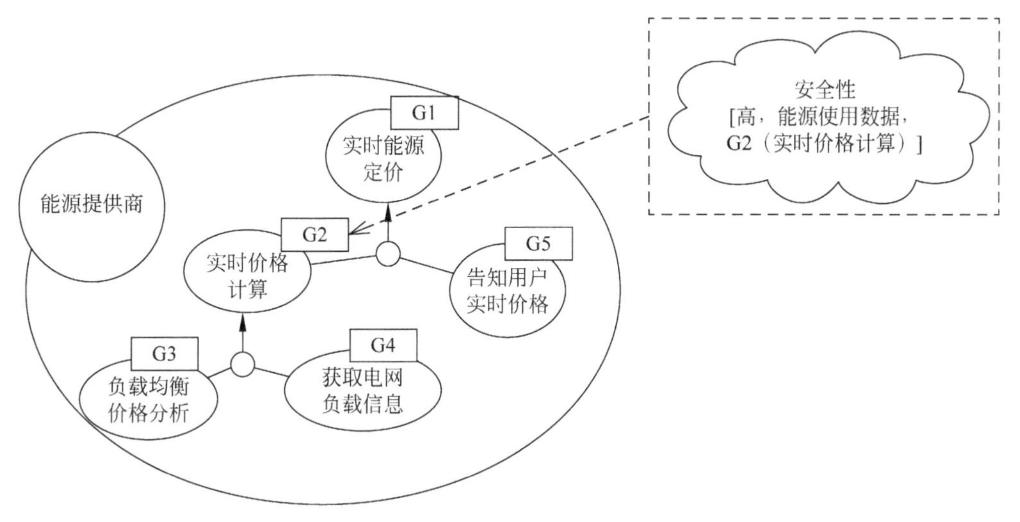

图 8.5　基于智能电网实时定价场景的安全目标建模实例

图 8.6 形象地给出了在面向目标的需求建模框架下，质量需求建模与功能需求建模之间的关系，这里，面向目标的方法同时支持功能需求和质量需求的与/或精化分析。第 3 章介绍了面向目标的功能需求精化，质量需求的精化则是以表 8.3 定义的质量需求结构化表示为基础，从不同的维度对质量需求进行精化，具体精化方法详见 8.3 节。这个关联的建立以质量目标中的质量约束、约束对象和有效期为依据，即质量约束需要在特定有效期施加到指定的约束对象上(功能目标达成阶段)。例如，图 8.5 中的安全目标与功能目标 G2 相关联，它对能源数据高安全性的目标需求施加于 G2(实时价格计算)的达成阶段。

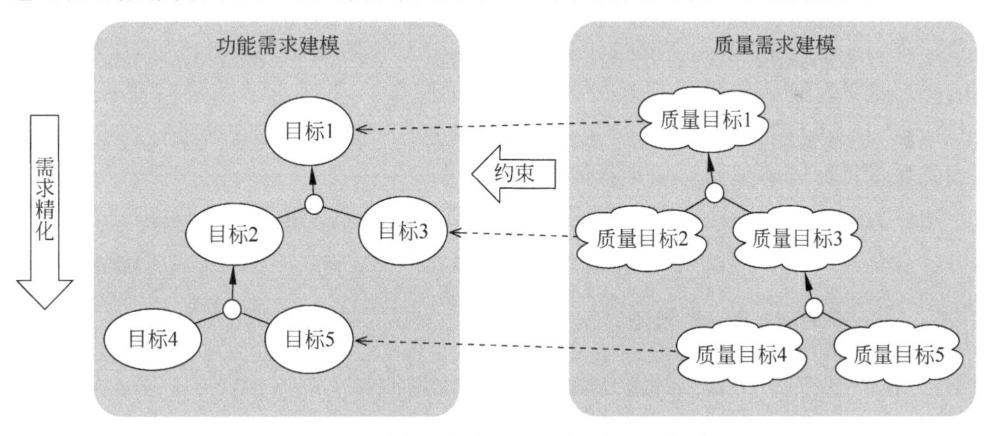

图 8.6　功能目标与质量目标关联示意图

8.2.3　质量目标关系的建模与表示

如图 8.3 所示，质量需求建模将质量目标作为建模的核心元素，复用了面向目标方法中的精化关系、操作化关系和贡献关系。

精化关系：精化关系将抽象的质量目标通过与/或精化导出更细粒度的质量目标，从而能关注到更具体的质量描述，施加更具体的质量约束。质量目标精化关系的语义与功能目标精化关系的语义相似，若子目标之间是“与”关系，则所有子目标被满足，父目标才满足；

若子目标之间是"或"关系，则只要一个子目标被满足，父目标即可被满足。不同之处是，功能目标具有领域依赖性，而质量目标所关注的质量属性不依赖于具体领域，每种质量属性有相对固定的子属性。质量目标可以根据表 8.3 中质量目标的定义，通过所关注的质量属性或质量描述的"与/或"分解进行精化分析(详见 8.3 节)。

操作化关系：质量目标是对特定功能的质量约束，但某些质量目标的满足需要借助于一些任务来实现，这就构成了质量目标到具体任务目标的操作化关系。例如，家庭用电数据在传输过程中需要保证其保密性，以保护个人用电隐私，因此需要对家庭用电数据进行加密操作。若存在质量目标操作化的多种途径，则需要评估这些途径对质量目标满足的贡献，通过权衡分析来选择最优的操作化方案。8.4 节将详细介绍质量目标的操作化。

贡献关系：质量目标在操作化过程中引入具体的任务，该任务一方面可以满足该质量目标，另一方面可能会对其他质量目标产生正向或负向的影响，这称为贡献关系。但在评估任务对质量目标的贡献时，一般只能采用定性分析，因为这种贡献关系很难被量化。例如，在家庭用电数据传输过程中执行加密操作能满足家庭用电数据的保密性这一质量目标，但同时会对性能产生一定的消极影响，即存在对性能的负向贡献关系。在对多种操作化方案进行选择前的权衡分析时常常需要考察贡献关系。

8.3 质量需求精化分析

质量需求一般来说是"全局"需求，是对整个系统的质量约束，例如安全需求往往指整个系统需要是安全的。但对质量目标的分析如果仅停留在系统这样粗粒度的层次，则无法准确地理解其对具体功能施加的约束，不能有效地进行质量目标的操作化。需要对粗粒度的质量目标进行系统化的精化，将质量约束落实到具体约束对象和约束范围上，从而使采取特定功能操作来满足这些质量目标成为可能。根据图 8.1，质量需求涉及质量属性、质量约束、约束对象和有效期。质量目标精化分析就是从这四方面对质量需求进行逐步细化，直至所得到的质量目标能够被操作化为具体的功能任务。

不同质量需求涉及不同的领域知识，对不同质量目标进行精化分析，也需要首先针对其领域特征进行，确定具体的表示方式。本节以安全需求为例，介绍质量目标的精化方法。

8.3.1 安全目标的结构化

安全目标表示系统干系人针对系统资产在特定时间段上的安全需求。基于质量目标的一般定义，将安全目标结构化表示为：<重要性> <安全属性> [<资产>,<有效期>]。通过这四个概念所涉及的内容，可以系统地对安全目标进行精化分析。其中，重要性和安全属性为必要概念，而资产和有效期为可选概念。

重要性：是对安全需求的质量约束，描述对安全性的约束。安全性其实很难精确度量，对安全性的质量约束采用定性的描述方式更具有可操作性。例如，重要性的取值范围一般是{非常低、低、中、高、非常高}。

安全属性：表示安全需求的质量属性。按照 CIA 安全模型，安全性包含保密性(Confidentiality)、完整性(Integrity)和可用性(Availability)，而每个子属性又包含更细粒度的安全属性。如，完整性包含数据完整性、服务完整性、软件完整性和硬件完整性。安全属性层次结构可以如图 8.7 所示。

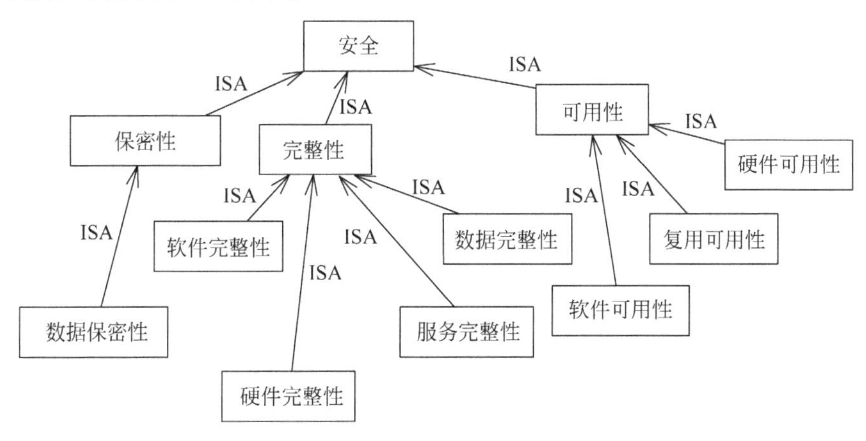

图 8.7　安全属性层次结构

资产：指任何对系统干系人有价值的东西，例如数据、软硬件或服务，这些资产都是潜在的被保护对象。同类资产间存在整体/部分关系，如用户能源使用数据包含用户用电数据和用户用水数据。不同类资产间也可能存在相互关联，如图 8.8 表示软件部署在硬件上，硬件存储数据等。

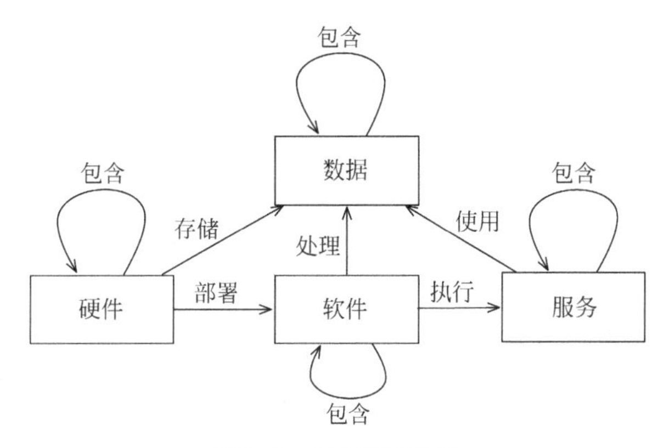

图 8.8　安全资产关系

有效期：表示安全目标所施加安全约束的时间段。由于攻击威胁可能只在某个时间段（之前、之中、之后）发生才会产生危害，可以从时间维度刻画安全目标。考虑到功能目标与质量目标间的关联关系，例如，图 8.5 基于功能目标 G2 的执行过程来描述安全目标的有效期，则安全目标施加于 G2 的执行过程，即在 G2（实时价格计算）的执行过程中保证能源使用数据的高安全性。

8.3.2　多维度安全目标精化规则

基于安全目标的结构化表示，针对每个内容维度的特点，可以根据安全分析领域知识，系统地对抽象的安全目标进行逐层精化分析，最终得到可操作化的安全目标。具体地，安全目标的精化分析包括基于安全属性的目标精化、基于资产关系的目标精化和基于有效期的目标精化。每种精化根据分析对象内容和上下文，将抽象的安全目标"与精化"/"或精化"为相应的子安全目标。表 8.4 定义了支持上述精化分析的推理规则。

表 8.4 安全目标精化的推理规则

编号	规 则 名 称	规 则 内 容
R1	基于安全属性的精化规则	sec _goal(SG1) ∧ sg_attributes(SG1,IMP,SP1,AS,INT) ∧ is_a(SP2,SP1) ⇒sec_goal(SG2) ∧ sg_attributes(SG2,IMP,SP2,AS,INT) ∧ and_refine(SG2,SG1)
R2	基于资产关系的精化规则	sec_goal(SG1) ∧ sg_attributes(SG1,IMP,SP,AS1,INT) ∧ part_of(AS2,AS1) ⇒sec_goal(SG2) ∧ sg_attributes(SG2,IMP,SP,AS2,INT) ∧ and_refine(SG2,SG1)
R3	基于有效期的与精化规则	sec_goal(SG1) ∧ sg_attributes(SG1,IMP,SP,AS,interval(G1)) ∧ and_refine(G2,G1) ⇒sec_goal(SG2) ∧ and_refine(SG2,SG1) ∧ sg_attributes(SG2,IMP,SP2,AS,interval(G1))
R4	基于有效期的或精化规则	sec_goal(SG1) ∧ sg_attributes(SG1,IMP,SP,AS,interval(G1)) ∧ or_refine(G2,G1)⇒sec_goal(SG2) ∧ or_refine(SG2,SG1) ∧ sg_attributes(SG2,IMP,SP2,AS,interval(G1))

图 8.9 展示了实时能源定价场景下的安全目标精化过程,上述三种精化分析都有涉及。图中还标注了每一步精化分析的类型,并在左侧虚线区域中展示了精化分析用到的领域知识。下面结合这个案例场景说明多维度安全目标精化的思路。

(1) **基于安全属性的安全目标精化**。根据信息安全的通用知识,安全包含一系列子属性(见图 8.7),每个子属性是其父属性的一个实例,安全目标的精化就是将安全约束施加到其子属性上。具体的,如果安全属性 SP1 包含安全子属性 SP2,那么父安全目标 SG1 将被精化为安全子目标 SG2,每个子目标对应一个安全子属性,而子目标的其他结构不变(见表 8.4 中的 R1)。如果一个安全属性包含多个安全子属性,则一个父目标被“与”精化为多个子目标。例如,图 8.9 中对安全目标 SG1 进行基于安全属性(见图 8.9(a))的目标精化分析,得到存在“与精化”关系的四个子安全目标(SG2～SG5),分别关注应用安全、数据安全、服务安全和硬件安全四个具体的安全属性。

(2) **基于资产关系的安全目标精化**。系统干系人往往只表达对粗粒度资产的安全目标,但对所需保护的资产,根据其在业务场景中使用情况的不同,需要采取不同的保护措施,因此可以针对每一个具体的资产分析其安全目标。考虑到资产之间的包含关系(part-of),当安全目标 SG1 所保护的资产 AS1 包含子部分 AS2 时,该安全目标将被“与”精化为所保护子资产 AS2 的子安全目标 SG2,该子目标的其他部分内容与父目标一致(见表 8.4 中的 R2)。如果父安全目标中的资产包含多个子资产,则父安全目标被“与”精化为多个安全子目标,其中每个子目标对应一个子资产。例如,图 8.9 中安全目标 SG3 通过基于资产关系(见图 8.9(b))的目标精化得到存在“与精化”关系的两个子安全目标 SG6 和 SG7,分别关注用水数据和用电数据。

(3) **基于有效期的安全目标精化**。作为质量目标,安全目标会与特定功能目标相关联,即它在该特定功能目标被执行和满足的时间周期内施加约束。基于有效期的安全目标精化根据功能目标精化结构进行。若功能目标 G1 被“与/或精化”为子目标 G2,那么父安全目

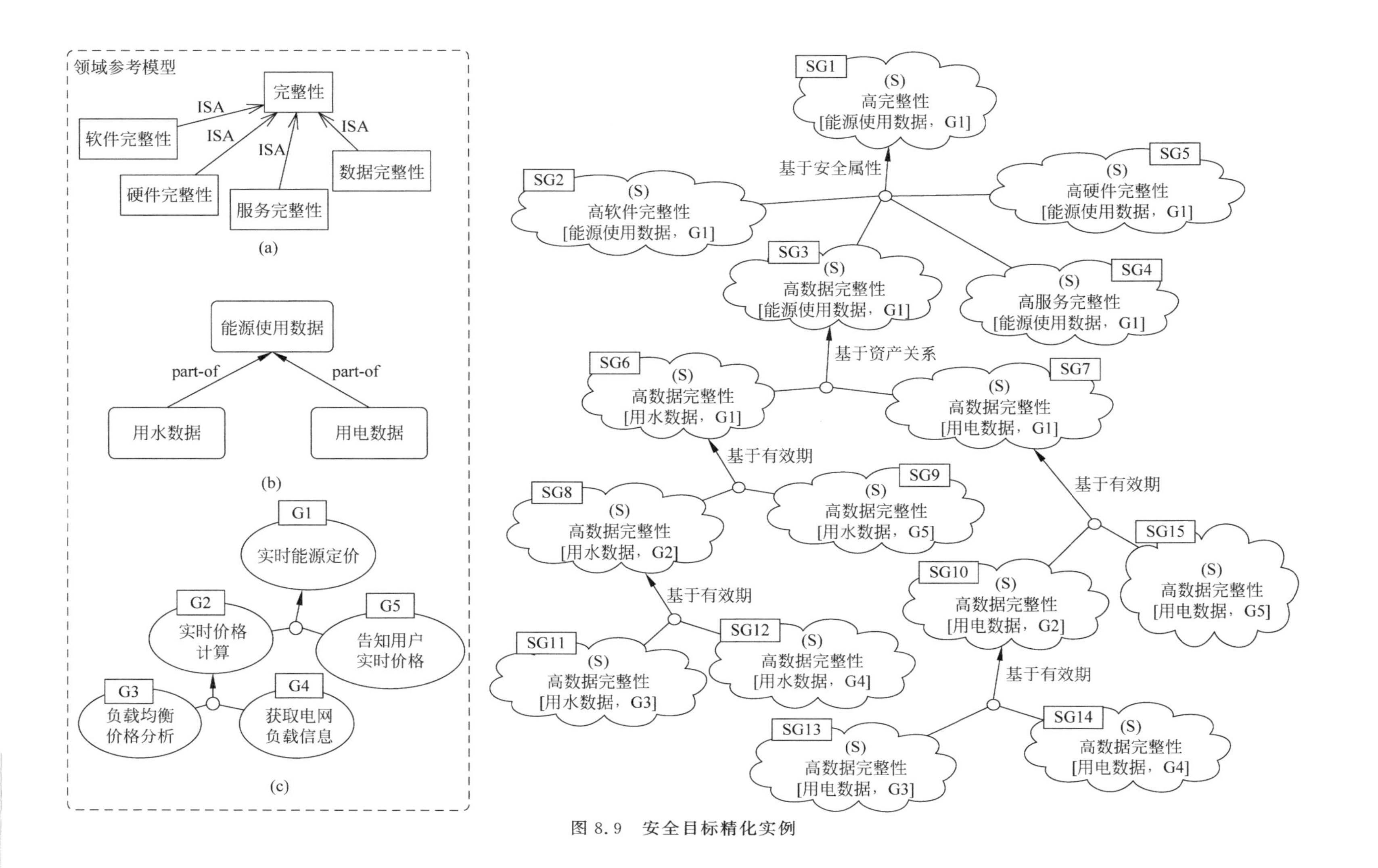

图 8.9　安全目标精化实例

标 SG1 将被"与/或精化"为安全子目标 SG2，专门约束子目标 G2 所对应的系统功能，该安全子目标的其他结构不变(见表 8.4 中的 R3/R4)。若一个安全目标所约束的功能目标包含多个子目标，则它被"与/或精化"为多个子目标。例如，图 8.9 中的安全目标 SG6 在基于有效期(见图 8.9(c))的目标精化下得到存在"与精化"关系的两个子安全目标 SG8 和 SG9，分别对功能目标 G2 和 G5 施加安全约束。

8.3.3 安全目标精化分析策略

在上下文信息充分的情况下，通过前面定义的推理规则，能够对安全目标逐步进行精化分析。在实际的精化分析过程中，需求工程师可以在上述精化规则辅助下，基于已有安全知识进行分析，判断精化结果的有效性和正确性。需求工程师要考虑以下两个问题。

(1) 是否要将当前的安全目标精化到更细的粒度？

对安全目标进行精化分析的目的，并不是要得到最细粒度的安全目标，而是得到可操作化的安全目标。安全目标无法操作化常常是因为其所施加的安全约束不够明确，无法通过一个特定安全操作任务来达到。例如，在实时能源定价场景下，保护能源使用信息的完整性，可能需要网络安全技术、存储安全技术、数据加密技术、物理防护技术等。

安全目标的精化分析就是为了要得到能被具体安全技术操作化的目标。例如，图 8.9 进行基于资产关系的安全目标精化时，需要将能源使用信息的安全约束精化为用电信息和用水信息的细粒度安全约束，因为两者的记录设备不同(电表和水表)，拥有不同的安全上下文，在操作化时会涉及不同的安全技术。但如果用电信息包含更细粒度的信息(如本月用电信息和历史用电信息)，则不需要再进行安全目标精化，因为更细粒度的安全目标可以采用相同的操作化任务，细化后的安全目标将操作化为相同的安全措施。对安全目标进行精化分析旨在得到能够被操作化的最粗粒度的安全目标。

(2) 精化后的每个目标是否有效？

基于精化规则进行的精化分析是尽可能全面地对抽象的安全目标进行细化，在精化过程中会考虑各种可能的安全约束。在得到细粒度的安全目标后，需求工程师应与系统干系人进行沟通，基于其安全知识判断所得的细粒度安全目标是否为用户的真实需求。如果不是，则放弃这个目标，不再进行深入的分析。例如，图 8.9 中，在基于安全属性的精化后，得到的细粒度安全目标分别关注软件完整性、数据完整性、服务完整性和硬件完整性，其中只有数据完整性是系统干系人需要被满足的安全需求，则可以去掉其他三个安全子目标，不再进一步分析。

在确定所得到的细粒度安全目标的有效性后，还需要对该安全目标的风险进行评估。需求工程师应分析该安全目标所约束的场景可能存在的威胁，并评估威胁的发生概率和严重程度，以此为基础进行安全风险评估，即

$$安全风险=威胁发生概率\times威胁严重程度$$

如果风险程度可被系统干系人接受，则不再对其进行更深入的分析。

8.4 基于模式的质量需求操作化分析

通过精化分析所得到的细粒度的质量目标最终需要操作化为具体的功能需求，即通过实现特定任务来满足质量需求。对质量需求进行操作化分析，需要需求工程师具备较强的

领域知识背景。一方面,需要了解哪些功能可以满足特定的质量需求并分析当前系统上下文是否满足实施该功能的前提条件;另一方面,需要了解功能的具体执行流程和操作,从而生成细致、明确的需求规格说明。幸运的是,需求工程研究者已经从成功案例中积累了这方面的知识,定义了面向特定领域(如安全领域)的操作化模式,形成了具有一定规模的模式库。本节以安全需求为例,介绍基于安全模式的安全目标的操作化分析。

8.4.1 安全模式

模式(Pattern)的思想最初由建筑学家 Alexander 于 1977 年提出,其目的是复用已在工程实践中证实为有用的知识,从而降低分析设计中对知识的要求,提高分析的效率。模式在知识密集型软件工程活动中有较为广泛的应用,如设计模式。安全模式(Security Pattern)关注分析和解决安全问题,帮助需求工程师将安全需求操作化为具体的实现机制。安全模式包含四个核心概念:上下文、问题、解决方案和结果。

上下文:安全模式的上下文描述了安全问题发生的情景,包括环境信息和功能执行的前置条件等。每个安全模式的上下文决定了其与问题场景的匹配程度。例如,使用入侵检测系统(Intrusion Detection Systems,IDS)模式的上下文是系统中的各节点通过 Internet 相互通信。

问题:每个模式旨在解决特定的问题。在安全模式中,问题刻画了系统所面临的潜在威胁。例如,IDS 模式要解决的问题是防止攻击者通过 Internet 对系统进行渗透攻击。每个安全模式可能解决一个或多个安全问题。

解决方案:针对不同的安全问题,采用不同形式的解决方案,包括安全体系结构、安全功能操作、安全业务流程等。例如,IDS 模式的解决方案是在具体执行每个网络访问请求前,检查其是否属于某种攻击行为,如果检测到攻击则发出警报。

结果:安全模式的顺利执行,除了能够解决相应的安全问题,也会带来一些“副作用”。全面分析安全模式的利弊,既有助于更好地理解安全模式在特定场景下的适用性,也能够支持多个安全模式间的权衡分析。例如,使用 IDS 模式的结果之一是带来额外的系统计算开销。

目前业界已经积累了超过 200 种安全模式,封装实用的安全知识,可用于安全目标的操作化分析。

8.4.2 基于情景目标建模的安全模式

对安全目标进行操作化分析,需要将安全模式与目标建模分析深度整合。通过在安全模式的四个概念与质量需求建模框架的建模元素之间建立映射关系,为每个安全模式构建相应的情景目标模型(Contextual Goal Model),可以支持安全模式与质量需求建模框架的无缝整合,实现安全目标操作化分析。

具体地,安全模式的上下文被建模为情景谓词,每个情景谓词关联特定的目标,表示该目标被激活的情景。安全模式所解决的问题根据其内容被建模为安全目标或质量目标。安全模式所提供的解决方案被建模为任务,而实施安全模式所带来的积极或消极的结果将以贡献关系表示。图 8.10 展示了入侵检测系统(IDS)模式所对应的情景目标模型。

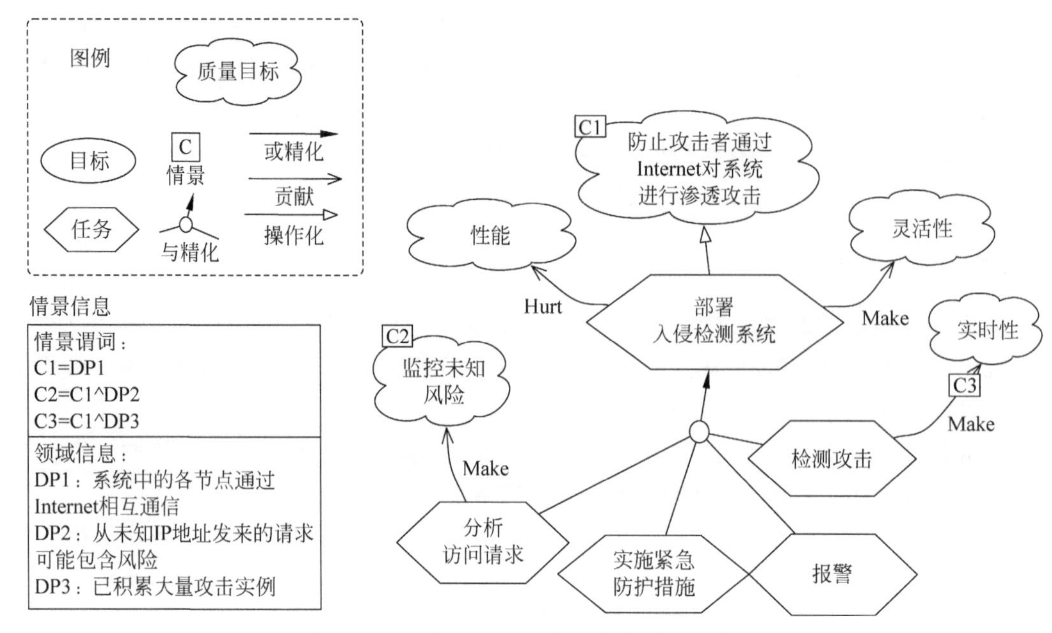

图 8.10　入侵检测系统模式的情景目标模型

8.4.3　安全模式的选择与应用

将安全模式建模为情景目标模型后，即可在质量需求建模框架下进行目标模型的分析。具体地，基于安全模式的安全目标操作化分析包括如下四个步骤：安全模式匹配、情景分析、权衡分析和模式应用。

(1) **安全模式匹配**：针对精化的可操作的安全目标，首先进行风险分析，识别出该安全目标场景下存在的威胁。根据威胁信息，考察安全模式的顶层目标(问题)，确定可应用的安全模式。

(2) **情景分析**：由于每个安全模式一般是在特定的情景下才发挥作用，需要分析上一步确定的安全模式，考察其所需的情景与当前问题场景是否一致。如不一致，则该模式不能被应用。

(3) **权衡分析**：经过模式匹配和情景分析后，如果还有多个安全模式，则需要通过权衡分析选择最优方案。基于安全模式的情景目标模型，可应用目标权衡分析方法进行分析(详见第 4 章)。

(4) **模式应用**：选定一个安全模式后，将其所对应的情景目标模型与质量目标模型进行整合与适配，最终完整地实现安全目标模型的操作化分析。

8.5　小结与讨论

功能需求定义软件系统的刚性要求，质量需求定义软件系统的柔性要求。软件市场竞争日益激烈，只有做好对质量需求的分析才能从诸多竞品中脱颖而出。由于质量需求是施加于功能需求之上的约束而并非独立存在，业界实践中往往将质量需求的优先级排在功能需求之后。尤其在面临时间压力时，甚至可能在软件的初期版本中先不考虑质量需求。但在后续迭代时，尽早明确质量需求是软件项目成败的关键。

质量需求分析的难点在于其固有的主观性，而且质量需求在软件项目开始时一般比较模糊，而这些问题又会被“错误共识效应”所放大，即人们总是高估自己所持观点和偏好的普适性。例如，当质量需求被描述为高安全性、良好用户体验、响应速度快时，需求方与开发方可能会很容易达成一致，但前者所想的与后者所理解的可能大相径庭，特别需要系统高效地对模糊、抽象的质量需求进行精化分析，使其表意明确且可操作化。

质量需求在业界实践中需要更充分、更系统的分析方法。对质量需求仅用自然语言进行概括性描述是不够的，需要建立质量需求和功能需求之间的明确的关联。本章所介绍的质量需求建模框架与目标建模分析框架同构，一方面，能够有效地将功能需求与质量需求相关联；另一方面，基于目标模型自顶向下逐步求精的机制，支持系统地对结构化表示的质量需求进行精化分析，得到可操作化的质量需求。不同类型的质量需求(安全性、易用性、性能等)之间的差异性较大，在不同的项目中优先级也不尽相同，因此，针对特定类型的质量需求，需要采用专门的分类方法。

驱动高效质量需求分析的关键在于专业知识的复用。质量需求的类型是有限的，能够满足每种类型的质量需求的候选操作方案也是相对固定的。通过在成功的软件项目中持续积累不同类型质量需求的专业领域知识，并将这些被验证过的专业知识封装为模式，能够有效地提高后续软件质量需求分析的效率，最终提升软件产品的质量。

8.6 思考题

1. 请分别介绍一款你认为好用和不好用的软件，并分析这两款软件满足或不满足哪些质量需求。

2. 某软件开发的需求文档中包含质量需求“系统应具有高可靠性，能够应对潜在的风险”。请分析该需求的问题，并给出解决该问题的方法。

3. 请利用质量需求的精化分析方法，分析用户对于即时通信软件的易用性需求，列出精化后的易用性需求。

4. 针对第3题所得到的细化的易用性需求，分析这些需求可以被操作化为哪些具体的软件功能或软件原型设计。

5. 请查阅软件易用性的相关知识，在此基础上参考8.4.1节的内容，定义一种易用性模式。

6. 质量需求之间可能存在冲突，请给出一个包含冲突的质量需求的例子。

7. 质量需求应与功能需求同时分析，还是应先分析功能需求再分析质量需求？请阐述原因。

8. 请说明模式的优点，并解释为什么需要基于模式进行质量需求的操作化分析。

参考文献

[1] Chung L, Nixon B A, Yu E, et al. Non-functional requirements in software engineering(Vol. 5)[M]. Berlin: Springer Science & Business Media, 2012.

[2] Li F L, Horkoff J, Mylopoulos J, et al. Non-functional requirements as qualities, with a spice of ontology[C]//22nd IEEE International Requirements Engineering Conference (RE),2014: 293-302.

[3] Glinz M. On non-functional requirements[C]//15th IEEE International Requirements Engineering Conference (RE 2007),2007: 21-26.

[4] Liaskos S, Yu Y, Yu E, et al. On goal-based variability acquisition and analysis[C]//14th IEEE International Conference of Requirements Engineering, RE 2006,2006: 79-88.

[5] Horkoff J, Yu E. Comparison and evaluation of goal-oriented satisfaction analysis techniques[J]. Requirements Engineering,2013,18(3): 199-222.

[6] Gross D, Yu E. From non-functional requirements to design through patterns[J]. Requirements Engineering,2001,6(1),18-36.

[7] Schumacher M, Fernandez-Buglioni E, Hybertson D, et al. Security Patterns: Integrating security and systems engineering[M]. Hoboken, NJ: John Wiley & Sons,2013.

[8] Li T, Horkoff J, Mylopoulos J. Holistic security requirements analysis for socio-technical systems[J]. Software & Systems Modeling,2018,17(4): 1253-1285.

[9] Fernandez-Buglioni E. Security patterns in practice: designing secure architectures using software patterns[M]. Hoboken, NJ: John Wiley & Sons,2013.

第9章 形式化需求规约和验证

本章介绍需求的形式化表示以及在此基础上的需求验证，这对于第1章案例1.3“轨道交通系统”这类安全攸关系统特别重要。本章首先简要介绍形式化需求验证，然后介绍如何进行需求的形式化建模，如何形式化表达待验证的性质，以及如何选择合适的工具验证待验证的性质在模型上的可满足性，最后介绍四变量模型及其基于文档的验证。

9.1 概　　述

广义来说，形式化方法指有严格数学基础的系统开发方法，支持计算机系统及软件的规约、设计、验证与演化等活动。安全攸关系统的设计要求其构建方式使系统尽可能不受安全漏洞的影响。形式化方法提供了多种技术和工具来发现和减少系统漏洞。像轨道交通系统这类安全攸关系统具有强制性安全要求，需要满足很多安全标准，如欧洲铁路安全规范标准EN50128和EN50129、航空航天安全规范标准DO-178B/C，这些安全标准都强烈建议在软件开发周期内使用形式化方法。

在需求阶段引入形式化方法，可以将系统的形式化验证提前到需求规约阶段，从而达到尽早发现错误、降低错误修改代价的目的。在需求阶段进行形式化验证之前，需要完成以下几点：①确定(需要构建的系统的)系统模型；②确定系统需要满足的性质；③选择合适的验证工具。系统模型可以用不同的建模语言来描述，这些语言称为模型规约语言。模型规约语言采用数学结构描述系统结构、功能行为及其非功能特性。常见的模型规约语言包括通用代数规约语言(CASL)、维也纳开发方法(VDM)、Z语言、Larch及基于迁移系统的规约语言Statecharts和NuSMV等。9.2节将介绍基于迁移系统的系统规约。

系统需要满足的性质就是需要验证的性质，由性质规约语言描述，这些性质刻画所期望的系统行为。性质规约给出说明性的描述，即最小必要的逻辑约束，以便涵盖更大的设计与实现空间。常见的性质规约语言包括线性时序逻辑(LTL)和计算树逻辑(CTL)等。在需求规约阶段，一般考虑两种性质，即通用性质和领域特定性质，这两种性质都可以用性质规约语言描述。9.3节将介绍具体的性质描述。

验证工具承载了验证技术，包括模型检测和定理证明。模型检测通过显式状态搜索或隐式不动点计算来验证有穷状态并发系统的性质。定理证明采用逻辑公式来规约系统及其性质，其逻辑系统包含公理和推理规则，定理证明的过程就是应用这些公理和推理规则来证明系统具有某些性质。需求验证主要采用模型检测技术。9.4节将介绍常见的模型检测器。

9.5节将以轨道交通联锁系统为例，说明如何进行需求的形式化建模，如何表达需求验证的性质，以及如何基于模型检测器 NuSMV 进行需求性质的验证。9.6 节将介绍经典的四变量模型及其文档化方法。

9.2 需求形式化建模

本节首先介绍状态迁移系统，它是建模软硬件系统的一个标准模型。

9.2.1 状态迁移系统

状态迁移系统(State Transition Systems)是一种基于状态迁移的计算模型，即通过状态(静态结构)和迁移(动态结构)来建模系统行为。在计算机科学中，如果一个系统被设计为要记录之前发生的事件或用户交互，则系统被描述为有状态的，记录的信息称为系统状态。状态迁移系统用于表达这类有状态的系统。

从表达形式上看，迁移系统是一个有向图，图中的节点表示系统状态，边表示状态之间的迁移关系。从迁移系统的角度，状态就是系统可以处于的、等待执行下一次变迁的系统状况，变迁则指当系统在某个状态上、某个事件发生时系统需要迁移到下一个状态。迁移系统可定义为如下六元组：

$$M := (S, \mathrm{Act}, \rightarrow, I, \mathrm{AP}, L)$$

其中，S 是状态集，包含系统可以处于的所有状态；Act 是行为集，包含可以发生的所有事件；$\rightarrow(\subseteq S\times \mathrm{Act}\times S)$是迁移函数；$I(\subseteq S)$ 是初始状态集；AP 是命题集；$L: S\rightarrow 2^{\mathrm{AP}}$ 是标签函数，表示如果系统处于某个状态，则有和该状态关联的一组命题为真。

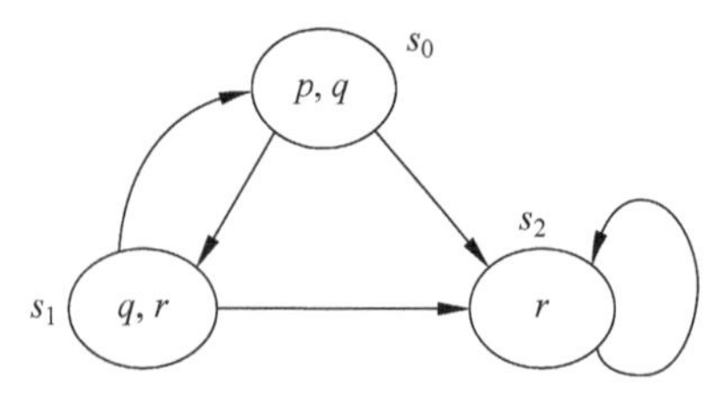

图 9.1　迁移系统作为有向图的简明表示

例如，假设存在一个状态迁移系统，它有三个状态 s_0、s_1 和 s_2，初始状态为 s_0，状态间的迁移有 $s_0\rightarrow s_1$，$s_0\rightarrow s_2$，$s_1\rightarrow s_0$，$s_1\rightarrow s_2$ 和 $s_2\rightarrow s_2$，若有 $L(s_0)=\{p,q\}$，$L(s_1)=\{q,r\}$，$L(s_2)=\{r\}$，则这个状态迁移系统可以用图 9.1 表示。

状态迁移系统的行为解释为：从初始状态 $s_0\in I$ 开始，根据当前发生的事件，以及迁移关系$\rightarrow$，决定系统状态的演化过程。具体地说，如果系统的当前状态为 s，当事件 α 发生时，则系统不确定地选择迁移关系 $s\xrightarrow{\alpha}s'$(即 $(s,\alpha,s')\in\rightarrow$)，并将当前状态从 s 演化为 s'。在当前状态为 s' 的时候重复这个过程，直到系统处于某个没有可迁移的状态，则状态演化结束。

需要注意的是：第一，状态迁移系统的初始状态集合可以为空，但在这种情况下，该状态迁移系统不进行任何状态演化，因为没有初始状态可供选择；第二，当某个状态存在多个可能的状态迁移关系时，迁移的选择是不确定的，同样，当初始状态集中有多个状态时，初始状态的选择也是不确定的。

值得注意的是，标签函数 $L(s)\in 2^{\mathrm{AP}}$ 将命题集合 AP 关联到状态 s 上，即：若系统处于状态 s，则 $L(s)$中的原子命题为真。这个标签函数的作用是将系统状态和现实世界的情况相关联，从而达到使系统行为与现实世界的期望相关联的目的。例如，如果希望在系统状态演化的过程中能使刻画现实世界情形的命题逻辑公式 Φ 为真，就可以通过如下当且仅当关系来判断：

$$s \vDash \Phi \text{ 当且仅当 } L(s) \vDash \Phi$$

例 9.1 空调的状态变迁系统

以智能家居中的空调为例，说明如何用状态迁移系统进行行为建模。如图 9.2 所示为空调的行为模型。其中，椭圆代表状态，带标记的边代表状态迁移关系，空心椭圆指向的状态为初始状态。

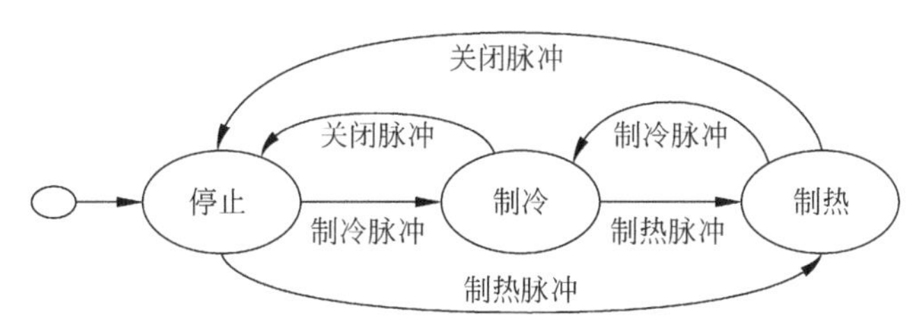

图 9.2 空调的迁移系统模型

这里，状态集合 $S=\{$停止，制冷，制热$\}$。初始状态集合只有一个状态，即 $I=\{$停止$\}$。"关闭脉冲"表示关空调的信号，"制热脉冲"表示让空调制热的信号，"制冷脉冲"表示让空调制冷的信号，因此 Act$=\{$关闭脉冲，制热脉冲，制冷脉冲$\}$。带标记的边是空调的状态变迁关系，例如，"停止$\xrightarrow{\text{制冷脉冲}}$制冷"表示当空调处于"停止"状态时，收到"制冷脉冲"信号，则空调进入"制冷"状态。

空调要满足的原子命题可以完全和其状态的含义一致，即对任意状态 s，有 $L(s)=\{s\}$。例如 L(停止)$=\{$停止$\}$，这是一种最简单的情况，即在状态命名的时候能找到和所关注的现实世界性质完全一致的状态名。

状态迁移系统用路径表达系统的时序行为。设

$$M=(S,\text{Act},\rightarrow,I,\text{AP},L)$$

为一个状态迁移系统，它的一条路径是 S 中的状态加上促使状态发生迁移的事件组成的无限序列，即

$$s_1 \xrightarrow{\alpha_1} s_2 \xrightarrow{\alpha_2} \cdots,\cdots$$

其中，对任意 $i \geqslant 1$，都存在迁移关系 $s_i \xrightarrow{\alpha_i} s_{i+1}$。如果一个系统模型可以用状态迁移图建模，则通过展开迁移系统，可以得到模型的候选执行路径。由于下一个状态的选择具有不确定性，候选执行路径可能有多条。例如图 9.1 所示的迁移系统，从初始状态 s_0 开始可以获得如图 9.3 所示的候选执行路径集，形成一棵无限树。

9.2.2 需求的迁移系统表示

本节关注状态迁移系统的建模。首先考虑状态的选取，系统状态的选取跟建模的目的直接相关，对于同一个系统，建模的目的不同，其状态的选取也会不同。例如，同样是一盏灯，如果只关心灯亮还是不亮，则会将"灯亮"作为一个状态，"灯灭"作为另一个状态；而如果关心的是灯的亮度是不是适合学习，则假设灯的照度在 300～500 勒克斯时适合学习，为"亮度适合"状态，照度小于 300 勒克斯为"亮度偏弱"状态，照度大于 500 勒克斯作为"亮度偏强"状态。

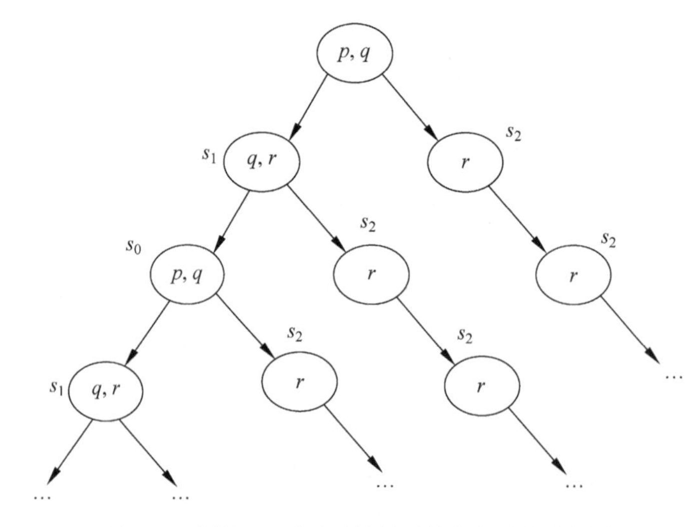

图 9.3 由图 9.1 所示系统展开的状态迁移路径树

除了状态集合，还必须描述状态之间的迁移关系。状态间的迁移关系通常可以这样确定：从任意一个状态出发，考虑该系统是否可能从这个状态直接变化为其他某个状态，如果可能，则需要进一步确定能触发这个变化的事件，这就确定了该系统的一个状态迁移关系。例如，对于上述仅关心灯亮还是不亮的情形，当灯处于"灯亮"的状态时，收到"关脉冲"，则变为"灯灭"状态；而当灯处于"灯灭"的状态时，收到"开脉冲"，则变为"灯亮"状态。

最后要确定原子命题集合 AP，以描述所关注的物理世界情形和系统状态间的对应关系，即确定一组关于现实世界的原子命题，将它们作为系统状态选择的依据，反过来说，原子命题就是系统处于某个状态所能确定为真的关于现实世界事实的命题。如上述例子中，系统处于"亮度偏弱"状态则意味着当前照度小于 300 勒克斯，处于"亮度偏强"状态则意味着当前照度大于 500 勒克斯。如果原子命题只在一个系统状态下满足，也可以直接将原子命题作为状态名，即对任意状态 s，$L(s)=\{s\}$，如上述将灯亮这个现实世界命题对应于"灯亮"状态，将灯不亮这个现实世界命题对应于"灯灭"状态。

9.3 约束或性质的表示

在需求阶段需要验证的性质一般有两类。一类是通用性质，即和领域无关的性质，第 2 章中提到的需求规约应具备的特征，如一致性、完整性等，就属于这一类；另一类是一些和领域有关的特定性质，例如，在什么情况下一定会发生什么，或者一定不会发生什么。这些性质需要用性质规约语言进行描述，才能采用形式化方法进行验证。下面首先介绍常见的性质规约语言，然后介绍如何采用它们进行性质的描述。

9.3.1 性质规约语言简介

性质规约语言以时态逻辑为基础。时态逻辑有很多种，本节介绍常用的线性时态逻辑和计算树逻辑。

(1) 线性时态逻辑(Linear Temporal Logic,LTL)

线性时态逻辑将时间建模成状态的序列,无限延伸到未来。这个状态序列有时称为计算路径(简称路径)。一般来说,未来是不确定的,因此考虑若干路径,代表未来的不同可能,任何一条都可能是未来的“实际”路径。

线性时态逻辑的基本成分包括:关于现实世界情形的原子命题($a \in AP$),布尔连接子(如$\wedge$和$\neg$),以及两个基本的时态算子 O(下一个状态)和 U(直到)。其中,原子命题($a \in AP$)直接和状态变迁系统的相关联,O-时态算子为一元前缀算子,其参量为一个 LTL 公式,其含义是:公式 $O\varphi$ 在当前时刻成立,则 φ 在下一时刻成立。U-时态算子为二元时态算子,带两个 LTL 公式作为其参量,$\varphi_1 U \varphi_2$ 在当前时刻成立,则 φ_1 一直成立直到在未来某个时刻 φ_2 成立。

LTL 的语法定义如下。

定义 9.1 原子命题公式集 AP 上的 LTL 公式由如下语法构成

$$\varphi ::= \text{true} \mid a \mid \varphi_1 \wedge \varphi_2 \mid \neg \varphi \mid O\varphi \mid \varphi_1 U \varphi_2$$

其中,$a \in AP$ 为原子公式。

直到算子可以用于表达“未来终究成立”和“总是成立”这两个时态模式,分别为$\Diamond\varphi ::= \text{true} U \varphi$ 和 $\Box\varphi ::= \neg(\text{true} U \neg\varphi)$。

(2) 计算树逻辑(Computational Tree Logic,CTL)

计算树逻辑是一种分支时间逻辑,它的时间模型是一个树状结构,表明未来是不确定的。在未来的不同路径中的任何一条都可能是“实际”路径。计算树逻辑也建立在关于现实世界情形的原子命题($a \in AP$)上。CTL 的语法分为两部分,它的公式分为状态公式和路径公式,状态公式是关于状态及其分支结构的断言,路径公式则为建立在路径上的时态性质。

CTL 的语法如下。

定义 9.2 原子命题公式集 AP 上的 CTL 公式由如下语法构成:

$$\Phi ::= \text{true} \mid a \mid \Phi_1 \wedge \Phi_2 \mid \neg\Phi \mid \exists\varphi \mid \forall\varphi$$

$$\varphi ::= O\Phi \mid \Phi_1 U \Phi_2$$

其中,$a \in AP$ 为原子公式,φ 是路径公式,Φ、Φ_1 和 Φ_2 是状态公式。状态公式中的两个带量词的公式分别表示“存在一条路径”和“对所有路径”。

有一些经常需要表达的性质,如下:

- 存在一个可达状态满足 a。可以写为

$$\exists O \exists O \cdots \exists O a$$

- 从所有满足 a 的可达状态出发,可以连续保持 a 的可满足性,直到到达一个满足 b 的状态。可以写为

$$\forall \Box (a \rightarrow \exists (a U b))$$

- 如果满足 a 的状态可达,可以永远连续不断满足 b。可以写为

$$\forall \Box (a \rightarrow \exists (\text{true} U \Box b)$$

- 存在一个可达状态,由其出发的所有可达状态都满足 b。可以写为:

$$\forall \Box b$$

9.3.2 性质的时态逻辑表示

需求的通用性质和特定性质都要用时态逻辑公式表达出来,才能使用模型检测器进行

验证。在需求模型验证中，要验证的性质基本上都转换为可达性或无死锁性，但具体怎么转换，不同模型检测器会有不同的方式，具体如何描述也依赖于所使用的语言和工具。

下面列举一些常见性质描述的例子。

(1) 安全性：两列火车 $Train_1$ 和 $Train_2$ 绝不同时进入同一个轨道区段 Track。

$$\Box(\neg Train_1 \text{ in } Track \lor \neg Train_2 \text{ in } Track)$$

(2) 活性：每列火车都能无限多次进入同一条轨道区段。

$$\Box\Diamond \text{ Train in Track}$$

(3) 弱活性：每列等待的火车总能进入某个路段。

$$\Box\Diamond\text{Train waitfor Track} \rightarrow \Box\Diamond\text{Train in Track}$$

9.4 需求验证

需求验证中最常见的验证技术是模型检测。模型检测就是对模型的状态空间进行搜索，以确定该系统模型是否满足某些性质，搜索的可中止性依赖于模型的有限性。在模型检测中，模型 M 一般为迁移系统，性质 Φ 是时态逻辑公式，而验证过程就是计算模型 M 是否满足 Φ，即：

$$M \models \Phi \tag{9.1}$$

根据第 1 章中的公式(1.1)，需求工程中存在需求 R、环境 E 和需求规约 S 三部分描述，它们之间存在 $E,S \models R$ 关系。根据待验证的模型和性质的表示，需求验证涉及如下几种类型的验证。

(1) 需求 R 满足通用性质 Φ，Φ 可以是一致性、完整性等性质：

$$R \models \Phi \tag{9.2}$$

(2) 规约 S 满足通用性质 Φ：

$$S \models \Phi \tag{9.3}$$

(3) 实现规约 S 的软件部署到环境 E 中后满足通用性质 Φ：

$$E,S \models \Phi \tag{9.4}$$

(4) 实现规约 S 的软件部署到环境 E 后满足需求 R：

$$E,S \models R \tag{9.5}$$

业界有很多模型检测工具，它们使用的模型规约语言都有一些不同，所支持的时态逻辑也不尽相同，所以在模型检测的过程中需要了解所采用的模型检测器的要求。下面是一些在需求阶段常用的模型检测器。

- UPPAAL(Uppsala University & Aalborg University)：时间自动机的模型检测工具，用于建模和模拟及验证实时系统的工具，支持网络化时间自动机和数据类型以及概率模型检验。
- SMV(Symbolic Model Verifier)：符号模型检测器，用来检测有限状态系统是否满足 CTL 公式。
- NuSMV(New Symbolic Model Verifier)：新符号模型检测工具，重构了 SMV，支持用 CTL 和 LTL 描述，整合了以 SAT 为基础的有界模型检测技术。
- SPIN(Simple Promela Interpreter)：适用于验证并发系统，用以检测有限状态系统是否满足 PLTL(Propositional Linear Temporal Logic,命题线性时序逻辑)公式及其他一些性质,包括可达性和循环。建模语言为 PROMELA(PROcess MEta LAnguage)。

- MyCCSL:基于约束求解器 Z3 的有界模型检测器,用于支持实时和嵌入式系统的建模和分析,其输入语言为时钟约束规范语言(CCSL),可以建模时钟之间的关系,提供处理逻辑时钟的具体语法。

9.5 案例研究

本节以简化的轨道交通联锁系统为例,介绍如何使用形式化方法进行需求建模和验证。模型检测器的选择主要根据系统的特点来确定,这个例子属于有限状态系统,本节采用 NuSMV 作为模型检测器,SMV 作为模型规约语言,CTL 作为性质规约语言。

NuSMV 简介

NuSMV(New Symbolic Model Verifier)针对有限状态自动机系统提供模型检测能力,支持 CTL 和 LTL 描述的性质规约。NuSMV 程序由一个或多个模块构成,其中有一个主模块(main)。模块可以声明变量并赋值,赋值通常给出变量的初始值(initial),其随后值(next)是关于变量当前值的表达式。LTL(或 CTL)规范由关键词 LTLSPEC(或者 CTLSPEC)引入。为了方便表示,NuSMV 分别用标准键盘上的 &、|、->、!、F、G、E 和 A 来分别表示 $\wedge$、$\vee$、$\rightarrow$、$\neg$、$\Diamond$、$\Box$、$\exists$ 和 $\forall$。

图 9.4 给出 NuSMV 程序[①]的例子,该程序有两个变量,布尔(boolean)型的 request 和枚举型 {ready,busy} 的 state,其中 0 代表“假”,1 代表“真”。变量 request 的初始值和随后值在这个程序中不确定,表明它的取值是由外部环境决定的。state 的初值是 ready,当 request 为 1 且 state 为 ready 时变为 busy,否则(即文中的 TRUE)state 的随后值为 ready。待验证的性质描述为 LTLSPEC,表示一旦有 request,则未来 state 会变成 busy。

```
MODULE main
VAR
        request: boolean;
        state :{ready,busy};
ASSIGN
      init(state) :=ready;
      next(state) := case
              request = 1 & state = ready : busy;
              TRUE: ready;
        esac;
LTLSPEC
      G(request->F state=busy)
```

图 9.4 NuSMV 程序举例

案例 9.1 轨道交通联锁系统

在案例 1.3 的轨道交通系统中,联锁系统是其信号系统的核心设备,用于保证列车行车安全。铁路、地铁车站及车辆段都有很多线路,线路的两端以道岔连接,根据道岔的

① 本章中的 NuSMV 工具采用其 2.6.0 版本。

不同位置组成列车的不同进路,每条进路只允许一辆列车使用。列车能否进入某进路,如何避免发生进路冲突,这些都由联锁系统来协调。通常,一个铁路编组站由四类组件构成:轨道区段、道岔、进路和信号灯。联锁系统的主要功能包括轨道区段的分配、进路控制、道岔控制、信号控制等。

一个轨道交通联锁系统的简化场景如下:一辆列车(train,含车载系统)在进入轨道之前需要向联锁系统(controller)发出请求。controller 查询轨道的占用状态,决定是否接受其请求。若列车收到红灯信号,则列车等待并重复发送请求;若收到绿灯信号,则列车等待道岔打开,进入相应的进路。图 9.5 给出了轨道交通联锁系统的示意图。

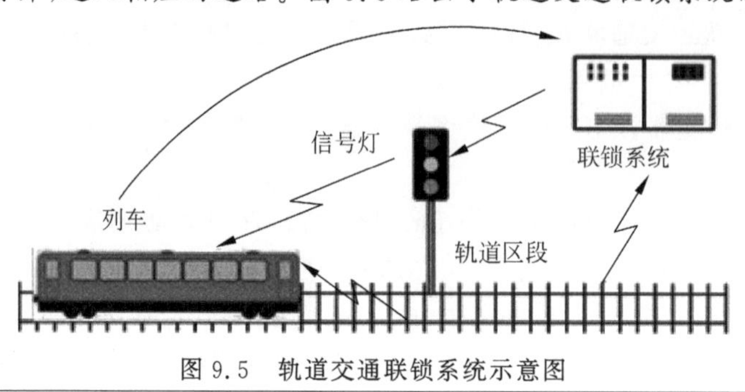

图 9.5　轨道交通联锁系统示意图

9.5.1　系统模型构建

对系统建模而言,首先识别系统的组件,作为建模的基本单元。组件具有状态,能表现出有规律的因果行为。组件具有唯一的标识,这个标识将它与其他组件区分开。组件的行为表达了其外在可观察或可测试的活动,组件的状态表达了其行为的累积结果。

系统建模的主要活动如下。

第一步:结构建模

确定系统的组件及这些组件之间的交互关系,可以用第 5 章中的上下文图表示。针对这个简化的联锁系统(controller),可以识别出该系统有 4 个环境实体:轨道区段(track)、道岔(switch)、列车(train)和信号灯(light)。其中,轨道区段在占用状态和未占用状态之间来回转换,道岔在正向与反向状态之间来回转换,信号灯在红灯与绿灯之间转换,列车在发送请求之后需要经历从等待、进入到离开的过程。

可以得到联锁系统的上下文图,如图 9.6 所示。

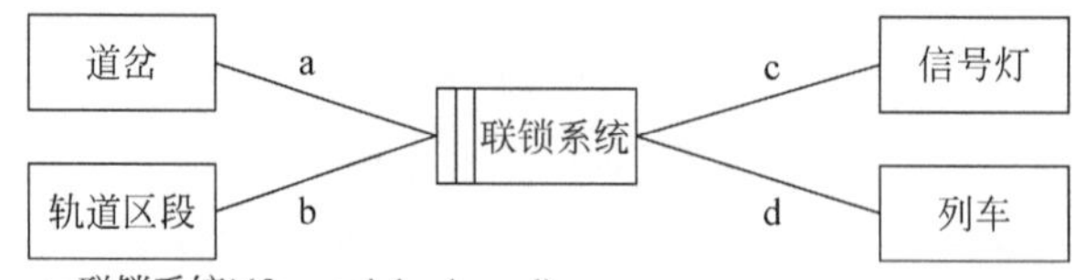

a: 联锁系统!{forward, backward}
b: 轨道区段!{ocupied, unoccupied}; 联锁系统!{query}
c: 联锁系统!{red, green}
d: 列车!{request}; 联锁系统!{wait, enter, leave}

图 9.6　联锁系统的上下文图

第二步:组件建模

上述的组件识别过程已经大致确定了每个组件的行为。例如,联锁系统的行为如下:

收到列车的请求之后,查看轨道状态,若其当前状态为"占用",则给信号灯发出红灯脉冲,指示信号灯进入"红灯"状态,达到让列车等待的目的。联锁系统按照一定的时间频率接收列车的请求,若发现轨道状态为"未占用",则给信号灯发出绿灯脉冲,指示信号灯进入"绿灯"状态,达到通知列车可以进入轨道的目的,同时控制道岔,让列车进入。之后联锁系统处于空闲状态,等待下一次列车的请求信号。按照同样方式,确定其他组件的行为。

以上述行为分析的结果为依据,定义各组件的状态。首先考虑各组件的可能状态。对信号灯而言,有红灯(red)和绿灯(green)两个状态;对轨道区段而言,有未占用(unoccupied)和占用(occupied)两个状态;道岔因为有正向和反向两种情况,有正向(forward)和反向(backward)两个状态,假设反向为允许进入;列车有请求已发送(requested)、等待(wait)、进入(enter)和离开(leave)四个状态;系统的状态包括:已接收请求(receiveRequest)、轨道查询(queryTrack)、已发送等待(sendWait)、已发送进入(sendEnter)和空闲(idle)。

然后,分别定义初始状态。信号灯的初始状态为 red,轨道区段为 unoccupied,列车为 requested,道岔为 forward,联锁系统为 idle。

第三步:定义求随后状态的函数

(1) next(controller):

- 如果 controller 处于 idle 或 sendWait 状态且列车处于 requested 状态,则函数值为 receiveRequest;
- 如果 controller 处于 receiveRequest 状态,则函数值为 queryTrack;
- 如果 controller 处于 queryTrack 状态且轨道处于 unoccupied 状态,则函数值为 sendEnter;
- 如果 controller 处于 queryTrack 状态且轨道处于 occupied 状态,则函数值为 sendWait;
- 如果 controller 处于 sendEnter 状态且列车处于 enter 状态,则函数值为 idle;
- 其他情况下函数值不变。

(2) next(light):

- 如果 light 处于 red 状态,controller 处于 sendEnter 状态且 train 处于 requested 状态,则函数值为 green;
- 其他情况下函数值为 red。

(3) next(train):

- 如果 train 处于 requested 状态,light 处于 green 状态且 switch 处于 forward 状态,则函数值为 enter;
- 如果 train 处于 requested 状态,且 controller 处于 sendWait 状态,则函数值为 wait;
- 如果 train 处于 enter 状态,且 track 处于 occupied 状态,则函数值为 leave;
- 如果 train 处于 leave 状态或 wait 状态,则函数值为 requested;
- 其他情况下函数值不变。

(4) next(track):

- 如果 track 处于 unoccupied 状态,且 train 处于 enter 状态,则函数值为 occupied;
- 如果 track 处于 occupied 状态,且 train 处于 leave 状态,则函数值为 unoccupied;
- 其他情况下函数值不变。

(5) next(switch):

- 如果 switch 处于 forward 状态,且 controller 处于 sendEnter 状态,则函数值为 backward;

- 其他情况下函数值为 forward。

最后，得到联锁系统的 SMV 模型，如图 9.7 所示。

```
MODULE main
VAR
light : {green,red};
track : {occupied,unoccupied};
switch : {forward,backward};
train : {requested,wait,enter,leave};
controller : {receiveRequest,sendWait,queryTrack,sendEnter,idle};
ASSIGN
init(light) := red;
init(track) := unoccupied;
init(switch) := forward;
init(train) := requested;
init(controller) := idle;
next(controller) := case
        (controller=idle|controller=sendWait) &train=requested : receiveRequest;
        controller=receiveRequest : queryTrack;
        controller=queryTrack & track=unoccupied : sendEnter;
        controller=queryTrack & track=occupied : sendWait;
        controller=sendEnter & track=enter : idle;
        TRUE : controller;
    esac;
next(light) := case
        light=red&controller=sendEnter & train=requested: green;
        TRUE : red;
    esac;
next(train) := case
        train=requested & light=green & switch=forward : enter;
        train=requested & controller=sendWait : wait;
        train=enter & track=occupied : leave;
        train=leave | train=wait : requested;
        TRUE : train;
    esac;
next(track) := case
        track=unoccupied&train=enter : occupied;
        track=occupied&train=leave : unoccupied;
        TRUE: track;
    esac;
next(switch) := case
        switch =forward & controller=sendEnter : backward;
        TRUE: forward;
    esac;
```

图 9.7　联锁系统的 NuSMV 程序

9.5.2　验证性质

考虑如下两种待验证性质：一种是一致性，要求联锁系统的需求是一致的，即没有冲突需求；另一种是需求可满足性，需求可以表示为如绿灯则列车进入，红灯则列车不能进站等。第一种性质可以表示为在任何情况下，都不可能出现同一组件处于两个不同的状态。

而第二种性质则可以表示为在任何情况下，如果为绿灯，则未来列车总要进站；若为红灯，则未来列车总不能进站。具体表示如下。

(1) 一致性：无冲突。

AG!((light=green & light=red)|(track=occupied & track=unoccupied)|(switch=forward & switch=backward)|(train=requested & train=wait)|(train=requested & train=enter)|(train=requested & train=leave)|(train=wait & train=enter)|(train=wait & train=leave)|(train=enter & train=leave)|(controller=idle & controller=receiveRequest)|(controller=idle & controller=queryTrack)|(controller=idle & controller=sendWait)|(controller=idle & controller=sendEnter)|(controller=receiveRequest & controller=queryTrack)|(controller=receiveRequest & controller=sendWait)|(controller=receiveRequest & controller=sendEnter)|(controller=queryTrack & controller=sendWait)|(controller=queryTrack & controller=sendEnter)|(controller=sendWait & controller=sendEnter))

(2) 领域特定的性质：绿灯，则车辆进入；红灯，则车辆不能进。

AG (light=green→AF train=enter)

AG (light=red→AF (train!=enter))

将模型与性质输入 NuSMV 验证器中，即可验证这些性质都是可满足的。

9.6 四变量模型及其文档化方法

四变量模型由 Parnas 等提出，认为软件系统通过计算机及其环境交互设备完成既定的任务，强调要针对整个计算机系统给出需求模型，涉及系统需求和软件需求，其相关文档包括系统需求文档、系统的设计文档和软件需求文档。

9.6.1 模型介绍

图 9.8 是四变量模型的示意图，其中显式地将目标系统的行为表示为四组变量之间的映射关系，这四组变量分别为：监测变量(Monitored Variables)、控制变量(Controlled Variables)、输入数据项(Input Items)和输出数据项(Output Items)。监测变量表示将会影响系统行为的、能被衡量的外部环境属性，控制变量指系统能控制的外部环境属性，输入设备(比如感应器)用于度量被监测的属性，输出设备用于控制被控制的属性，这些设备要读取的外部环境属性值称为输入数据项，输出并用于控制外部环境属性的值称为输出数据项。

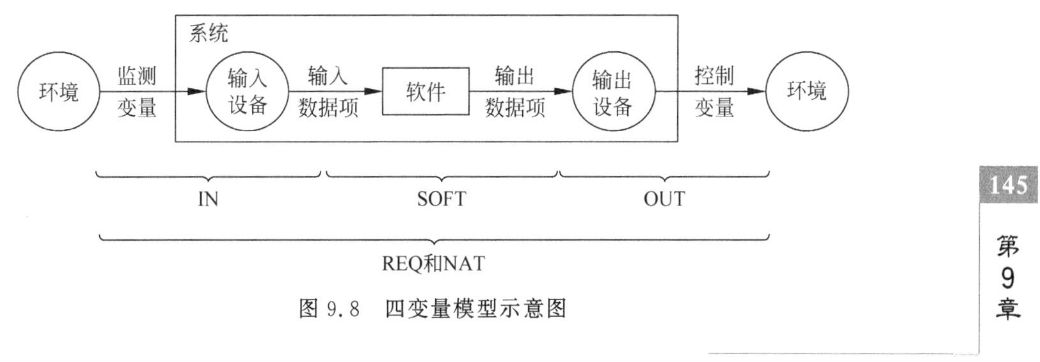

图 9.8 四变量模型示意图

图 9.8 中的 REQ、NAT、IN 和 OUT 是这些变量之间的关系，其中，REQ 和 NAT 规约了所要求的系统行为，是一种黑盒规格说明。其中，NAT 描述监测变量和控制变量之间的自然约束，即由物理法则和系统环境所决定的约束，REQ 是系统需求，即将系统需求定义为被监测的属性和被控制的属性之间的关系，系统需要保证这些关系能够得到满足。IN 定义为在将被监测的属性量映射为输入变量时，对被监测属性值精度的可容忍程度，同样，OUT 定义为在将输出变量映射为被控制的属性量时，对被控制属性值精度的可容忍程度。

四变量模型勾画出系统需求和软件需求的关系。系统需求说明希望在监测变量和控制变量之间能一直保持的关系，而软件需求则用输入和输出变量来描述。如果能够首先确定系统需求(NAT 和 REQ)，并且已知输入和输出的可容忍程度(IN 和 OUT)，则可以推断出软件需求(SOFT)，具体来说，SOFT 可以通过 REQ、NAT、IN 和 OUT 推导出来。可以用如下方式来理解：

- 整个系统满足监测变量和控制变量之间的关系(REQ 和 NAT)；
- 输入设备满足监测变量和输入变量之间的关系(IN)；
- 输出设备满足输出变量和控制变量之间的关系(OUT)；
- 软件系统满足输入变量和输出变量之间的关系(SOFT)。

其中，REQ 和 NAT 对应的是系统需求文档的主要内容，IN 和 OUT 合起来是系统设计文档的主要内容，输入变量和输出变量之间的关系对应的就是软件需求文档的主要内容。

按照这个思路，软件需求规约过程包含如下两个步骤。

第一步，说明系统需求，即期望的理想系统的行为。所谓理想系统的行为，就是在假设能够获得被监测变量的精确值并能够计算出被控制变量的精确值的条件下，期望要保持的监测变量和控制变量间的关系。即在不考虑时间延迟和不精确度的情况下的行为。这个行为说明用 NAT 和 REQ 两个关系来描述。

第二步，定义可允许的软件行为，说明对软件系统的可容忍程度，即对度量被监测的属性值和计算被控制的属性值的时间延迟和精度要求。例如，如果当需要一个系统显示当前的水位时，可以允许在时刻 T 显示的水位值偏离时刻 t 的实际水位至多 0.1 厘米，则对软件系统水位测量精度的可容忍程度为 0.1 厘米。系统的可容忍程度用 IN 和 OUT 两个关系来表示。IN 说明输入设备度量被监测的属性的精确度，OUT 则说明输出设备被控制的属性的精确度。为了实现可允许的系统行为，输入和输出设备必须以足够高的精度和足够小的时间延迟来度量被监测的属性和设置被控制的属性。

这种先定义理想行为，然后再在理想行为的基础上增加可容忍程度的方式，帮助对所要求的精度和时间同步独立地进行说明，这种方式是标准的工业化实践方式，同时，也提供一种恰当的关注点分离方法，因为所要求系统的精度和时间同步可以独立于理想的行为而变化。

9.6.2 系统需求文档及其验证

系统需求文档把计算机系统看作一个“黑盒”，描述如下两方面的内容：

- 环境变量集合。每个环境量用一个数学变量来表示，称作为环境变量；
- 环境变量间的关系，即对来自物理等方面的约束和将要开发的新系统对环境的限制的抽象定义。

其中，环境变量可以标记为监测变量或者控制变量，有的环境变量可以既是监测变量又是控制变量。监测变量是指系统将要监测的环境变量，用$\{m_1, \cdots, m_p\}$来表示；控制变量是指系统将要控制的环境变量，用$\{c_1, \cdots, c_q\}$来表示。

环境变量还可以看作是定义在时间上的函数，而这个环境变量的某个取值就是该函数在某个时间点上的取值。如果用v^t来表示变量v定义的环境变量在时间点t上的取值，则环境的所有监测变量可以表示为$(m_1^t, \cdots, m_p^t)$，简写为m^t；同样地，环境的所有控制变量可以表示为$(c_1^t, \cdots, c_q^t)$，简写为c^t。

环境变量间关系 NAT 的描述包含以下内容：

- 定义域：环境约束所允许的m^t的所有可能的值；
- 值域：环境约束所允许的c^t的所有可能的值；
- 关系：$\{(m^t, c^t) | (m^t, c^t) \in NAT$ 当且仅当c^t描述的控制变量是环境约束在m^t描述的监测变量下所允许的$\}$。

环境变量间关系 REQ 的描述包含以下内容：

- 定义域：环境约束所允许的m^t的所有可能的取值；
- 值域：一个正确运行的计算机系统所允许的c^t的所有可能的取值；
- 关系：$\{(m^t, c^t) | (m^t, c^t) \in REQ$ 当且仅当c^t描述的环境控制变量是计算机系统在m^t描述的环境监测变量下所允许的$\}$。

可以看出，NAT 所体现的是外界环境所允许的行为情形，而 REQ 则体现将要开发的计算机系统允许的行为情形。因此，建立系统需求必须要考虑所有环境监测变量的所有可能情形，才能保证系统需求的完整全面；系统需求所允许的行为不应该违反物理现实世界的行为约束。NAT 和 REQ 之间应满足如下条件：

(1) $\text{domain}(REQ) \supseteq \text{domain}(NAT)$；

(2) $\text{domain}(REQ \cap NAT) = \text{domain}(REQ) \cap \text{domain}(NAT)$。

其中，条件(1)代表系统需求文档的**完整性**(completeness)，即系统需求文档对所要建立的系统在物理现实世界允许的所有可能情形下的行为都进行规范描述；条件(1)和(2)代表系统需求文档的**可行性**(feasibility)，即 NAT 和 REQ 之间没有冲突，表明系统期望的行为是物理现实世界允许的。

9.6.3 系统的设计文档

系统设计文档是对计算机系统所包含的计算机、外设以及它们之间的通信的描述，包括对外设相关属性的精确描述。系统设计文档在环境变量集合、输入变量集合、输出变量集合基础上，需要如下定义：

- 监测变量和输入变量之间的关系，即输入设备的行为定义；
- 输出变量和控制变量之间的关系，即输出设备的行为定义。

输入变量集合是指由输入设备传递给计算机的量值集合，其中每个量值被指定一个变量，称为输入变量；同样地，输出变量集合是指由计算机传递给输出设备的量值集合，其中每个量值被指定一个变量，称为输出变量。类似地，可以把输入/输出量作为时间函数，分别表示为$(i_1^t, \cdots, i_r^t)$和$(o_1^t, \cdots, o_s^t)$，简写为i^t和o^t。

IN 和 OUT 则表达输入和输出设备的行为。其中，IN 是对系统输入的物理解释，其描述包含如下内容。

- 定义域：所允许的 m^t 的值，必须包括 domain(NAT)；
- 值域：可能的 i^t 的值；
- 关系：$\{(m^t,i^t)|(m^t,i^t)\in IN$ 当且仅当 i^t 描述的是输入设备在 m^t 描述的环境监视量下正常工作时可能产生的值$\}$。

OUT 是对输出的物理解释，其描述包含如下内容。

- 定义域：可能的 o^t 的值；
- 值域：所允许的 c^t 的值；
- 关系：$\{(o^t,c^t)|(o^t,c^t)\in OUT$ 当且仅当 c^t 描述的是输出设备正常工作并输出 o^t 描述的值时可能的环境控制量的取值$\}$。

9.6.4 软件需求文档

软件需求文档是由系统需求文档和系统设计文档所决定的，可以看作是系统需求文档和系统设计文档的结合。软件需求文档在环境变量集合，输入变量集合，输出变量集合，和关系 NAT、REQ、IN 和 OUT 的基础上，定义 SOFT。它描述实际软件的输入-输出行为模型，其描述包含如下内容：

- 定义域：可能的 i^t 的值；
- 值域：可能的 o^t 的值；
- 关系：$\{(i^t,o^t)|(i^t,o^t)\in SOFT$ 当且仅当 o^t 描述的是软件在输入 i^t 描述的取值时可能产生的输出变量的取值$\}$。

如果软件是确定的，则 SOFT 将是一个函数。

在这个阶段不仅要给出上述文档内容，还应该验证 REQ 在 NAT 的定义下是否满足可行性条件，并进行如下检查：

- SOFT 中出现的输入变量应该都是 IN 中的输入变量；
- OUT 中出现的输出变量应该都是 SOFT 中的输出变量；
- IN 中出现的监视变量应该都是 REQ 中的监视变量；
- OUT 中出现的控制变量应该都是 REQ 中的控制变量；
- REQ 和 NAT 中的变量应该是相同。

此外，还需要检测软件系统的可接受性。如果 SOFF 满足下述公式，则称软件是**可接受的**(acceptable)，或者具有**可接受性**(acceptability)：

$$\forall m^t \forall c^t \forall i^t \forall o^t[IN(m^t,i^t) \wedge SOFT(i^t,o^t) \wedge OUT(o^t,c^t) \wedge NAT(m^t,v^t) \Rightarrow REQ(m^t,c^t)] \quad (9.6)$$

值得注意的是，根据公式(9.6)，如果 $IN(m^t,i^t)$、$SOFT(i^t,o^t)$、$OUT(o^t,c^t)$和 $NAT(m^t,c^t)$中的一个或者多个关系不满足，那么软件的任何行为都被认为是可接受的。这种情况以如下假设为前提：如果不满足自然界物理现实世界对环境变量的约束，或者输入/输出设备不正常工作，那么就不能要求软件的行为满足这些情况下的系统需求。当然，也可以提供一些不同版本的关系来描述失败情况下的软件行为，并且要求软件对这些需求都要满足。

如果 REQ、IN、OUT 和 SOFT 是函数关系，可以用以下公式代替公式(9.6)：

$$\forall m^t[m^t \in domain(NAT) \Rightarrow (REQ(m^t) = OUT(SOFT(IN(m^t))))] \quad (9.7a)$$

再进一步采用关系复合运算，可以得到

$$(NAT \cap (IN \circ SOFT \circ OUT)) \subseteq REQ \quad (9.7b)$$

9.7 小结与讨论

本章介绍了形式化需求的验证方法。尽管形式化方法有诸多好处,但形式化方法要求精确的表示,因此在需求阶段(特别需求的早期阶段)不是很适用。在需求的早期阶段有一些半形式化(或者结构化)的需求建模方法,也能支持一定程度上的需求验证。这类工作可以分为两类,一是直接使用类似 UML 这样的可视化的建模语言,并在其预定义的形式化语义基础上,支持从所表达的需求到形式化模型的转换,从而支持形式化验证,这类方法的关键在于模型的转换;二是定义类自然语言(又称为模式语言,见第 10 章),这类语言在表述需求方面与自然语言类似,易于表达,和上述半形式化方法一样,也为类自然语言赋予形式语义,将其与形式化模型联系起来,从而支持形式验证。其难点在于如何根据问题需求总结其语言表达模式,以及如何建立语言表达模式和形式语义之间的关系。

9.8 思考题

1. 需求阶段一般需要验证哪些性质?

2. 假设一个系统的描述中有如下原子命题:忙(busy)、开始(started)、准备好(ready)、确认(acknowledged)、重启(restart)和请求(request)。如何用时态逻辑描述如下性质?

- 不可能到达一个 started 成立但 ready 不成立的状态;
- 可能到达一个 started 成立但 ready 不成立的状态;
- 对任何状态,如果一个(对某些资源的)request 发生,那么它将最终被 acknowledged;
- 不管发生什么情况,一个特定过程最终被永久死锁(deadlock);
- 从任何状态出发都可能到达一个 restart 状态。

3. 请使用 NuSMV 对如下案例进行建模和验证。

地铁屏蔽门控制系统就是控制站台屏蔽门的开关。当列车到站并停在允许的误差范围内时(如±300mm),信号系统将向屏蔽门控制系统发送开门指令,打开屏蔽门。当列车驾驶员或站务人员通过就地控制盘发出关门命令时,系统关闭站台屏蔽门。

4. 请选择合适的形式化语言对如下机房自动温度控制系统进行建模,并进行性质的验证。

机房服务器持续运作会导致机房温度过高,产生安全隐患,需要设计一套机房温度自动控制系统来解决这个问题。假设在一个密闭的机房中放置一台服务器、一台空调和一个温度传感器,服务器持续工作会带来房间热量的增加,温度传感器负责检测温度并对空调发出信号,空调负责制冷降温。当机房的温度超过 30℃ 时,将打开空调;当机房的温度低于 20℃ 时,关闭空调。

参考文献

[1] European Committee for Electrotechnical Standardization. BS EN 50129: Railway application-Communications, signaling and processing systems—Safety related electronic systems for signaling

[EB/OL]. (2019-05-13) [2022-12-05]. https://www. en-standard. eu/bs-en-50129-2018-railway-applications-communication-signalling-and-processing-systems-safety-related-electronic-systems-for-signalling/.

[2] RTCA. DO-178C Software Considerations in Airborne Systems and Equipment Certification[M]. Washington,USA: RTCA Inc. ,2011.

[3] Yuan Z,Chen X,Liu J,et al. Simplifying the Formal Verification of Safety Requirements in Zone Controllers through Problem Frames and Constraints Based Projection[J]. IEEE Transactions on Intelligent Transportation System,2018,19(11): 3517-3528.

[4] 刘筱珊,袁正恒,陈小红,等. 区域控制器的安全需求建模与自动验证[J]. 软件学报,2020,31(5): 1374-1391.

[5] Chen X,Wu X,Zhao M,et al. Verifying the Relationship Among Three Descriptions in Problem Frames Using CSP[C]//TASE 2019: 248-255.

[6] Baier C,Katoen J. Principles of Model Checking[M]. Cambridge,MA: MIT Press,2008.

[7] Liu S. Formal Engineering for Industrial Software Development[M]. Berlin: Springer,2004.

[8] Aceituna D,Do H,Srinivasan S. A Systematic Approach to Transforming System Requirements into Model Checking Specifications[C]//ICSE Companion 2014: 165-174.

[9] Bultan T,Heitmeyer C. Analyzing Tabular Requirements Specifications Using Infinite State Model Checking[C]//MEMOCODE 2006: 7-16.

[10] Shrotri U,Bhaduri P,Venkatesh R. Model Checking Visual Specification of Requirements[C]//SEFM 2003: 202-209.

[11] Choi Y,Rayadurgam S,Heimdahl M. Toward Automation for Model-Checking Requirements Specifications with Numeric Constraints[J]. Requirement Engineering,2002,7(4): 225-242.

[12] Fuxman A,Mylopoulos J,Pistore M,et al. Model Checking Early Requirements Specifications in Tropos[C]//RE 2001: 174-181.

[13] Bharadwaj R,Heitmeyer C. Model Checking Complete Requirements Specifications Using Abstraction[J]. Automated Software Engineering,1999,6(1): 37-68.

[14] Heitmeyer C,Kirby J,Labaw B,et al. Using Abstraction and Model Checking to Detect Safety Violations in Requirements Specifications[J]. IEEE Transactions on Software Engineering,1998,24(11): 927-948.

[15] Clarke E,Henzinger T,Veith H,et al(eds). Handbook of Model Checking[M]. Cham,Switzerland: Springer International Publishing AG,2018.

[16] 王戟,詹乃军,冯新宇,等. 形式化方法概貌[J]. 软件学报,2019,30(1): 33-61.

[17] Heitmeyer C,Jeffords R,Labaw B. Automated Consistency Checking of Requirements Specifications[J]. ACM Transactions on Software Engineering and Methodology,1996,5(3): 231-261.

第10章 时间需求分析

软件系统经常需要满足时间相关需求。例如，网上提交购物订单后，用户期望很快（如3秒内）得到响应；智能家居系统中，空气净化器需要每隔30秒进行空气质量采样。这些都是典型的时间需求，它们被满足的程度直接和软件系统的用户体验相关。在安全攸关系统中，如轨道交通、汽车电子、航空航天系统等，时间需求的重要性更加凸显，这些系统的正确性常常不仅依赖于系统是否能完成所要求的功能或获得正确的计算结果，还特别依赖于实现正确功能或获得正确结果的时间。例如，当行驶前方有障碍物时车辆至少需要提前某个确定的时间刹车；火箭要在指定时间点火，在指定时间进入既定轨道，如果没能在预期时间内进入轨道，就可能会偏离飞行路线。这些时间约束是否能得到满足决定着系统的成败。

本章首先简要介绍时间需求分析的基本要素，然后介绍两种常见的时间需求模式，最后介绍如何将时间需求融合到系统模型中。

10.1 概　　述

时间是日常生活中最常用的概念。当与软件系统联系在一起的时候，时间成为了一个逻辑实体，需要和软件系统要实现的功能或实施的系统行为相关联，并作为系统功能或行为的约束。例如，像实时系统这类以硬实时为特征的系统，对其功能有明确、严格的时间要求，这些时间要求通常称为硬实时功能约束。

当需求工程涉及时间维度时，首先需要知道如何捕捉时间约束。可以从两个维度去认识时间：一个是时间点，关于时间点的约束可以表达为时间点之间的序关系，结合系统功能或行为特征就是功能点或行为的时序关系；另一个是时间持续的长度，可以表达为功能点或某些行为特征持续的时间长度。将时间约束作用到软件系统的模型上，就是将关于时间的约束关联到系统的状态或者系统参与发生的事件上。

时间约束来源于领域知识或物理世界的自然约束，需求工程师一般需要从领域专家那里或者领域需求文档中获得这些约束。它们一开始都是用自然语言表述的，但自然语言表述的时间约束常常是含糊的，有时还有二义性。需求工程师需要将自然语言的表述进行结构化，从而将时间约束精确地表达出来，才能从约束可满足性的角度进行软件系统功能或行为的时间需求分析。

为了帮助需求工程师与领域专家之间顺畅地进行关于时间约束的沟通，人们提出了一些基于模式的语言，它们有以下两个特点。

(1) 在语法上，采用类自然语言形式，利于领域专家表达领域要求；

(2) 在语义上，预先定义其语法结构和相关形式语义之间的对应关系，支持将符合语法的表述转换为形式化描述。

根据上述两个时间维度，时间需求表达模式分为两类，一类是时序约束，用于表达系统状态变化点或发生事件的时刻点之间的时间序关系，例如“交通指示灯变为绿色后才允许列车进入该路段”；另一类是实时约束，用于表达系统状态的持续时间，或者系统状态变化点和发生事件的时刻点之间的时间间隔等，例如“道岔必须在收到关闭指令后的 30 秒内完全关闭”，这里假设事件是瞬时发生的，如“道岔收到关闭指令”，而状态会持续一段时间，如“交通指示灯显示绿色”，也可以将状态持续时间理解为从状态开始事件到状态结束事件之间的时间间隔。

需求模式有一些规范的形式，如表 10.1 所示。基于状态、事件以及二者之间的关系，可以定义时间需求模式。附录 A 列举了常用的时间需求表达模式，包括 17 种简单模式和 2 种复合模式。在 17 种简单模式中有 6 种时序约束模式和 11 种实时需求模式，复合模式则是简单模式的组合。

表 10.1　需求模式的格式

模式名称：用于简单明了地标记这个模式
模式上下文：解释什么情况下可以使用这个模式
自然语言表达：用自然语言表达需求的格式
例子：使用该模式的具体案例
结构化表达：基于关键字的类自然语言需求描述
代数语义：需求的代数表达式语义
形式化描述：需求的形式化描述

本书采用 CCSL(Clock Constraint Specification Language)表达时间约束并进行时间需求分析，在介绍时间约束前，下面先简单介绍 CCSL。

CCSL 是在 OMG(Object Management Group)组织认可的实时嵌入式系统建模语言(Modeling and Analysis of Real Time and Embedded Systems，MARTE)上开发的伴随语言，提供了表示时间和时间约束的基本元素。时间的基本表示元素为逻辑时钟(Clock)，定义为三元组

$$\text{Clock}:=<I,\prec,u>$$

其中，I 是时间点的集合，$\prec$是 I 上的偏序关系，u 是时间单位。因为时间点是离散的，可以用自然数对 I 中的元素进行排序，$\text{Clock}[k]\in I$ 表示 I 中的第 k 个时间点。每个事件可以对应一个逻辑时钟，事件出现的时刻即为时钟的时间点。时钟“滴答”一下，表示事件发生一次。

两个时间点之间存在如下三种时序关系。

(1)先于(precedence，$\preccurlyeq$)：表示时间点发生的时序关系，它具有自反性和传递性，即 $\forall a,b,c\in I$，$a\preccurlyeq a$；如果 $a\preccurlyeq b$ 且 $b\preccurlyeq c$，则 $a\preccurlyeq c$。

(2) 同步(coincidence，$\equiv\triangleq\preccurlyeq\cap\succcurlyeq$)：要求两个时间点同时发生，它具有对称性，即：$\forall a,b\in I$，如果 $a\equiv b$，则 $b\equiv a$。

(3) 严格先于(strict precedence，$\prec\triangleq\preccurlyeq\backslash\equiv$)：表示时间点发生的严格时序关系，有传递性，即：$\forall a,b,c\in I$，如果 $a\prec b$ 且 $b\prec c$，则 $a\prec c$。

基于上述时间点关系，CCSL 定义了多种时钟约束的表示。本文涉及的时钟约束关系

包括 StrictPre(<)、Precedence(≤)、Alternate(~)、Exclude(#)、Interval(−)、Union(+)、SubClock(⊆)、DelayFor($)、Inf(∧)和 Sup(∨)，表 10.2 列出了它们的语法和语义。

表 10.2　CCSL 常见约束(其中 $\mathbf{N}^*$ 为大于 0 的自然数)

名　称	语　法	语　义	描　述
StrictPre	$C_1 \prec C_2$	$\forall i \in \mathbf{N}^*, C_1[i] \prec C_2[i]$	C_1 的第 i 个时间点严格发生在 C_2 的第 i 个时间点之前
Precedence	$C_1 \preccurlyeq C_2$	$\forall i \in \mathbf{N}^*, C_1[i] \preccurlyeq C_2[i]$	C_1 的第 i 个时间点非严格发生在 C_2 的第 i 个时间点之前
Alternate	$C_1 \sim C_2$	$\forall i \in \mathbf{N}^*, C_1[i] \prec C_2[i] \wedge C_2[i] \prec C_1[i+1]$	C_1 和 C_2 的时间点交替发生
Exclude	$C_1 \# C_2$	$\forall i,j \in \mathbf{N}^*, \neg(C_1[i] \equiv C_2[j])$	两个时间点不同时发生
Interval	$C_1 - C_2 \ \mathrm{op}\ r$	$\forall i \in \mathbf{N}^*, C_1[i] - C_2[i] \mathrm{op}\ r$ 其中，op∈{=,<,≤,>,≥}是数学操作符，r 是非负实数	两个时间点之间的物理时钟差等于、小于、小于或等于、大于、大于或等于 r
Union	$C_1 = C_2 + C_3$	$\forall i \in \mathbf{N}^*, \exists j,k \in \mathbf{N}^*, C_1[i] \equiv C_2[j] \vee C_1[i] \equiv C_3[k]$	当 C_2 或 C_3 发生时，C_1 发生
SubClock	$C_1 \subseteq C_2$	$\forall i,j \in \mathbf{N}^*, C_1[i] \rightarrow C_2[j]$	C_1 为子时钟，C_2 为父时钟；C_1 发生，则 C_2 一定发生
DelayFor	$C_1 = C_2 \$ d$	$\forall i \in \mathbf{N}^*, \exists j \in \mathbf{N}^*, (C_1[i] \equiv C_2[j]) \wedge (i = j(d+1))$	C_2 每发生 d 次后，C_1 与 C_2 同时发生
Inf	$C_1 = C_2 \wedge C_3$	$\forall i \in \mathbf{N}^*, ((C_3[i] \preccurlyeq C_2[i]) \wedge (C_1[i] \equiv C_3[i])) \vee ((C_2[i] \preccurlyeq C_3[i)) \wedge C_1[i] \equiv C_3[i])$	C_1 每次取 C_2 和 C_3 中发生较晚的
Sup	$C_1 = C_2 \vee C_3$	$\forall i \in \mathbf{N}^*, ((C_3[i] \preccurlyeq C_2[i]) \wedge C_1[i] \equiv C_2[i])) \vee ((C_2[i] \preccurlyeq C_3[i]) \wedge (C_1[i] \equiv C_3[i]))$	C_1 每次取 C_2 和 C_3 中发生较早的

10.2　简单时序约束

本节介绍简单时序约束需求模式。这类模式表达状态和事件之间的关系，主要考虑以下三种关系：状态-状态关系、状态-事件关系和事件-事件关系。

10.2.1　状态-状态关系模式

基于状态-状态关系的时间约束有两种：状态蕴含和状态排斥。

1. 状态蕴含

状态蕴含模式可以表达当一个状态成立时另一个状态也成立。自然语言描述通常为：

如果 <状态 S_1 >，则 <状态 S_2 >

表明状态 S_1 成立是状态 S_2 成立的充分条件，也就是说当 S_1 成立时，S_2 肯定成立。但反过来，当 S_2 成立时，S_1 不一定成立。其结构化抽象为：

状态 S_1 **蕴含** 状态 S_2

例如，轨道交通系统有一个需求：“如果进路中的所有轨道线路都被锁定，则进路是畅通的"，这里"进路中的所有轨道线路都被锁定"是一个状态，"进路是畅通的"是另一个状态，则其结构化抽象为：

进路中的所有轨道线路都被锁定 **蕴含** 进路是畅通的

状态蕴含模式的语义如图 10.1 所示。S_2 成立的时间不比 S_1 成立的时间短。这里，$S.s$ 表示状态 S 的开始事件，$S.f$ 表示状态 S 的结束事件①，它们的每次发生分别记为 $S.s[i]$和 $S.f[i]$，其中 $i\in\mathbf{N}^*$。

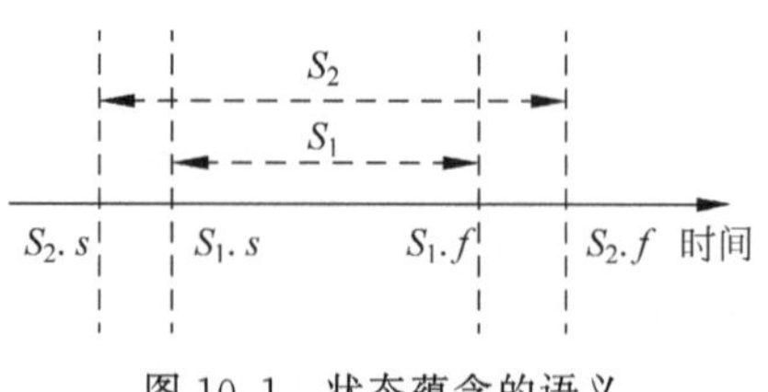

图 10.1　状态蕴含的语义

如图 10.1 所示，S_2 的开始事件的每次发生先于 S_1 的开始事件，结束事件后于 S_1 的结束事件。其代数语义为

$$\forall i \in \mathbf{N}^*,\quad (S_2.s[i] \leqslant S_1.s[i]) \wedge (S_1.f[i] \leqslant S_2.f[i])$$

如果将每个事件直接对应为一个 CCSL 的时钟，则其代数语义可以直接用 CCSL 表示，即

$$S_2.s \leqslant S_1.s;\quad S_1.s \sim S_1.f;\quad S_1.f \leqslant S_2.f;\quad S_2.s \sim S_2.f$$

2. 状态排斥

状态排斥模式表达两个状态不能同时成立，即状态无交集。其自然语言表述为

当 <状态 S_1>，则不能处于 <状态 S_2>

其结构化抽象为

状态 S_1 **禁止**状态 S_2

即如果 S_1 成立，则 S_2 不能成立。换句话说，S_1 排斥 S_2 的成立，但 S_2 可以在 S_1 之前或者 S_1 之后成立。例如，轨道交通系统有状态约束"当进路满足锁定条件时，其冲突进路不能处于锁定条件满足状态"。这里，"进路满足锁定条件"是一个状态，"冲突进路满足锁定条件"也是一个状态。这个约束用状态排斥模式表示为

进路满足锁定条件**禁止**冲突进路满足锁定条件

图 10.2 为状态排斥模式的语义示意。其中，图 10.2(a)表示 S_1 在 S_2 开始之前结束，图 10.2(b)表示 S_2 在 S_1 开始之前结束，其代数语义为

$$\forall i \in \mathbf{N}^*,\quad (S_1.f[i] \prec S_2.s[i]) \vee (S_2.f[i] \prec S_1.s[i])$$

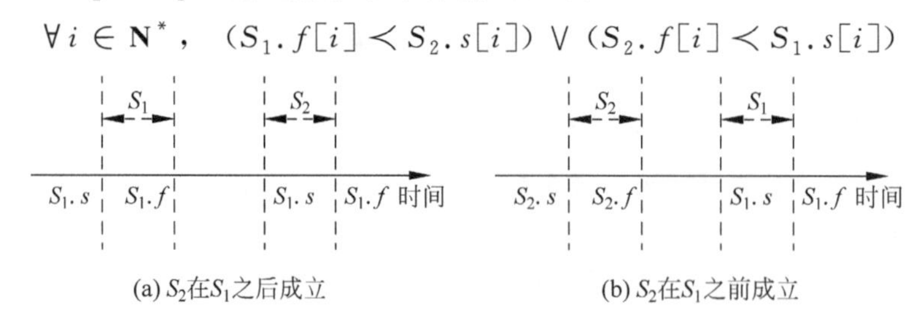

图 10.2　状态排斥模式语义示意图

① 每个状态 S 都具有一个开始事件和一个结束事件：状态的循环进入意味着其开始事件和结束事件交替发生，实际上蕴含了代数语义：$S.s[i] \prec S.f[i] \wedge S.f[i] \prec S.s[i+1]$。每个状态都默认遵循这个语义，因此，为了不重复讲述，下文的表述中所有状态都省略这个语义描述。这个代数语义对应到 CCSL，就是 $S.s \sim S.f$。

要用 CCSL 描述这个约束，需要定义一个涉及 S_1 和 S_2 的复合状态 S，当 S_1 或 S_2 发生时，S 也发生。可以通过约束 $S.s \sim S.f$ 排除 S_1 和 S_2 有交集的情况，还必须增加约束排除 S_1 和 S_2 重叠的情况，以及增加约束确保 S_1 和 S_2 均为状态。这些约束具体表达如下：

- 定义复合状态 S：$S.s = S_1.s + S_2.s$；$S.f = S_1.f + S_2.f$；$S.s \sim S.f$
- 排除 S_1 和 S_2 重叠的情况：$S_1.s \# S_2.s$；$S_1.f \# S_2.f$
- 确保 S_1 和 S_2 为状态：$S_1.s \sim S_1.f$；$S_2.s \sim S_2.f$

10.2.2 状态-事件关系模式

基于状态-事件之间关系的时间约束模式有状态允许事件模式和状态禁止事件模式。

1. 状态允许事件模式

状态允许事件模式描述在一个状态成立时，允许某个事件的发生。自然语言一般表达为

当 <状态 S>，允许 <事件 e>

例如，轨道交通系统有一条需求"当道岔未锁定时，允许接受移动指令"，这里，"道岔未锁定"是一个状态（记为 S），"接受移动指令"是一个事件（记为 e）。从中抽取出其结构化表达为：

状态 S **允许**事件 e

表示只有在 S 成立时 e 才能发生，即 S 允许 e，e 只能发生在 S 成立的时候。图 10.3 给出了其语义示意。

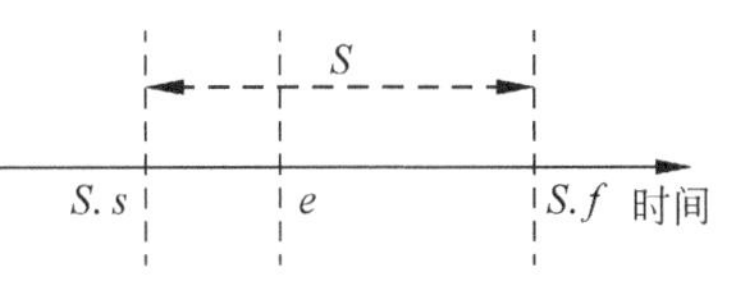

图 10.3　状态 S 允许事件 e 的示意图

也就是说，e 每次需要发生在 S 的开始事件和结束事件之间，用代数语义表示为

$$\forall i \in \mathbf{N}^*, (S.s[i] \leqslant e[i]) \wedge (e[i] \leqslant S.f[i])$$

按照 CCSL 的语义，可以直接表示为

$$S.s \leqslant e;\ e \leqslant S.f;\ S.s \sim S.f$$

2. 状态禁止事件模式

状态禁止事件模式描述在某个状态成立时，给定事件不能发生。自然语言表达为：

当 <状态 S>，不允许 <事件 e>

例如，轨道交通系统有一条需求"当列车在运行时，不允许打开车门"。这里，"列车运行"是一个状态（记为 S），"打开车门"是一个事件（记为 e）。其结构化抽象为：

状态 S **禁止**事件 e

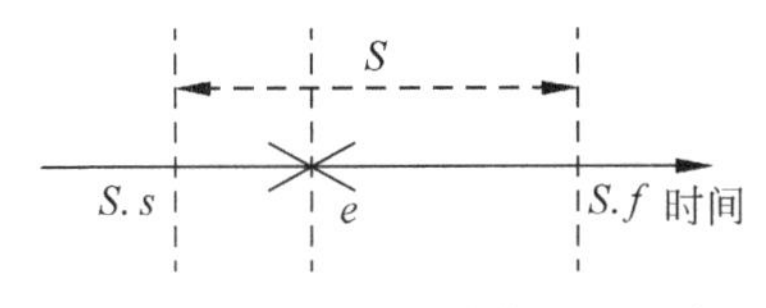

图 10.4　状态 S 禁止事件 e 的示意图

表示 S 成立时禁止 e 发生，其语义示意图如图 10.4 所示。

从图 10.4 中可以看出，e 不能发生在 $S.s$ 和 $S.f$ 之间，即 e 或者发生在 $S.s$ 之前，或者发生在 $S.f$ 之后，用代数语义可表达为

$$\forall i \in \mathbf{N}^*, (e[i] \prec S.s[i]) \vee (S.f[i] \prec e)$$

这个模式直接用 CCSL 表示时存在一个问题：e 不能发生在 $S.s$ 和 $S.f$ 之间，它肯定会发生在 $S.f$ 和下一个 $S.s$ 之间，但是第一次发生时，e 和 $S.s$ 谁先发生不确定。为了解决这个问题，可以构造一个虚拟事件 Event 发生在最前，规定 Event 的下一次发生必须在

$S.f$ 和下一个 $S.s$ 之间，根据表 10.2 中 CCSL 的子时钟约束定义(C_1 SubClock C_2)，让 e 成为 Event 的子时钟，则可以表达 e 发生在 $S.s$ 之前和 e 发生在 $S.f$ 之后这两种情况，满足其代数语义，得到如下约束：

$$\text{Event} \sim S.s; \quad e \subseteq \text{Event}; \quad S.s \sim S.f$$

10.2.3 事件-事件关系模式

表达事件与事件间关系的时间约束很多，本节介绍两种常见的约束，即事件先于事件和事件排斥事件。

1. 事件先于事件模式

事件先于(含严格先于)事件用于描述一对事件发生的先后顺序关系。自然语言表述为

<事件 e_1 > 之后 <事件 e_2 >

例如“列车在申请进路之后，收到一个反馈”，这里，“列车申请进路”是一个事件，“收到反馈”也是一个事件，“列车申请进路”要发生在“收到反馈”之前。其结构化抽象为

事件 e_1 **先于**事件 e_2或者 事件 e_1 **严格先于**事件 e_2

其数学语义表示为

$$\forall i \in \mathbf{N}^*, \quad e_1[i] \leqslant e_2[i] \text{ 或者 } e_1[i] \prec e_2[i]$$

用 CCSL 表示也很简单，如下：

$$e_1 \leqslant e_2; \quad \text{或者 } e_1 < e_2;$$

2. 事件禁止事件模式

事件禁止事件模式用于描述两个事件不能同时发生。自然语言表述为：

当 <事件 e_1 >，不能 <事件 e_2 >

例如“当信号灯发出红灯信号时，不能同时发出绿灯信号”，“信号灯发送红灯信号”是一个事件(记为 e_1)，“信号灯发送绿灯信号”也是一个事件(记为 e_2)。这句话表明 e_1 和 e_2 不能同时发生。其结构化抽象为

事件 e_1 **禁止**事件 e_2

即：在任何时候，发生 e_1 时，e_2 都不能发生，则其代数语义可以表达为

$$\forall i,j \in \mathbf{N}^*, \quad e_1[i] \neq e_2[j]$$

表示 e_1 的任意一次发生和 e_2 的任意一次发生都不能同时发生，对应的 CCSL 描述为

$$e_1 \# e_2$$

10.3 简单实时需求

常见的实时需求包括状态持续时间、状态-状态关系、状态-事件关系、事件-状态关系和事件-事件关系等。

10.3.1 状态持续时间

状态持续时间模式用于描述一个状态能够持续的(最长/最短)时间。自然语言表述为

<状态 S > <为/最多/最少/多于/少于 t 时间>

例如“普通大型民用客机的滑行状态最多 15 分钟”，其中的“滑行状态”是一个状态（记为 S），“最多 15 分钟”是该状态的持续时间。其结构化抽象为

状态 S **持续**时间 T

其中，时间 T 的自然语言表述可以是：

- “为 t”，表示状态持续时长为 t；
- “最多 t”，表示状态持续时长为区间 $(0,t]$；
- “最少 t”，表示状态持续时长为区间 $[t,\infty]$；
- “少于 t”，表示状态持续时长为区间 $(0,t)$；
- “多于 t”，表示状态持续时长为区间 (t,∞)。

为简化表达，后面选择“为 t”为例进行解释。状态持续时间需求模式的含义为，状态 S 在一个时间区间范围内成立，图 10.5 是其语义示意图，其含义为

$$\forall i \in \mathbf{N}^*, S.f[i]-S.s[i]=t$$

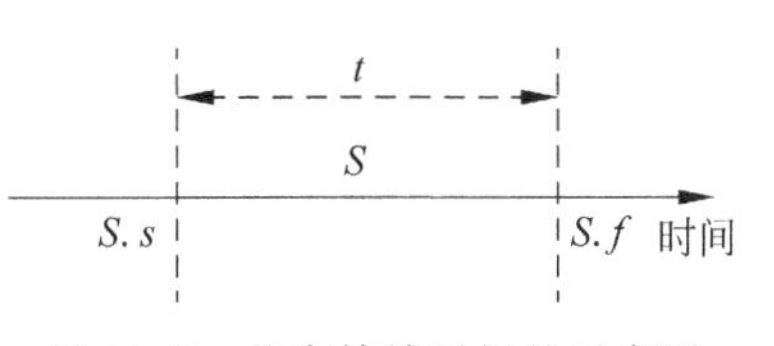

图 10.5　状态持续时间的示意图

用 CCSL 表示为

$$S.f-S.s=t;\quad S.s\sim S.f$$

10.3.2　状态-状态关系

状态-状态关系包含状态持续时间蕴含、状态间隔时间和周期性状态三种模式。

1. 状态持续时间蕴含模式

状态持续时间蕴含模式描述一个状态的持续时间和另一个状态的持续时间之间的关系。自然语言表述为

如果 <状态 S_1 > 持续 < t_1 时间>，则 <状态 S_2 > 将保持 < t_2 时间>

这里状态持续时间也包括 5 种情况：正好、最少、多于、少于、最多。

例如，汽车照明系统有一条需求为“如果转向臂下降的时间少于 0.5 秒，则左指示灯亮起将保持 3 秒”。这里“转向臂下降”是一个状态（记为 S_1），“少于 0.5 秒”是状态 S_1 的持续时间（记为 t_1），“左指示灯亮起“是一个状态（记为 S_2），“保持 3 秒”是状态 S_2 的持续时间。其结构化抽象为：

状态 S_1 **持续**时间 t_1 **蕴含** S_2 **持续** t_2 时间

这里，状态 S_1 持续时间 t_1 作为前提条件，必须 S_1 发生完之后，才能发生 S_2，其语义示意图如图 10.6 所示。

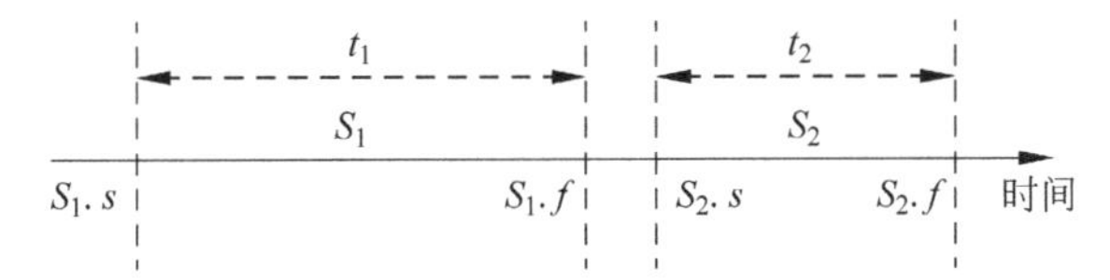

图 10.6　状态的持续时间蕴含的示意图

其代数语义表示为

$$\forall i \in \mathbf{N}^*,\quad (S_1.f[i]-S_1.s[i]=t_1)\wedge(S_2.f[i]-S_2.s[i]=t_2)\wedge(S_1.f[i]\leqslant S_2.s[i])$$

用 CCSL 表示为

$S_1.f - S_1.s = t_1$； $S_2.f - S_2.s = t_2$； $S_1.f \leqslant S_2.s$； $S_1.s \sim S_1.f$； $S_2.s \sim S_2.f$；

2. 状态间隔时间模式

状态间隔时间模式用于描述两个状态每次发生时所需的间隔时间。自然语言表述为

<状态 S_1结束> < t 时间之内>，进入 <状态 S_2 >

例如："自检结束 10 秒之后进入诊断状态"。"自检"表示一个状态，"10 秒之后"是时间间隔，"诊断状态"是另一个状态。其结构化抽象为

状态 S_1 **结束** t 时间之后**进入**状态 S_2

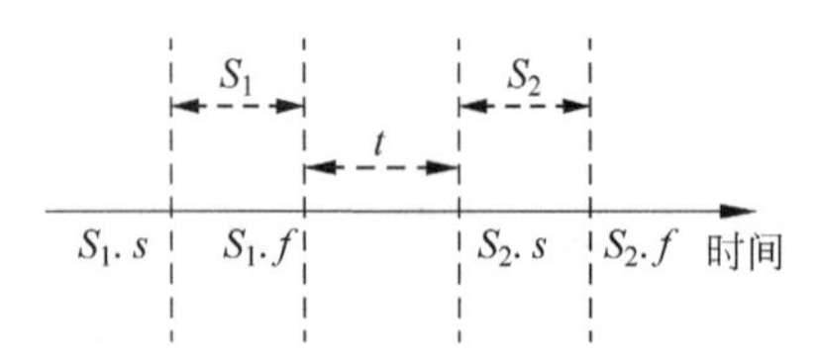

图 10.7　状态的间隔时间的示意图

图 10.7 为其语义示意图。其代数语义是，第一个状态的结束事件与第二个状态的开始事件之间的时间差为 t，有

$$\forall i \in \mathbf{N}^*, S_2.s[i] - S_1.f[i] = t$$

用 CCSL 表示为

$$S_2.s\text{-}S_1.f = t;\ S_1.s \sim S_1.f;\ S_2.s \sim S_2.f$$

3. 周期性状态模式

周期性状态模式描述进入同一个状态必须间隔的时间。自然语言表述为

每隔< t 时间>，重新进入<状态 S >

例如"引擎启动系统每隔至少 120 秒重新进入启动模式"。这里，"启动模式"是一个状态，"至少 120 秒"为间隔时间，表示当前启动模式和下一次的启动模式之间需要有这个间隔时间。其结构化抽象为

每隔 t 时间，**重启**状态 S

图 10.8 给出其语义示意图，其代数语义表示为状态 S 这次出现和下一次出现之间的时间差为 t，即

$$\forall i \in \mathbf{N}^*,\quad S.s[i+1] - S.s[i] = t$$

其 CCSL 表示为

$$S.s\$1 - S.s = t;\quad S.s \sim S.f$$

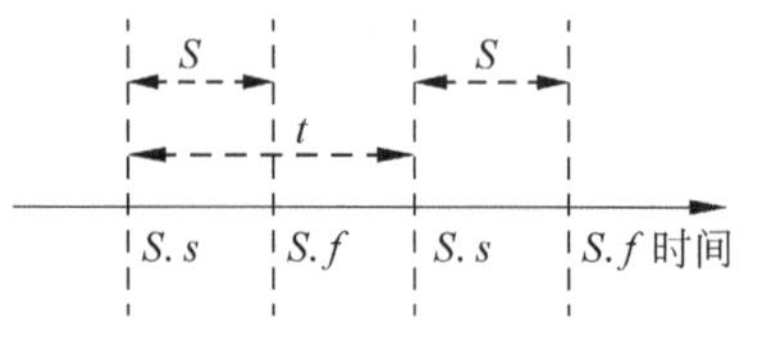

图 10.8　状态的间隔时间的示意图

10.3.3　状态-事件关系

状态-事件关系包括两种模式：状态持续时间与事件间隔模式，状态开始时间与事件间隔模式。

1. 状态持续时间与事件间隔模式

状态持续时间与事件间隔模式，描述一个状态持续一段时间，在某个时间段内，一个事件发生。自然语言表述为

若 <状态 S > <超过 t_1 时间>，在< t_2 时间之内> 有<事件 e >

例如，"若环境亮度低于 70%超过 5 秒，在 30 毫秒之内，系统发出开灯脉冲"。这里，"环境亮度低于 70%"是一个状态(记为 S)，"超过 5 秒"是状态的持续时间 t_1，"30 毫秒之内"是时间间隔 t_2，"系统发出开灯脉冲"是一个事件（记为 e)。从中抽取出其结构化表

达为：

状态 S **持续** t_1时间 $(0, t_2]$**有事件** e

其含义是，状态 S 持续 t_1 时间之后，在 t_2 时间内，事件 e 发生。图 10.9 是针对该模式的时间关系示意图。为了方便表示，我们将状态 S 维持 t_1 时间之后标记为临时事件 tmp 发生的时刻，该时刻起 t_2 时间内，e 发生。其代数语义要求：

- S 的开始事件与临时事件 tmp 之间间隔等于 t_1；
- tmp 在 S 的结束之前；
- e 和 tmp 的间隔小于或等于 t_2。

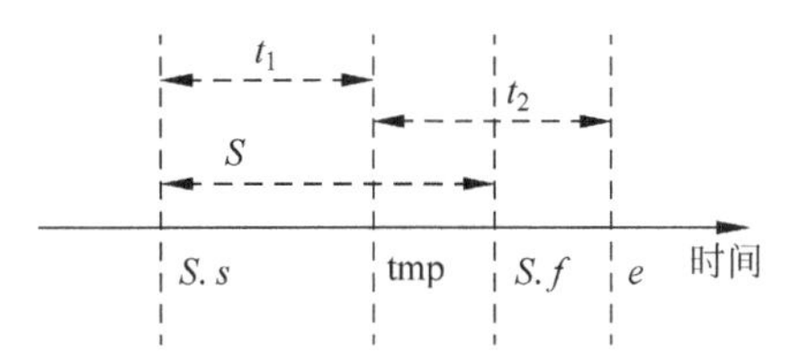

图 10.9　状态持续时间-事件的示意图

由此得到

$$\forall i \in \mathbf{N}^*, \quad (\text{tmp}[i] - S.s[i] = t_1) \wedge (\text{tmp}[i] \leqslant S.f[i]) \wedge (e[i] - \text{tmp}[i] \leqslant t_2)$$

转换为 CCSL 表达为

$$\text{tmp} - S.s = t_1; \quad \text{tmp} \leqslant S.f; \quad e - \text{tmp} \leqslant t_2; \quad S.s \sim S.f$$

2. 状态开始时间与事件间隔模式

状态开始时间与事件间隔模式表示从一个状态开始到一个事件发生的间隔时间。自然语言表述为

若 <状态 S> <t 时间之内> <事件 e>

例如，“若系统设置了诊断请求，在 10 秒之内，系统发送打开红外线灯的脉冲信号“。这里，“系统设置了诊断请求”是一个状态(记为 S)，“在 10 秒之内”是时间间隔 t，“系统发出开灯脉冲”是一个事件 (记为 e)。其结构化抽象为

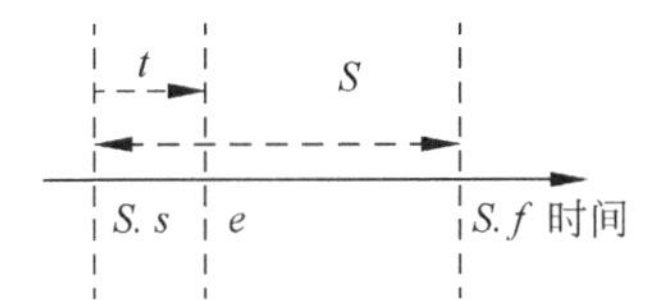

图 10.10　状态开始时间与事件间隔模式的示意图

状态 $S(0, t]$**发生事件** e

其含义是：状态 S 成立开始后，$(0, t]$时间内，发生事件 e。图 10.10 是其语义示意图。其代数语义如下：

$$\forall i \in \mathbf{N}^*, \quad e[i] - S.s[i] \leqslant t$$

用 CCSL 表示为

$$e - S.s \leqslant t; \quad S.s \sim S.f$$

10.3.4　事件-状态关系

事件-状态关系包括事件触发状态、事件终止状态和事件导致状态维持 3 种模式。

1. 事件触发状态模式

事件触发状态模式描述事件发生后一段时间，某个状态将开始。自然语言表述为：

当 <事件 e> 时 <时间 t 内> <触发状态 S>

例如，“当道岔收到手动锁定命令时，在 30 毫秒内将其锁定”。“道岔收到手动锁定命令”是一个事件(记为 e)，“30 毫秒内”是时间，“被锁定”是一个状态(记为 S)。从中抽取出其结构化表达为：

事件 e $[0, t]$**触发**状态 S

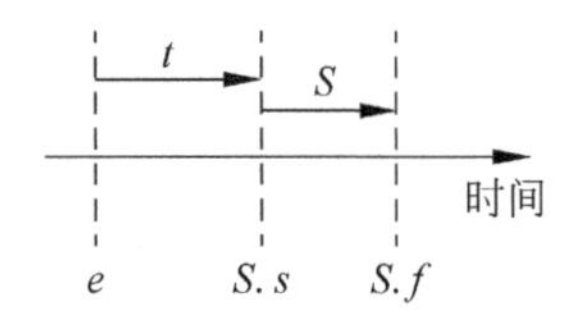

图 10.11　事件触发状态的示意图

其含义是：e 发生之后，在 t 时间内，状态 S 开始。e 只能发生在 S 成立之前的 t 时刻内，其语义示意图如图 10.11 所示。其代数语义为

$$\forall i \in \mathbf{N}^*, \quad S.s[i]-e[i] \leqslant t$$

用 CCSL 表示为

$$S.s-e \leqslant t; \quad S.s \sim S.f$$

2. 事件终止状态模式

与事件触发状态相反，事件终止状态描述一个事件发生后一段时间内将终止一个状态。自然语言表述为

<事件 e > 在 < t 时间内> 结束 <状态 S >

例如，"道岔收到解锁命令后，必须在 30 毫秒内结束锁定状态"。这里，"道岔收到解锁命令"是一个事件（记为 e），"30 毫秒内"是时间，"道岔处于锁定状态"是一个状态（记为 S）。其结构化抽象为

事件 e (0, t] 结束状态 S

其含义是：e 发生之后，在 t 时间内，状态 S 结束 $S.f$。其语义如图 10.12 所示。其代数语义为

$$\forall i \in \mathbf{N}^*, \quad S.f[i]-e[i] \leqslant t$$

用 CCSL 表达为

$$S.f-e \leqslant t; \quad S.s \sim S.f$$

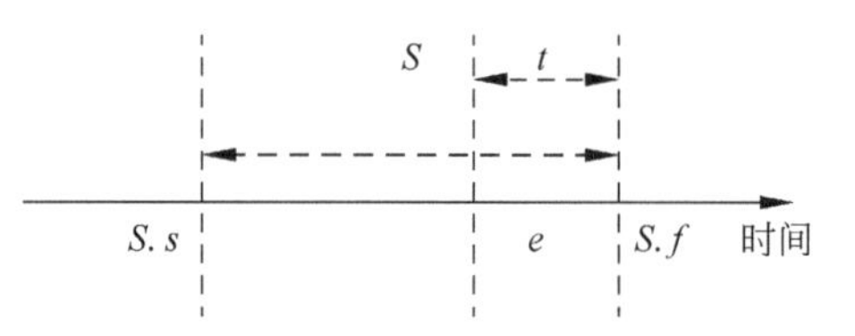

图 10.12　事件终止状态的示意图

3. 事件导致状态维持模式

事件导致状态维持模式，描述一个事件发生后，让一个状态维持一段时间。自然语言表述为

如果 <事件 e > 发生，<状态 S > <维持 t 时间>

例如，"如果引擎启动系统中错误 502 发送到驾驶员信息系统，制动系统将被禁用 10 秒"。在这里，"错误 502 发送到驾驶员信息系统"是一个事件（记为 e），"制动系统将被禁用"是一个状态（记为 S），"10 秒"是状态维持时间。其结构化抽象为

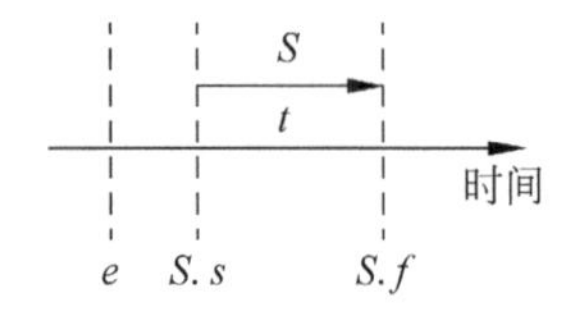

图 10.13　事件导致状态维持维持时间

事件 e **导致**状态 S **维持** t 时间

其含义是：e 发生之后，状态 S 将维持 t 时间，其语义示意图如图 10.13 所示。其代数语义表示为

$$\forall i \in \mathbf{N}^*, \quad (e[i] \prec S.s[i]) \wedge (S.f[i]-S.s[i]=t)$$

用 CCSL 表示为

$$e \prec S.s; \quad S.f-S.s=t; \quad S.s \sim S.f$$

10.3.5　事件-事件关系

事件-事件关系包括事件间隔模式与周期性事件模式。

1. 事件间隔模式

事件间隔模式描述两个事件之间必须间隔的时间。自然语言表述为

如果<事件 e_1 >，< t 时间之内>，则<事件 e_2 >

例如，刹车系统“从客户端接收刹车指令，在0.015秒内响应减速”。其中，“从客户端接收刹车指令”是一个事件(记为 e_1)，“响应减速”是另一个事件(记为 e_2)，“在0.015秒内”为间隔时间。其结构化抽象为

事件 e_1 **间隔**$(0,t]$ 时间 事件 e_2

其含义是：这两个事件之间间隔的时间最多 t 单位时间，其语义示意图如图10.14所示。其代数语义可表示为

$$\forall i \in \mathbf{N}^*,\quad e_2[i]-e_1[i] \leqslant t$$

用CCSL表示为

$$e_2 - e_1 \leqslant t$$

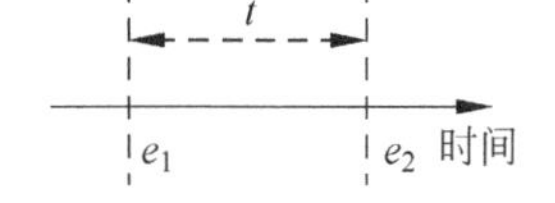

图10.14　事件间隔的示意图

2. 周期性事件模式

周期性事件模式表示事件的周期性出现，描述周期性事件出现的时间属性。自然语言表述为

每隔 < t 时间> <事件 e > 发生一次

例如，防抱死系统中，“控制器每隔10毫秒检查一次车轮是否打滑”。这里，“检查车轮是否打滑”是一个事件(记为 e)，“10毫秒”是间隔时间。其结构化抽象为

每隔 t 时间 事件 e 发生一次

图10.15为其语义示意图。其代数语义表达为

$$\forall i \in \mathbf{N}^*,\quad e[i+1]-e[i]=t$$

用CCSL表示为

$$e\$1 - e = t$$

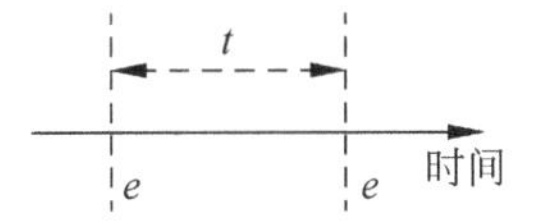

图10.15　事件发生时间周期的示意图

10.4 复合模式

现实问题中的时间约束通常比较复杂，常出现多个时间约束共存的情况，表达为多个模式的组合，即多种模式通过“与/或”连接起来，形成复合模式。

1. 状态“与”关系

状态“与”关系表达多个状态同时成立的情况。自然语言表述为

如果 <状态 S_1 > 并且 <状态 S_2 >，则…

例如，“如果进路信号是允许的并且进路尚未分配，则将该进路分配给请求的列车”。其中“进路信号是允许的”是一个状态(记为 S_1)，“进路尚未分配”是另一个状态(记为 S_2)。其结构化抽象为

状态 S_1 与 状态 S_2

这个句式定义了一个新状态 S，当 S_1 和 S_2 同时成立时，S 就成立，即 S 是 S_1 和 S_2 的交集。图10.16为其语义示意图，S 的开始事件取 S_1 和 S_2 开始事件最晚的，而结束事件取 S_1 和 S_2 结束事件中较早的。即状态 S 定义为

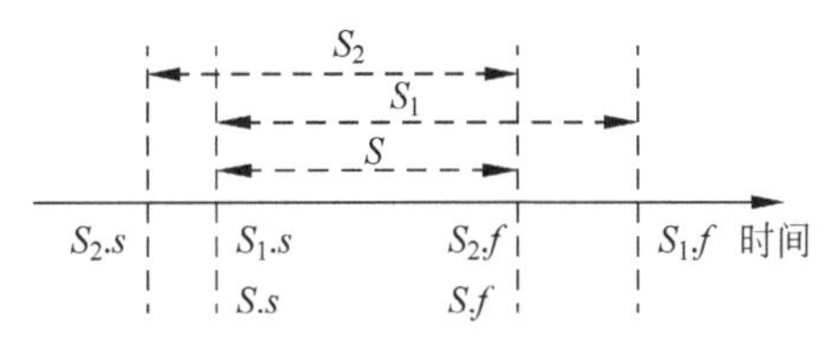

图10.16　状态“与”关系的示意图

$$\forall i \in \mathbf{N}^*,\quad (((S.s[i] \equiv S_2.s[i]) \wedge (S_1.s[i] \leqslant S_2.s[i])) \vee$$
$$((S.s[i] \equiv S_1.s[i]) \wedge (S_2.s[i] \leqslant S_1.s[i]))) \wedge$$
$$(((S.f[i] \equiv S_1.f[i]) \wedge (S_1.f[i] \leqslant S_2.f[i])) \vee$$
$$((S.f[i] \equiv S_2.f[i]) \wedge (S_2.f[i] \leqslant S_1.f[i])))$$

用 CCSL 表示为

$$S.s = S_1.s \wedge S_2.s;\quad S.f = S_1.f \vee S_2.f;\quad S.s \sim S.f;\quad S_1.s \sim S_1.f;\quad S_2.s \sim S_2.f$$

2. 状态“或”关系

状态“或”关系表达多个状态间存在“或”关系的情况，“或”关系的成立只要其中一个状态成立即可。自然语言表述为

如果 <状态 S_1 >或<状态 S_2 >，则…

例如，“如果进路信号是禁止的或者进路还没有被分配，则列车不允许进入进路轨道”。其中“进路信号是禁止的”是一个状态(记为 S_1)，“进路还没有被分配”也是一个状态(记为 S_2)。其结构化抽象为

状态 S_1 **或**状态 S_2

它定义了一个新状态 S，当状态 S_1 或状态 S_2 任一成立时 S 成立，即 S 是 S_1 和 S_2 的并集。根据 S_1 和 S_2 是否相交，状态“或”关系的语义分为两种情况，分别如图 10.17(a)和图 10.17(b)所示。

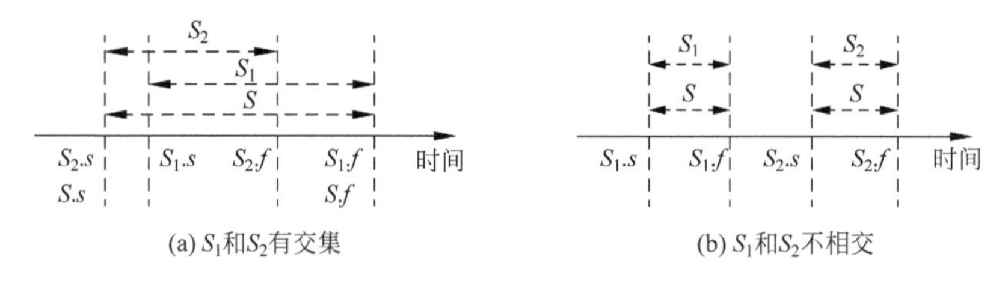

图 10.17　状态“或”关系语义示意图

图 10.17(a)中，S 的开始取 S_1 和 S_2 开始中较早的，而结束取 S_1 和 S_2 结束较晚的。图 10.17(b)中，S 和 S_1 或 S_2 一起开始，一起结束。其代数语义根据 S_1 和 S_2 是否相交也分两种情况。

$$\forall i \in \mathbf{N}^*,\quad \exists j,k \in \mathbf{N}^*,$$
$$(((S.s[i] \equiv S_1.s[i]) \wedge (S_1.s[i] \leqslant S_2.s[i]) \wedge (S_2.s[i] \leqslant S_1.f[i])) \vee$$
$$((S.s[i] \equiv S_2.s[i]) \wedge (S_2.s[i] \leqslant S_1.s[i]) \wedge (S_1.s[i] \leqslant S_2.f[i])) \vee$$
$$((S.s[i] \equiv S_1.s[j]) \wedge (S_1.f[i] \leqslant S_2.s[i])) \vee$$
$$((S.s[i] \equiv S_2.s[k]) \wedge (S_1.f[i] \leqslant S_2.s[i]))) \wedge$$
$$(((S.f[i] \equiv S_2.f[i]) \wedge (S_1.f[i] \leqslant S_2.f[i]) \wedge (S_2.s[i] \leqslant S_1.f[i])) \vee$$
$$((S.f[i] \equiv S_1.f[i]) \wedge (S_2.f[i] \leqslant S_1.f[i]) \wedge (S_1.s[i] \leqslant S_2.f[i])) \vee$$
$$((S.f[i] \equiv S_1.f[j]) \wedge (S_1.f[i] \leqslant S_2.s[i])) \vee$$
$$((S.f[i] \equiv S_2.f[k]) \wedge (S_1.f[i] \leqslant S_2.s[i])))$$

S_1 和 S_2 相交时的 CCSL 表示为

$S.s = S_1.s \lor S_2.s$； $S.f = S_1.f \land S_2.f$； $S.s \sim S.f$； $S_1.s \sim S_1.f$； $S_2.s \sim S_2.f$

S_1 和 S_2 不相交时的 CCSL 表示为

$S.s = S_1.s + S_2.s$； $S.f = S_1.f + S_2.f$； $S.s \sim S.f$； $S_1.s \sim S_1.f$； $S_2.s \sim S_2.f$

10.5 时间建模

本节用轨道交通联锁系统作为案例，说明如何在形式化的系统模型中显式刻画其时间约束。第 9 章案例 9.1 介绍了轨道交通联锁系统的物理场景，其中在进路分配的时候涉及时序和实时的需求。本节用时间约束需求模式捕获这些约束，表达在系统模型中，将系统模型与时间需求融合在一起，构成带时间约束的系统模型，然后采用相应的形式化方法进行验证。由于本章使用 CCSL 作为时间需求模式语义，这里也使用 CCSL 作为建模语言。

10.5.1 系统的时间约束建模

案例 10.1

轨道交通联锁系统的系统行为：一辆列车(Train)在进入轨道(Rail)之前，需要向控制中心(Control Center)发出请求(request)。控制中心查询(inquiry)轨道的占用状态，若为占用(occupied)，则不接受其请求，向信号灯发出红灯信号(redPulse)；若为未占用(unoccupied)，则接受其请求，向信号灯发出绿灯信号(greenPulse)。若列车接收到红灯信号，则需要等待并重复发送请求；若接收到绿灯信号，则列车在等待道岔打开后，进入相应的进路。

根据上述轨道交通联锁系统的系统行为，采用 CCSL 建模，需要为每个事件赋予一个逻辑时钟，每个状态则建模为两个事件，即两个逻辑时钟，一个开始时钟，一个结束时钟。上述系统行为的 CCSL 建模示例如下。

(1) 事件请求(request)应该发生在查询(inquiry)之前，则有

$$\text{request} < \text{inquery};$$

(2) 查询结果有两种情况，即轨道占用状态(occupied)和轨道不占用状态(unoccupied)。这两个状态互斥，即不能同时发生，可将它们合并成一个状态(railstate)，即

$$\text{railstate}.s = \text{occupied}.s + \text{unoccupied}.s$$

$$\text{railstate}.f = \text{occupied}.s + \text{unoccupied}.s$$

$$\text{occupied}.s \sim \text{occupied}.f;\quad \text{unoccupied}.s \sim \text{unoccupied}.f;\quad \text{state}.s \sim \text{state}.f$$

$$\text{occupied}.s \# \text{unoccupied}.s;\quad \text{occupied}.f \# \text{unoccupied}.f$$

(3) 查询(inquiry)应该在这个状态之间发生，则有

$$\text{railstate}.s < \text{inquery};\quad \text{inquery} < \text{railstate}.f$$

(4) 若轨道为占用(occupied)，则不接受其请求，并向信号灯发出红灯信号(redPulse)，若为未占用(unoccupied)，则接受其请求，并向信号灯发出绿灯信号(greenPulse)。可以先构建虚拟事件，即发送信号(sendPulse)，将发出红灯信号(greenPulse)和发出绿灯信号(redPulse)组合在一起。

$$sendPulse = greenPulse + redPulse$$

$$greenPulse \# redPulse$$

(5) 发送信号(sendPulse)应该在查询(inquiry)之后发生,可以表达为

$$inquiry < sendPulse$$

(6) 在占用状态和未占用状态与发送信号之间也存在约束:

$$occupied.s < redPulse; \quad redPulse < occupied.f$$

$$unoccupied.s < greenPulse; \quad greenPulse < unoccupied.f$$

(7) 绿灯信号(greenPulse)会使得灯变绿,红灯信号(redPulse)会使得灯变红,变红是红灯状态的开始事件,变绿是绿灯状态的开始事件,则有

$$greenPulse < green.s; \quad redPulse < red.s$$

$$green.s \sim green.f; \quad red.s \sim red.f$$

(8) 若感知到绿灯(seeGreen),则列车等待道岔打开后进入相应的进路;若感知到红灯(seeRed),则列车需要等待并重复发送请求。也就是说,在绿灯状态时,感知到绿灯,道岔打开,列车进入进路;在红灯状态时,感知到红灯,列车等待并发送请求。则有

$$green.s < seeGreen; \quad seeGreen < openSwitch$$

$$openSwitch < enterRoute; \quad enterRoute < green.f$$

$$red.s < seeRed; \quad seeRed < wait; \quad wait < request \$ 1; \quad reqest \$ 1 < red.f$$

(9) 用一个虚拟事件表达感知信号灯,如看到红绿灯(seeLight),在发送信号以后才能看到红绿灯,则有

$$seeLight = seeGreen + seeRed; \quad sendPulse < seeLight$$

(10) 一旦列车进入轨道,则轨道状态变为占用,但这是下一次的占用,即

$$enterRoute = occupied.s \$ 1$$

至此,就用 CCSL 完整表达了上述轨道交通联锁系统的系统行为。

10.5.2 性质的时间约束建模

下面针对上述场景给出两个时间性质,介绍如何从其自然语言性质描述中获取并表达时间约束需求。

性质 1 列车两次请求的间隔时间不得小于 10 秒。

这个性质是同一事件间的关系,属于周期性事件模式,根据时间约束表达模式,表示为

每隔[10 秒, ∞), request 发生一次 (1)

性质 2 列车从发出请求到看到红绿灯,不得超过 5 秒。

这个性质涉及多个事件和状态。首先,发出请求和看到红绿灯都是事件,属于**事件间隔**模式,表示为

request **间隔**(0,5 秒] seeLight (2)

看到红绿灯必须在灯处于红状态或绿状态的时候发生,可以定义一个**或复合**状态 gORr,即

gORr = green **或** red (3)

其中,"或"是没有相交关系的"或"。gORr 状态允许 seeLight 事件的发生,这是**状态允许事**

件模式，即

gORr 允许 seeLight (4)

由上述可得，这两条性质导出 4 条时间约束需求，根据时间约束模式中的 CCSL 描述模板，可以得到多条 CCSL 描述，如表 10.3 所示。

表 10.3 轨道交通连锁系统的时间约束需求的 CCSL 描述

时间需求表示	CCSL 描述
(1)	request $ 1－request≥10 秒
(2)	seeLight－request≤5 秒
(3)	gORr. s＝green. s＋red. s; gORr. f＝green. f＋red. f; gORr. s～gORr. f;green. s～green. f;red. s～red. f
(4)	gORr. *s*≤seeLight;seeLight≤gORr; gORr. *s*～gORr. *f*

与第 9 章介绍的形式化模型的验证一样，可以根据时间约束需求，验证带时间的系统模型是否能满足这些需求。

10.6 小结与讨论

本章介绍时间需求分析的相关内容，重点介绍了时间约束表达的模式，如何结合系统模型识别系统行为的时间约束关系，以及建模系统需要满足的时间性质。结合形式化验证技术，就可以分析具有时间约束的系统行为是否满足时间性质。

本章给出的时间需求模式，多是从安全攸关系统的需求文档中总结出来的。不同领域对时间需求的自然语言表达可能不同，用户可以根据所涉及领域的需求描述的特性定义适合的时间需求模式及其到形式化语言的转换，以更好地支持时间需求分析。

10.7 思考题

1. 下列需求是轨道交通联锁系统中关于如何分配列车进路的需求①，请根据这些需求描述，基于时间需求模式撰写其时间需求。

需求 1 如果信号灯为允许且进路尚未分配，则应将进路分配给信号灯前的第一辆通信列车。

需求 2 当分配的通信列车头经过进路信号时，进路信号应在 1 秒内变为限制性。

需求 3 当分配的通信列车头未穿越进路信号且进路信号变得限制性时，进路应变为未分配状态。

需求 4 当分配的通信列车头经过该进路的第一条子进路时，该进路应变为未分配。

需求 5 如果进路信号是允许的，并且进路尚未分配，则不得将进路分配给信号灯前的

① 案例中用到如下术语：进路指列车在站内运行所经过的路径。轨道交通中铁路、地铁车站及车辆段中都有很多线路，它们通过道岔连接，根据道岔的不同位置组成列车的不同进路，每条进路只允许一辆列车使用。列车根据能否与站台通信分为两种，能通信的叫作通信列车，不能通信的叫作非通信列车。

第一辆非通信列车。

需求 6　当非通信列车在该进路的第一条子进路上行驶并且检测到第一条子进路已占用时，未分配进路的信号将在 5 秒之后变为限制性。

需求 7　如果进路已分配给通信列车，则该通信列车可以在此进路上行驶。

需求 8　如果未分配进路的信号是允许的，则允许第一辆非通信列车在此进路上行驶。

需求 9　如果允许通信列车在该进路上行驶，则该进路的第一条子进路上的通信列车前不得有非通信列车。

需求 10　如果尚未将进路分配给任何列车，并且该进路的第一条子进路上没有非通信列车，则当具有相同方向的第一辆通信列车在进路信号之前时，路径信号应变为允许。

需求 11　如果尚未分配进路并且该进路上没有列车，则当具有相同方向的第一辆非通信列车在进路信号之前时，进路信号应变为允许。

2. 下列需求是关于汽车照明系统的，请根据时间需求模式进行需求描述。

需求 1　如果系统处于自动控制状态，且光强度等于或低于 70%，则 30 毫秒之内近光灯应该打开。

需求 2　如果系统处于自动控制状态，且光强度等于或大于 70%，则 30 毫秒之内近光灯应该关闭。

需求 3　如果系统处于自动控制状态，近光灯关闭，且光强度下降到 60%以下，那么如果这种情况持续 2 秒，近光灯应打开。

需求 4　如果系统处于自动控制状态，近光灯打开，且光强度超过 70%，则如果这种情况持续 3 秒，近光灯应关闭。

需求 5　如果系统处于手动控制状态，近光灯关闭，且近光灯开关打开，则如果这种情况持续的时间少于 0.3 秒，近光灯应打开 1 秒。

需求 6　如果系统处于手动控制状态，近光灯关闭，且近光灯开关打开，则如果这种情况持续至少 0.3 秒，近光灯应打开。

需求 7　如果系统处于手动控制状态，远光灯关闭，且远光灯开关打开，那么如果这种情况持续的时间少于 0.3 秒，远光灯应打开 1 秒。

需求 8　如果系统处于手动控制状态，远光灯关闭，且远光灯开关打开，则如果这种情况持续至少 0.3 秒，远光灯应打开。

参考文献

[1] Chen X, Zhong Z, Jin Z, et al. Automating Consistency Verification of Safety Requirements for Railway Interlocking Systems[C]//RE 2019: 308-318.

[2] Dwyer M, Avrunin G, Corbett J. Patterns in Property Specifications for Finite-state Verification[C]//ICSE 1999: 411-420.

[3] Konrad S, Cheng B. Real-time Specification Patterns[C]//27th International Conference on Software Engineering, ICSE 2005: 372-381.

[4] Bogusch R, Fraga A, Rudat C. Bridging the Gap between Natural Language Requirements and Formal Specifications[C/OL]. REFSQ Workshop 2016. [2023-4-30]. http://ceur-ws.org/Vol-1564/paper20.pdf.

[5] Ferré S. Bridging the Gap Between Formal Languages and Natural Languages with Zippers[C]// ESWC 2016: 269-284.
[6] Buzhinsky I. Formalization of Natural Language Requirements into Temporal Logics: A Survey[C]// INDIN 2019: 400-406.
[7] Teige T, Bienmüller T, Holberg H. Universal Pattern: Formalization, Testing, Coverage, Verification, and Test Case Generation for Safety-Critical Requirements[C]//MBMV 2016: 6-9.
[8] Bitsch F. Safety Patterns—The Key to Formal Specification of Safety Requirements[C]//SAFECOMP 2001: 176-189.
[9] Langenfeld V, Dietsch D, Westphal B, et al. Scalable Analysis of Real-Time Requirements[C]//RE 2019: 234-244.
[10] Post A, Hoenicke J. Formalization and Analysis of Real-time Requirements: A Feasibility Study at BOSCH[C]//VSTTE 2012: 225-240.
[11] Post A, Hoenicke J, Podelski A. Rt-inconsistency: A New Property for Real-time Requirements [C]//FASE 2011: 34-49.
[12] Post A, Hoenicke J, Podelski A. Vacuous Real-time Requirements[C]//RE 2011: 153-162.
[13] Post A, Menzel I, Podelski A. Applying Restricted English Grammar on Automotive Requirements—Does It Work[C]//REFSQ 2011: 166-180.

第 11 章　敏捷开发中的需求活动

本书第 2 章简要介绍了敏捷需求开发模型。敏捷需求开发用简洁自然的用户故事描述软件系统的需求，并在不断迭代的过程中修正和细化用户故事，开发小组围绕用户故事进行需求磋商、需求规划和估算，同时制订产品开发和测试规划，以及产品迭代开发和发布规划，形成以产品需求到产品发布的完整闭环。本章具体介绍敏捷开发中的需求活动，回答如何写用户故事、如何进行需求规划、如何开展需求测试和验证等核心问题，最后介绍敏捷需求管理及其工具。

11.1　写用户故事

敏捷开发中，用户故事是干系人表达需求的主要方式。他们从使用者的角度表达对系统功能的要求，并用简短的自然语言将用户故事写在故事卡片上。用户故事通常包括如下两方面的内容。

- **故事描述**：故事描述有三个要素，分别表达谁（用户角色）需要这个功能，需要提供什么（功能），以及为什么（目标）需要提供这个功能。
- **故事测试**：干系人围绕用户故事进行讨论，确定故事测试的细节，并用简短自然语言说明，以表达如何判定未来的实现是否符合期望。

常常需要反复迭代才能获得好的用户故事，从初始故事描述开始，反复讨论并不断补充具体内容，如测试用例和应用场景等，直到得到大家认可的用户故事。

11.1.1　如何写故事

从用户故事出发是希望将最终用户置于需求获取的中心，从他们的视角捕获产品功能，便于开发人员更好地了解用户目标。写用户故事通常先写故事描述，如下书写格式用来显式区分故事描述的三要素：

```
作为<角色>                          //说明谁需要这个功能
我想要<功能/意图>                   //说明需要系统提供什么样的功能
以便于<目的/实现价值>               //说明为什么需要这样的功能
```

用第 1 章的案例 1.1 为例，“小红”作为“预约挂号系统”的使用者，参与了“预约挂号系统”敏捷开发故事搜集会议，小红就写下了如图 11.1 所示的关于网上挂号的用户故事。

写用户故事的同时，干系人需要不断沟通，获得用户故事测试和验证的细节。例如，案例 1.1 有一个“创建账号”的用户故事，故事卡片上记录了如下信息：

作为 患者家属，我想要 通过互联网挂号，以便于 节省去医院和排队的时间

图 11.1　故事卡片 1——网上挂号

作为 初次挂号者 **我想要** 创建一个账号 以便于 使用挂号系统提供的挂号服务

围绕这个用户故事，干系人进行讨论并获得如下要求：

- 创建一个新账号，然后重新登录系统，并查看信息是否已经保存；
- 如果用户名已经存在，则不能成功创建账号。

这是"创建账号"需求的两个实例化场景，涉及用户故事的测试要求，告诉开发人员如何判定一个用户故事是否被完整实现。从中可以获得"创建账号"这个用户故事的验收标准，包括：如果能够登录系统，则账号创建成功；如果用户名已存在，则创建账号不成功。

开发人员需要了解用户故事的不同场景，常常在写用户故事的时候同时给出故事测试，例如，当干系人讨论用户故事并希望明确其细节时，在编程实现用户故事前，或编程实现后进行故事测试时等环节，让写用户故事的人提供这些故事测试的内容。

在阅读用户故事的时候，同时思考类似以下问题，是编写故事测试的有效方式：

- 关于这个用户故事，开发人员还需要知道什么？
- 我对这个用户故事的实现有什么特殊想法吗？
- 是否存在一些特殊情况让这个故事可能包括不同行为？
- 用户故事在什么情况下可能会出错？

在获得用户故事描述及其附加条件之后，可以构造用户故事场景，它们就像脚本一样，包含了用户故事所包含的特定行为。一些敏捷开发框架，如极限编程(XP)、行为驱动开发(BDD)和测试驱动开发(TDD)等，都给出了场景描述脚本语言，使用户故事场景的编写能够更加规范，支持故事测试的自动化。场景描述脚本语言和故事描述结构一起，成为完整的用户故事描述语言。

Gherkin 语言是一种支持场景描述的用户故事描述语言。它的中文版用户故事以**功能特性**(Feature)关键词开头，后面接着能表达该功能的名称，然后是功能描述，形式为

作为 <角色> **我想要** <功能/意图> **以便于** <目的/实现价值>

表达该功能对应的角色、意图及目的。接下去是针对该功能的一个或多个场景。场景以关键词**场景**(scenario)开头，后面接着该场景的名字，用于概述场景测试的结果，然后是场景的描述。场景描述需要表达①先决条件；②行动；和③结果。结构化表示为

假如(Given) <前提条件 1> **而且(and)** … **而且(and)** <前提条件 n>
当(when) <交互动作>
那么(Then) <后置条件 1> **而且(and)** … **而且(and)** <后置条件 m>

其中先决条件相当于该场景的触发条件，交互动作指进入该场景后执行的行动，结果是指行动产生的效果。其场景刻画的模式为：①系统处于特定状态；②系统交互动作；③系统所处的新状态。

图 11.2 中的故事卡片 2 是使用 Gherkin 语言为故事卡片 1 编写的带场景的用户故事。在带场景的用户故事中，每个功能特性至少包含一个场景，每个场景表示了某个特定情景下该功能特性的行为实例或执行路径，还可以表示功能特性的边界情况。

功能 创建合法账号

作为 系统初次使用者 **我想要** 创建一个账号 **以便于** 使用挂号系统提供的挂号服务

场景 成功创建账号

假如 输入了用户名

而且 输入了密码

当 用户单击确认创建

那么 显示“成功创建账号”

场景 用户名已存在，不能创建账号

假如 输入了用户名

当 系统发现用户名已存在

那么 提示“用户名重复”

图 11.2 故事卡片 2——带两个场景的用户故事

为了支持场景的自动验证，场景后面还可以附加场景测试用例，以关键词**例子**(Example)开头，如图 11.3 为带测试用例的“成功创建账号”场景。其中，关键词**例子**(Example)后面用＜ ＞括起来的部分是变量名，接下去分别给出各变量的取值，用“|”分隔变量名及其取值。

场景: 成功创建账号

假如 输入了<用户名>

而且 输入了<密码>

当 用户单击确认创建

那么 显示<创建结果>

例子:

<用户名>|<密码>|<创建结果>

138123456|123456|成功

158123456|654321|成功

12|12345678|不成功

138123456|234567|不成功

图 11.3 带测试用例的场景描述

11.1.2 怎样写好故事

图 11.1 中的故事卡片 1 是“小红”对挂号系统的需求，这个故事描述显然有点“粗略”。那么什么是好的用户故事呢？一般认为，好的用户故事应具有以下六个特性，简称 INVEST 原则。

- **独立性**(Independent)：每个用户故事可独立存在，避免相互依赖。独立性保证用户故事间没有顺序约束，其更改也不会相互影响。
- **可协商性**(Negotiable)：用户故事的内容是可以协商的，写故事不是签合同，故事卡内容作为功能描述，是所有干系人反复讨论产生的。
- **业务价值性**(Valuable)：用户故事主要用来表达客户或业务价值的实现，不是表达

要采用的技术手段。像"**作为** 数据库访问者 **我想要** 所有的数据库连接都要通过某个连接池"这样的描述是技术手段,不代表业务价值,不是一个好的用户故事。

- **可估算性**(Estimable):开发团队能够根据用户故事大致估算出工作量。如果开发人员觉得很难估计,说明这个用户故事缺少必要细节或者粒度太粗需要拆分。例如,用户故事"**作为** 病人 **我想要** 使用手机挂号 **以便于** 不用排队",可以分解成"病人可以创建账号、填写挂号信息、编辑挂号信息"这三个更具体的用户故事。
- **粒度适中性**(Small):虽然一个用户故事的粒度不能太粗(见可估算性),但也不能太细节,例如,用户故事"**作为** 病人 **我想要** 输入看病的日期"就太过细节了。粒度细的用户故事需要合并。
- **可测试性**(Testable):用户故事需要是可测试的,特别是表达功能需求的用户故事。有些关于质量需求的用户故事可能难以测试,例如"用户不需要花很长时间等待窗口出现",这里的"很长时间"不具有可测试性。

11.1.3 如何保证故事质量

对于好的用户故事,业界也有一些评价的准则,一般从三方面评价,即完整性、一致性和可测试性。完整性分为功能完整性、语言成分完整性和关键字段完整性。一致性分为模板统一性、不存在重复和不存在冲突。可测试性则分为原子性、最小化、无二义性、可估算和独立性。表11.1列出了这些评估准则的具体含义和评估边界。

表11.1 用户故事需求质量评估准则

质量评估准则	具体含义	评估边界	
完整性	关键字段完整	故事描述中角色、意图不缺失;场景中上下文、事件和结果不缺失	单个故事
	语言成分完整	故事和场景中每个字段的描述信息中关键语言成分不缺失	单个故事
	功能完整	所有故事尽量覆盖一个完整的系统功能,即没有步骤/功能上的缺失	故事集合
一致性	模板统一	采用统一的格式表达故事和场景	故事集合
	无重复	不存在两个相同的故事,也不存在两个相同的场景	故事集合
	无冲突	任意两个故事和任意场景不存在矛盾	故事集合
可测试性	原子性	一个字段描述一种情况,不可拆分	单个故事
	最小化	每个关键字段仅包含必要的信息	单个故事
	无二义性	不使用模糊词汇,表达明确的信息	单个故事
	可估算	故事不能粒度太粗,可用场景实例化	单个故事
	独立性	故事之间无相互依赖关系	故事集合

表11.1中给出的评估准则有各自的评估策略,下面将结合表11.2给出的撰写用户故事时一些常见错误,具体解释这些评估准则和策略。

表 11.2　违反准则的用户故事案例

ID	故事描述	违反的准则
US1	**我想要** 当文件不能打开时，可以看到出错提醒	关键字段完整：角色缺失
US2	**作为** 手机用户 **我想要** 一致界面 **以便于** 不会产生混淆	语言成分完整：意图缺少动词
US3	**作为** 找工作者 **我想要** 增加个人信息	功能完整：应该还有“删除”和“修改”个人信息的故事
US4	**作为** 管理员，**当** 一个用户已经注册，可以收到邮件	模板统一：没有使用团队认可的用户故事模板
US5_1	**作为** 新闻网站访问者 **我想要** 查看最新的新闻 **以便于** 知道当前最新的新闻	无重复：有两个干系人分别写出了相同的用户故事
US5_2	**作为** 新闻网站访问者 **我想要** 查看最新的新闻 **以便于** 知道当前最新的新闻	
US6_1	**作为** 购买者 **我想要** 搜索图书 **以便于** 找到我想买的书	无冲突：相同“意图”达到不同“目的”
US6_2	**作为** 购买者 **我想要** 搜索图书 **以便于** 查看是否存在该图书	
US7_1	**作为** 购买者 **我想要** 输入注册信息 **以便于** 成为合法用户	无冲突：不同“角色”相同“意图”和/或相同的“目的”；这两个故事可以考虑合并
US7_2	**作为** 快递员 **我想要** 输入注册信息 **以便于** 成为合法用户	
US8	**作为** 用户 **我想要** 单击地图上的一个位置，并执行与该位置关联地标的搜索 **以便于** 反馈到关联地标的路线	原子性：包含多个功能点
US9	**作为** 医生 **我想要** 查看本周的预约时间(分为手术和出诊)	最小化：包含多余信息
US10	**作为** 注册用户 **我想要** 查看医生详细信息 **以便于** 选择合适的医生	无二义性：使用了模糊词
US11	**作为** 求职者 **我想要** 发布自己的简历 **以便于** 招聘方可以看到	可估算：US11 故事粒度太粗分解成 US11_1、US11_2、US11_3 三个可评估的小故事
US11_1	**作为** 求职者 **我想要** 创建新简历	
US11_2	**作为** 求职者 **我想要** 修改简历	
US11_3	**作为** 求职者 **我想要** 删除简历	
US12_1	**作为** 采编网用户 **我想要** 编辑稿件	独立性：存在先后关系
US12_2	**作为** 管理员 **我想要** 增加一个用户 **以便于** 增加的用户可以使用采编系统	

1. 完整性

(1) 关键字段完整：用户故事包括故事描述、场景和测试三个部分，其中场景和测试是可选的。故事描述至少要包括角色和意图两个字段，缺少这两个字段的故事描述是不完整的。例如，表 11.2 的用户故事 US1“**我想要** 当文件不能打开时，可以看到出错提醒”缺少角色说明，可以修改为“**作为** 合法成员 **我想要** 当文件不能打开时，可以看到出错提醒”。

(2) 语言成分完整：故事描述包含角色、功能/意图、目的/实现价值等字段。每个字段都应根据要求给出完整的信息。如，意图(**我想要** XXX)需要表达具体的功能特性，至少包括一个动作和该动作操作的对象。故事描述“**作为** 用户 **我想要** 打开共享地图 **以便于** 知道我和朋友之间的距离”，其意图是“打开共享地图”，由动作“打开”和对象“共享地图”构成。表 11.2 中的用户故事 US2“**作为** 手机用户 **我想要** 一致界面 **以便于** 不会产生混淆”中，其意图表述缺少动词，功能特性的含义不明确，可以修改为“**作为** 手机用户 **我想要** 看到一致的界面 **以便于** 不会产生混淆”。

(3) 功能完整：一组相关的故事需要尽量覆盖完整的系统功能，即没有功能上的缺失。有效判断功能是否完整的方法是参照业务功能需求(具体如浏览所有故事描述，与业务功能需求进行比对)，检查是否缺失必要的功能特性。例如，表 11.2 中的 US3 是关于"增加"个人信息的故事描述，根据个人信息维护的业务需求，应该还需要有"修改"和"删除"个人信息的故事描述。

2. 一致性

(1) 故事模板统一：开发团队需要事先确定大多数人习惯使用的格式，取得整个团队成员的认可，团队成员在写用户故事时都应该遵循这种事先约定的格式。假设团队用户故事模板是"**作为**<角色>**我想要**<功能/意图>**以便于**<目的/实现价值> (可选)"，表 11.2 中的 US4 "**作为** 管理员，**当** 一个用户已经注册，可以收到邮件" 不符合用户故事的模板统一准则。

(2) 故事无重复：同一组用户故事中不存在相同的故事。团队开发人员在写需求时，常常会写出重复的故事。例如，两个开发人员都写了"**作为** 新闻网站访问者 **我想要** 查看最新的新闻 **以便于** 知道当前最新的新闻"(表 11.2 中的 US5_1 和 US5_2)。有时这种重复可能是由于故事描述不够具体导致的，这类重复可以通过具体化功能特征来消除。例如，上述故事可以具体化为"**作为** 新闻网站访问者 **我想要** 查看最新的时政新闻"和"**作为** 新闻网站访问者 **我想要** 查看最新的体育新闻"。同一用户故事中的场景或不同用户故事中的场景也都不应该重复。同一用户故事中出现了相同场景通常是由开发人员的疏忽造成的；不同用户故事中出现重复场景，通常这两个用户故事可能非常相似，需要加区分。

(3) 故事无冲突：同一组用户故事相互之间不冲突。常见的用户故事间冲突有以下两种。

相同"功能/意图"达到不同"目的/实现价值"：用户故事有相同的意图，但达成不同目的。例如，表 11.2 中用户故事 US6_1"**作为** 购买者 **我想要** 搜索图书 **以便于** 找到我想买的书"和故事 US6_2"**作为** 购买者 **我想要** 搜索图书 **以便于** 查看是否存在该图书"存在冲突。要消除这种冲突，用户故事需要被进一步精化，以明确需求。例如，将 US6_1 改写为"**作为** 购买者 **我想要** 输入想购买图书的关键字 **以便于** 看到相关图书的列表"。

不同"角色"有相同的意图和目的：用户故事有不同的角色但却有相同的意图和目的，这种情况下一般需要将用户故事合并。例如，表 11.2 中的 US7_1"**作为** 购买者 **我想要** 输入注册信息 **以便于** 成为合法用户"和 US7_2 "**作为** 快递员 **我想要** 输入注册信息 **以便于** 成为合法用户"，可以合并为"**作为** 系统用户 **我想要** 输入注册信息 **以便于** 成为合法用户"。

3. 可测性

(1) 原子性：一个故事仅包含与一个业务功能/意图相关的信息，不要包含多个功能/意图。如，表 11.2 故事 US8"**作为** 用户 **我想要** 从地图上单击一个位置，并执行与该位置关联地标的搜索 **以便于** 反馈到关联地标的路线"，包含了"从地图上单击一个位置"和"执行与该位置关联地标的搜索"两个功能点。这个故事可以一分为二：①"**作为** 用户 **我想要** 从地图上单击一个位置 **以便于** 选中该位置"；②"**作为** 用户 **我想要** 搜索与地图选中位置相关联的地标 **以便于** 反馈到关联地标的路线"。此外，场景中的每个关键词(**假如，而且，当，那么**)也应该只包含一个状态或行为事件。

(2) 最小性：一个故事中除了角色、意图和目的等关键信息，不应包含其他无关信息。如，表 11.2 中的故事 US9"**作为** 医生 **我想要** 查看本周的预约时间(分为手术和出诊)"。

可以去掉括号里的补充信息。或者写成两个用户故事：①“**作为** 医生 **我想要** 查看本周手术的预约时间”；②“**作为** 医生 **我想要** 查看本周出诊的预约时间”。

(3) 无二义性：用户故事中不应使用含义模糊的词，尽量使用规范的术语。例如，表 11.2 中的故事 US10“**作为** 注册用户 **我想要** 查看医生详细信息 **以便于** 选择合适的医生”，其中“医生详细信息”不够明确，应具体化为“医生的职称、科室、专长等信息”。此外，用户故事中也不应包括如快速、短时间、几个、少量等含义不确定的修饰词。

(4) 可估算性：用户故事的粒度不能太粗，粒度太粗不便于进行工作量估算或区分优先级。例如，表 11.2 中故事 US11“**作为** 求职者 **我想要** 发布自己的简历 **以便于** 招聘方可以看到”，这个用户故事的粒度就太粗了，可以精化为一些小故事，如求职者可以创建简历(US11_1)、求职者可以修改简历(US11_2)、求职者可以删除简历(US11_3)等。

(5) 独立性：一组用户故事在概念上不应重叠，尽量也不要相互依赖。但实际中，用户故事间有可能存在依赖关系。例如，表 11.2 中的故事 US12_1“**作为** 采编网用户 **我想要** 编辑稿件”，依赖于故事 US12_2“**作为** 管理员 **我想要** 增加一个用户 **以便于** 增加的用户可以使用采编系统”。当一个用户故事依赖于另一个用户故事时，需要显式表示依赖关系，可以在故事卡片上增加注释，说明该故事依赖于个故事。例如，在故事“**作为** 采编网用户 **我想要** 编辑稿件”的卡片上加注释“采编网用户由管理员添加，详见故事 US12_2”。

用户故事间的关系除了依赖关系，还有合作关系和重复关系。当对一个大粒度用户故事进行分解，就得到一组相互合作的用户故事，这些小的用户故事需要协同合作，才能完成那个大粒度用户的功能特性。如表 11.2 中故事 US11 包含了 US11_1、US11_2 和 US11_3 三个小故事。US11_1、US11_2 和 US11_3 之间是合作关系。重复关系表示不同干系人提供的用户故事所表达的功能特性有重复(详见质量准则(2))。

11.2 敏捷开发中的需求规划

在敏捷开发中，需求规划指一组干系人围绕用户故事，对产品需求进行磋商，并确定故事开发优先级的过程。其中涉及以下问题：哪些人需要参与需求磋商？如何把他们组织起来？如何确定故事的优先级？如何制订故事开发规划？下面围绕敏捷需求规划中的团队的组织、用户故事优先级确定及规划的迭代与发布，分别予以介绍。

11.2.1 团队的组织

参与敏捷需求活动的干系人包括三类：客户、开发人员和管理者。

- 客户：包括客户代表、销售人员、领域专家、市场营销人员、客户经理等。他们的任务是编写用户故事并向开发团队提供反馈，主要负责的工作是：编写用户故事、参与需求优先级排序、参与需求测试等。
- 开发团队：包括开发者和测试者。他们参与需求收集和磋商，并不断与客户交流互动，每次需求迭代时都向客户展示软件(原型)，在展示的过程中收集客户的反馈。
- 管理者：其职责是确定最佳敏捷团队，促进团队成员之间的协作。在小规模的敏捷团队(一般包含 6～8 名成员)中，管理者包括产品负责人、敏捷开发负责人等。产品负责人代表客户的利益，承担的任务包括：与开发团队沟通产品愿景、管理项目财务与投资回报、决定正式发布时间等。敏捷开发负责人则负责促进开发团队和产品负责人的沟通，全面掌握团队开发活动进展并把握节奏。大规模的敏捷项目团队可能由几个或十几个小规模的敏捷团队组成，每个团队通常有 3～～9 人。超大型的项目团队可能由几十个甚至是上百个小团队组成。这些团队间一般通过会议方式定期进行沟通和协同。

敏捷开发过程中，团队成员的沟通能力十分重要，有如下三个技巧。

- **主动倾听**：倾听是有效沟通的首要条件。听者要以发言人为焦点，鼓励发言人充分完整地表达想法。听者还要向发言人陈述自己对发言人描述内容的理解，以确认真正理解了发言人的想法，如果没有，则需要通过进一步的交流澄清理解。
- **交互反馈**：成员之间需要相互反馈对于对方所表达意思的理解，形成团队的信息流。当信息和反馈在成员间自由流动时，团队成员才可以集中力量，实现共同目标。
- **群体决策**：群体决策是指群体成员共同商议，取得对一个问题的确定性方案。当群体成员数量增多时，群体决策存在较大难度。此时，管理者可以行使决策权，优先选择解决重要的、时间紧迫的事情。

面对面会议是敏捷开发中团队成员交流和协作的主要途径。除了针对开发过程中的特定问题组织不定期的讨论会以外，敏捷团队还会定期组织不同主题的会议。例如，敏捷开发实践包括计划会议、每日站会、审核会议和回顾会议四种不同形式的会议。

- **计划会议**：团队成员讨论并商定在迭代周期内要完成的工作范围。具体包括：①选择可以在一个迭代周期内完成的任务；②明确迭代周期内完成的任务，即将选出的任务分解成工作，并估算出需要的时间。
- **每日站会**：每天在同一时间和地点举行，时长一般为 15 分钟左右，用于团队同步每天的工作。一般就如下三个问题进行快速交流：上次会议之后你完成了什么？今天计划完成什么？是否遇到可能影响工作完成的阻碍？
- **审核会议**：在迭代周期的最后一天进行。团队成员审查已完成的工作和未完成计划的工作；通过产品演示向干系人介绍已完成的工作；与干系人合作，共同研究下一步工作。
- **回顾会议**：在审核会议后举行。团队趁此机会发现如何改善工作流程和敏捷框架的实现。一般围绕如下三个问题进行：在当前迭代期间哪些方面进展顺利？哪些方面不顺利？在下一个迭代周期中哪些方面需要改善和提高？

11.2.2 为用户故事确定优先级

在获得一组用户故事后，需要对它们的重要性和开发成本进行排序(确定优先级)，以制定开发规划。敏捷方法按照用户故事的优先级进行开发，便于用较低成本交付较高价值的软件产品。

“莫斯科法则”(MoSCoW)是一种常用的优先级排序技术。该方法将用户故事分为“必须有”(Must have)、“应该有”(Should have)、“可能有”(Could have)和“这次不会有”(Won't have this time)四种特性。其中，“必须有”是系统的基础特性；“应该有”是系统很重要的特性，但在短期内有变通的解决方法，如果项目没有时间限制，那么“应该有”的特性是系统必须有的；如果当前迭代时间到了，那么“可能有”一些特性可能会被排除在发布版本之外。

“这次不会有”特性是客户期望的,但需要在后续的发布中实现。

确定用户故事优先级,需要考虑以下因素:①用户故事是否存在不能如期完成的风险(如设计全新算法的难度与风险);②推迟实现一个用户故事对其他用户故事是否有影响;③用户故事对于用户或客户的重要性;④用户故事与其他用户故事的内聚性,一个用户故事本身可能不重要,但它却是一个重要用户故事的补充,它应具有较高的优先级;⑤商业价值、开发成本、学习代价等。

一般来说,开发人员有一个实现用户故事的排序,客户也有自己的排序。当双方对排序有不同意见时,往往听取客户的意见。

在客户和开发者对用户故事排列优先级时,需要知道每个故事的实现要花费多长时间。故事点是一个代表用户故事实现所需时间的模糊单位,常定义为“理想工作日”(没有任何中断的、可以全身心投入工作的一天)。

对于每个用户故事,估算其故事点是一个迭代的过程:首先,给定一组故事集,并召集所有参与估算的客户和开发人员,组织一个讨论会;客户从故事集中随机选择一个故事,读给开发人员听。开发人员根据需要尽可能多提问题,并由客户回答。如果客户不知道答案,团队可以推迟对这个故事的估算;当这个故事没有更多的问题时,每个开发人员都会在卡片上写下一个故事点数的估算值;随后,会议负责人会公开所有人员的估算值,当估算值不相同时,估算值高的和估算值低的人要解释他们这样估算的原因;接下来,团队成员会展开讨论,如果对故事有疑问,客户会澄清疑问,并将澄清的信息填入故事片卡上;团队讨论之后,开发人员再次将估算值写下来。当每个人都完成估算后,将估算值再次公开展示给所有人。在大多情况下,第二轮估算值会比较接近。如果估算值还存在差异,应该重复让估值高和估值低的人解释他们的想法。

估算的目标是能够汇总得出用户故事的一个估算值。只要估算值越来越接近,就可以迭代的开展估算过程。估算过程很少超过三轮:没有必要在每一个卡片上都写着相同的估算值。在第二轮估算时,如果参与估算的人中少数有分歧,则可以通过个别谈话,询问他们是否能接受大多数人的估算值。

11.2.3 规划的迭代与发布

敏捷软件项目一般以2~6个月为一个发布周期。需要根据团队进度和用户故事估算,根据发布周期,制订发布计划和迭代计划。具体需要进行以下工作:①根据项目一次迭代周期时长,确定每次发布的迭代次数;②估算开发团队的开发速度,即每次迭代可以完成的故事点数量;③对故事进行优先级排序,确定故事的开发次序;④把故事分配到具体的迭代中,使每次迭代的故事点数量不超过开发团队的开发速度。

项目干系人团队一般以会议的形式共同讨论并选择合适的迭代周期时长。例如,在Scrum中,迭代时长通常为1~4周。迭代时长越短,则项目可以越频繁地调整,项目进度也会更加透明。当不确定迭代的长度时,通常选择短迭代而不是长迭代,因为使用长迭代更容易犯错。此外,还应该尽可能地坚持固定的迭代长度。因为有了一致的迭代长度,项目会有固定的节奏,有利于团队开发速度。通常情况下,开发人员和客户会协商一个日期范围来发布软件产品,而不是指定一个固定的日期,以降低风险。

项目干系人团队会安排迭代计划会议来制订迭代计划,包括如下任务。

- 讨论故事：会议开始时，客户从最高优先级的故事开始，读给开发人员听。然后由开发人员提问，直到开发人员能充分理解故事。
- 分解任务：将故事表达的特性细化到任务，使开发团队能明确故事的完成步骤。例如故事“用户可以根据不同的字段搜索科室”，可以分解为三个具体任务：编写基本搜索界面、编写高级搜索界面和编写搜索结果界面。任务分解的技巧如下：①如果故事的某个任务很难估算，就把那个任务从故事中分离出来；②如果任务能分配给多名开发人员协作完成，就将任务分解；③如需要让客户了解故事的部分完成情况，可以把这部分单独提出来作为一个任务。
- 承担任务：故事的所有任务都确定之后，需要有开发人员执行每个任务。可以把任务写在白板上，开发人员在他们认领的任务旁写上自己的名字，并估算任务完成的时间。如表 11.3 所示是一个记录开发人员承担任务的估算表。

表 11.3 分配责任人的任务列表

任　务	责 任 人	估算时间(故事点，单位：个)
编写基本搜索界面	王建欣	1
编写高级搜索界面	李依然	2
编写搜索结果界面	王建欣	1
…	…	…

11.3 敏捷需求质量检查和测试

敏捷需求的质量涉及用户故事描述是否完整、是否一致、是否具有可测试性等，还涉及用户故事描述是否真正符合客户的期望，这些主要通过检查和测试来保证。

11.3.1 故事质量检查

11.1.3 节给出了用户故事质量准则，这些质量准则为需求质量检查提供依据。一种可行的策略是：先根据故事质量准则构建故事质量模型，然后采用自然语言处理技术，根据故事质量模型对故事描述进行分析，最后给出分析结果。

本节以用 Gherkin 语言表示的用户故事描述为例，具体介绍这一过程。首先介绍带场景用户故事质量的概念模型，包括如下三组概念：

用户故事：用户故事包含故事描述、特征属性和状态变迁。其中，故事描述包括故事名、角色、意图和目的。特征属性是实体属性的集合，其中每个属性-值对

<实体属性，取值>

是一个原子状态，多个原子状态的合取构成组合状态，原子状态和组合状态统称为状态。状态变迁表示为三元组

<先决条件，行动，结果>

其中，“先决条件”和“结果”表示状态，“行动”表示事件。其含义是：当处于“先决条件”状态，如果发生事件“行动”，则进入“结果” 状态。

关系：有合作关系、依赖关系或重复关系三种。存在合作关系的故事所描述的业务需求具有较高的相关度，它们或者就是用于合作完成一个规模较大的用户故事，因而会有相同

的特征属性。依赖关系指用户故事之间存在先后顺序,即一个用户故事的完成依赖于另一个用户故事的实现。重复关系指两个故事具有相似的故事描述、特征属性及状态变迁。

问题:指故事中存在不满足质量评估准则的情况,包括问题类型、问题定位、修改推荐等。问题类型指违背了质量评估准则中的哪条准则。问题定位指将用户故事看成由"Gherkin 关键词+句子"组成的文档,当发现对应行出现问题,则反馈该位置。修改推荐是针对该问题提出的修改建议。

故事质量概念模型如图 11.4 所示。

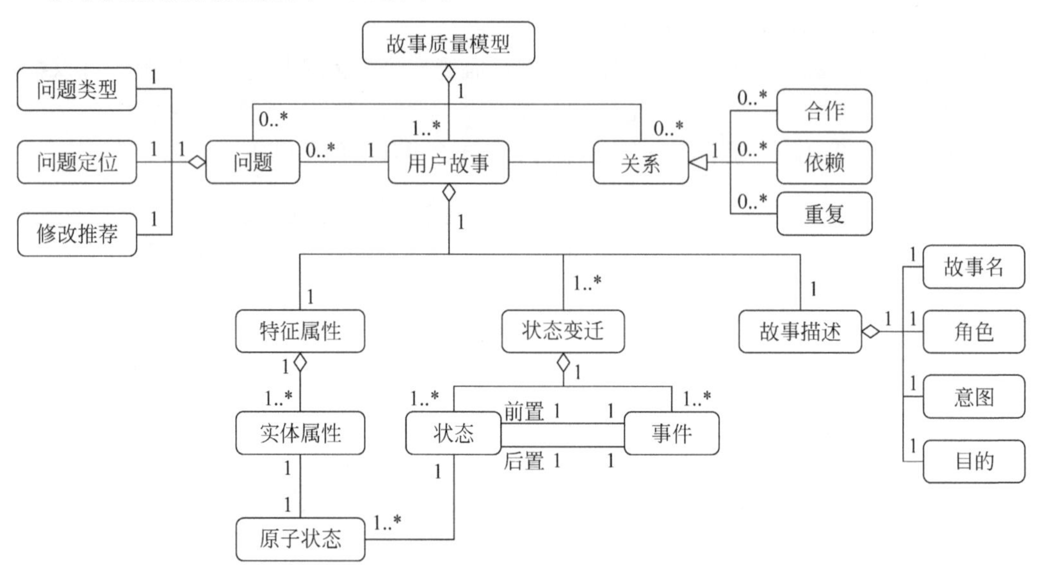

图 11.4 故事质量概念模型

基于故事质量模型的问题发现过程如图 11.5 所示。

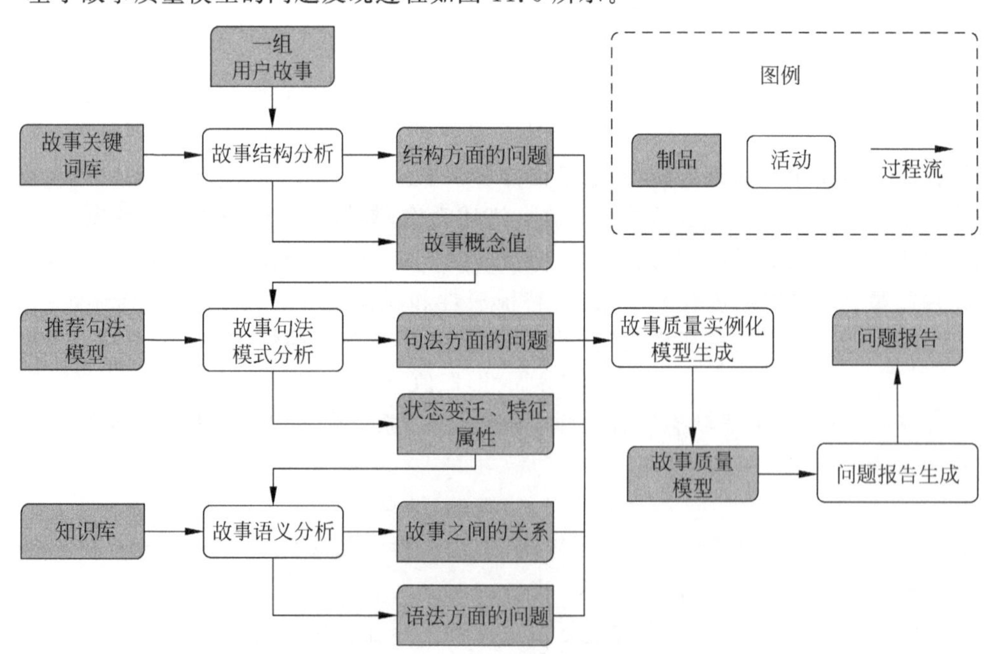

图 11.5 用户故事需求验证过程

故事结构分析：以带关键词的用户故事文档为输入，根据关键词的含义，识别用户故事中的概念，判断是否违背了概念完整性和模板统一准则。

故事句法模式分析：采用自然语言分析技术分析故事中每个概念的对应句型和语法成分，识别出场景对应的状态变迁序列和特征属性信息，同时发现违背成分完整、原子性及最小化准则的故事。

故事语义分析包括以下三方面。

- 相似性分析：先对输入的一组故事进行相似度计算，发现重复的故事和相似度高的故事。相似度值为1时，认为两个故事是重复的故事。
- 场景冲突分析：对每个故事和每对相似度高的故事中的状态变迁序列进行检查，分析场景是否存在冲突。借助同义词库、模糊词库识别故事中是否存在模糊性和用词上的不一致。
- 依赖和合作关系分析：根据概念之间的关联信息，量化用户故事存在合作关系和依赖关系的关联性。例如，一个故事的收益（**以便于** 后面的字段）可能叙述了该故事与其他故事之间的依赖关系。如故事"**作为** 持卡人 **我想要** 验证持卡人身份 **以便于** 可以办理取款业务"表达了"验证持卡人身份"这一故事与"取款"用户故事之间存在可能依赖关系。识别这些关系并反馈给敏捷团队，帮助判断是否违背了独立性以及完整性。

11.3.2 需求测试

需求测试主要判断故事是否符合客户团队的期望。当迭代开发过程开始，开发人员即对当前迭代周期的故事编写代码，客户团队则为每个故事定义相应的测试，并将测试内容写在故事卡片的背面，由测试人员输入自动化测试工具。

行为驱动开发（Behavior-Driven Development，BDD）是一种自动化架构，它将场景转换成验收测试。比较常用的行为驱动开发架构有 Cucumber、JBehave 和 SpecFlow 等。图 11.6 展示了 Cucumber 自动化测试的过程，包括四个任务：首先使用 Gherkin 语言来描述场景；然后由程序员编写"步骤定义"，即针对场景需求编写测试的执行步骤；随后步骤定义被转换成可执行的代码（Cucumber 支持 Ruby、Java、.NET、JavaScript 等多种语言）；最后执行这些代码，进行场景测试并反馈结果。

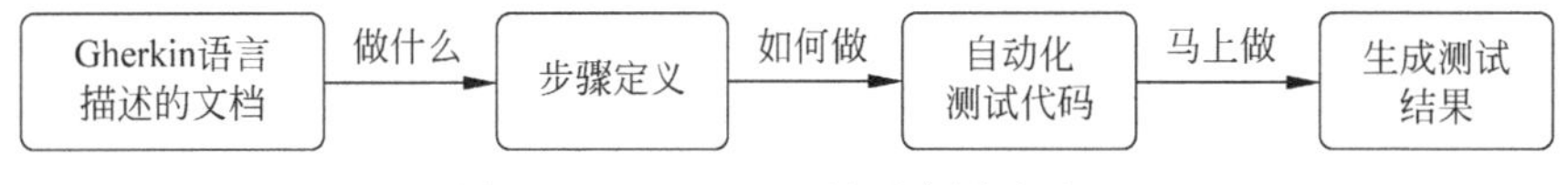

图 11.6 Cucumber 的需求测试过程

步骤定义完成从业务领域到编程实现的转换，职责是将每个 Gherkin 场景中的简单描述翻译成可以执行的代码。例如针对"Given 账户余额是 $100"，其步骤定义需要做以下两件事情：为场景中的角色创建一个账户，将账户的余额设置为 100 美元，可表达为

```
Given / 账户余额是 $ 100/ do
# 这里写将 100 美元存入用户账户的代码
end
```

将写好的步骤定义保存为一个可执行文件，包括一个用于匹配单个或多个步骤的正则

表达式(两个/之间的部分)和一个在步骤匹配时需要运行的代码块(do .. end 之间的部分)。Cucumber 存储代码块,如果遇到匹配的步骤则启动执行,输出检查每个步骤的测试结果。例如,反馈这个场景是否测试成功(Passed 或 Failed),如果测试失败,则反馈未通过测试的场景描述信息。

11.3.3 非功能属性测试

用户故事也可以表达非功能方面的需求。通常情况下,非功能需求和设计约束以约束的形式写在用户故事卡片上。例如,用户故事"**作为** 消费者 **我想要** 得到任何限电计划的通知"有一项非功能需求:"所有公共事业单位的通知应该在 1 分钟内传达"。该非功能需求作为上述用户故事需求的约束,写在用户故事卡片上。有时也可直接采用用户故事描述非功能需求,例如,将上述非功能需求表达成如下用户故事:"**作为** 消费者 **我想要** 来自公共事业单位的通知在 1 分钟之内传达 **以便于** 我可以快速采取适当行动"。

在敏捷需求开发中,非功能需求同样可以被测试。将一个具体的非功能需求测试与某个系统品质测试相对应,按照系统品质测试方面完成该非功能需求的测试,详见表 11.4。

表 11.4 敏捷非功能需求的测试方法

质量需求类别	系统品质测试
易用性	测试用户使用系统实现其目标的难易程度。通常由 3～5 人组成测试小组,以预设的方式执行产品系统。关注以下四方面:用户执行特定任务的时间;经历了多少错误或失误;使用系统的难易程度;使用系统的反馈(苦差事、可接受、很快乐等)
可靠性	根据可靠性测试用例,让系统在负载或可能出现的环境压力加剧的情况下,也能够正常运转
安全性	安全性是一种特殊类型的可靠性测试,可采用白盒测试和黑盒测试两种方式。白盒测试检查实际的代码,通过测试用例测试安全性。黑盒测试模拟现实黑客尝试破坏系统的方式,使用一些脚本和工具,向系统注入各种有缺陷的输入,以发现安全问题
性能	性能测试通常使用专门工具辅助完成。系统级性能测试可以通过用户或其他系统负载模拟器、度量和监视的工具来进行。这些模拟的负荷被施加到服务器、网络、系统组件和其他对象上,以测试系统在不同负载类型之下的还原性,建立总体性能指标

11.4 敏捷需求管理工具

在敏捷需求开发过程中,规模较小的敏捷开发团队一般只使用纸笔和看板来管理用户故事,可以随手操作和随时调整。但是,用手工看板管理需求的方式不适用于大型异地研发团队的敏捷需求管理。

一些敏捷开发团队使用工作簿(spreadsheets)、数据库(databases)并基于维基(Wikis)等通用工具管理用户故事,但这些通用工具不专门针对敏捷项目管理,不适用于迭代式的开发过程。目前,一些敏捷开发团队选择使用专用的敏捷管理工具,实现敏捷开发过程管理。

敏捷需求管理工具的基本功能包括:支持不同利益相关者编写用户故事;与本地和异地团队交流;对用户故事需求进行估算和规划;对故事的开发进度报告和度量;等等。有的敏捷需求管理工具还支持需求验证和需求建模等。本节先介绍敏捷需求管理工具的基本功能,然后介绍其扩展功能,最后介绍一些常用的工具。

11.4.1 常用功能

敏捷需求管理工具的常用功能包括编写用户故事、迭代式地管理用户故事及编写进度报告等。图 11.7 展示了敏捷工具 Rally 的用户故事编辑界面，支持用户故事的写作、给用户故事附加更多细节(如存在的缺陷、用于测试的用例、用户故事分解形成的任务及必要的说明和注释等)，以及规划用户故事的版本、评估用户故事的点数等功能。

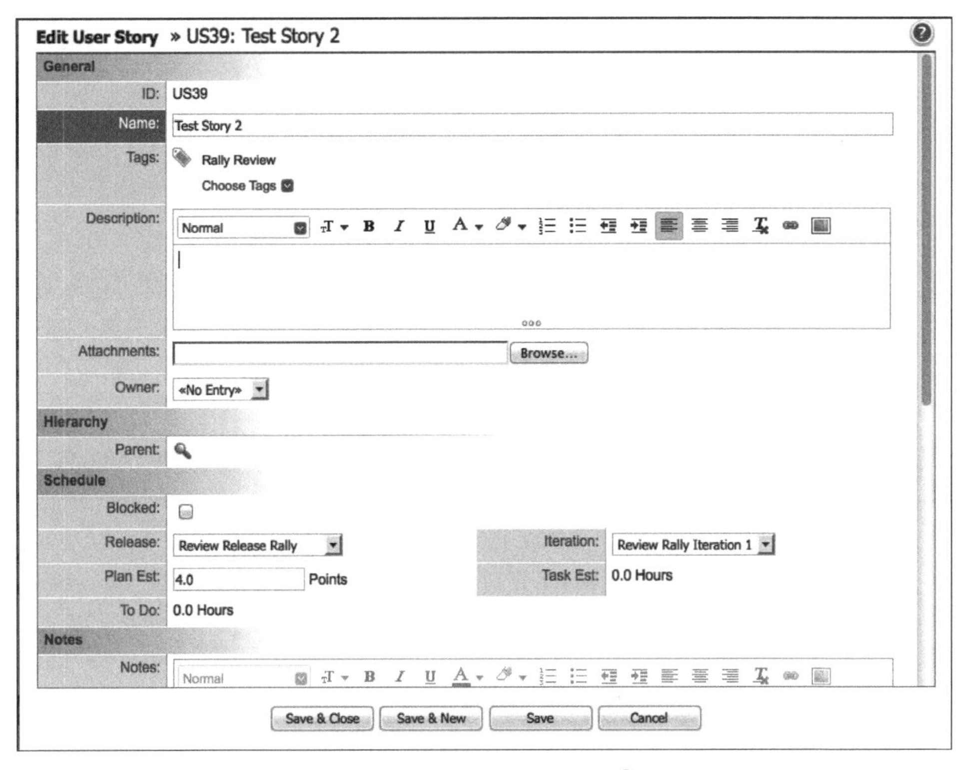

图 11.7 在线编写用户故事①

一些敏捷实践采用用户故事地图(user story mapping)组织用户故事，表达发布计划、迭代计划及对故事进行验收测试等信息。例如，图 11.8 是一个关于“招聘网站”项目的用户故事地图，包括三个层次：活动(activity)、任务(task)、故事(user story)。其中，活动是相同角色的群体在一个时间段内完成任务的组合，目的是达成一个特定的目标。例如，招聘网站项目中包括找工作、管理职位和招聘人员三个活动，位于用户故事地图的第一层。任务是实现软件功能的手段，完成活动所涉及的具体操作。例如，找工作活动包括浏览工作、投递简历、收到回执等任务，这些任务与其所属的活动相对应，置于用户故事地图的第二层。用户故事表达实现任务的功能特性，与其所属的任务相对应，置于用户故事地图的第三层。用户故事地图按照活动组织用户故事的顺序。在摆放故事卡片时，按照其紧迫程度从上到下排列。从用户故事地图的组织上可以看出：从左到右按照时间顺序组织；从上到下按照其迭代规划版本(release)进行组织。

① 此图来源为本章参考文献[13]。

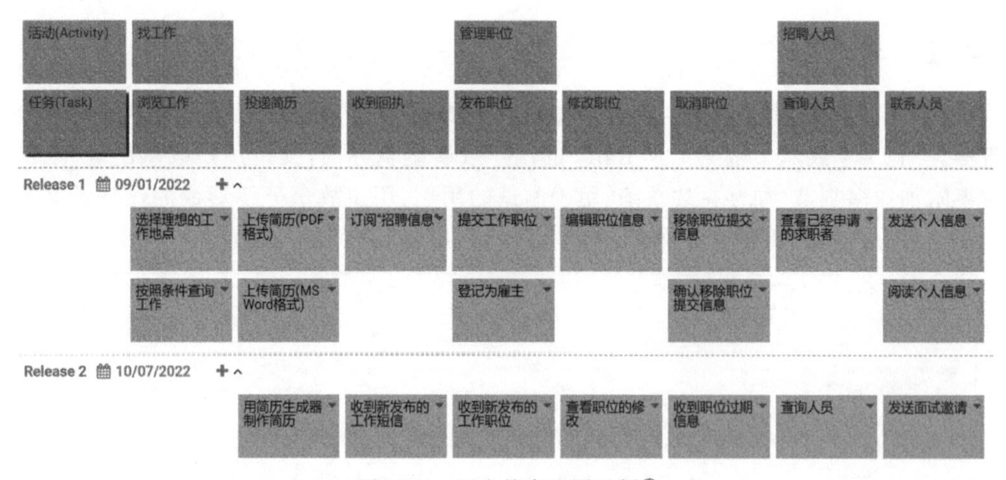

图 11.8　用户故事地图示例①

为了追踪进度，一些工具将迭代期间的故事状态、缺陷和其他正在处理的任务可视化。如图 11.9 所示是一个敏捷项目管理工具中的迭代状态。在这个界面，任何干系人都可以看到迭代中的用户故事所处的状态(已定义、进度中、已完成、已验收、受阻等)、剩余任务的工作量估计以及迭代的整体工作完成趋势。

User Stories for F1　Products Listing

\+ Add New　Link Existing　Use Full Editor　　Total Work Items: 11

ID	Name	Schedule State	Owner	Project
US98	Get a new Card	D	Dan	Re-Charge Team
US97	Shop for Items	A	Dudley	Re-Charge Team
US96	Save cart for future checkout	C	MattS	Re-Charge Team
US94	Payment - Gift Certificates	A	Dawn	Shot-in-the-Arm T...
US93	Ask for help	D	MattS	Re-Charge Team
US92	Daily deals	A	MattS	Re-Charge Team
US91	Customize product list	D		Shot-in-the-Arm T...
US90	Manage cards	D	MattS	Re-Charge Team
US89	Request higher limit	D	MattS	Re-Charge Team
US88	Add Single Item	A	Drew	Shot-in-the-Arm T...

Page #　Previous　1　2　Next

图 11.9　敏捷项目迭代需求追踪示例(来源与图 11.7 相同)

11.4.2　扩展功能

用户故事之间可能存在合作、重复、依赖等关系。识别用户故事之间的关系有助于发现

① 此图来源为本章参考文献[14]。

用户故事的冲突和整合用户故事。有工具支持对用户故事间关系的识别，通过关系推荐和人工确认的方法生成用户故事关系图。

图 11.10 展示了“在线购物系统”的 24 个用户故事(包含 57 个场景)之间的关系。这 24 个用户故事涉及账号、商品、订单、联系人、购物车等业务实体及相关功能。业务功能高度相关的用户故事通过合作关系连接在一起。例如，“1 和 2”(“注册账号”和“登录账号”)表示用户对账号的功能需要，它们之间存在合作关系。具有先后关系的用户故事通过执行依赖关系(由单向边连接)连接在一起。例如，用户故事“1”的执行依赖于用户故事“2”的实现。存在语义冗余的用户故事之间存在近义关系(由双向边连接)，可以考虑将这些语义冗余进行合并。例如，案例中分别对客户、商业用户和快递员描述了“注册账号”的用户故事，它们之间有着较高的语义冗余，可以考虑将这三个故事合并。

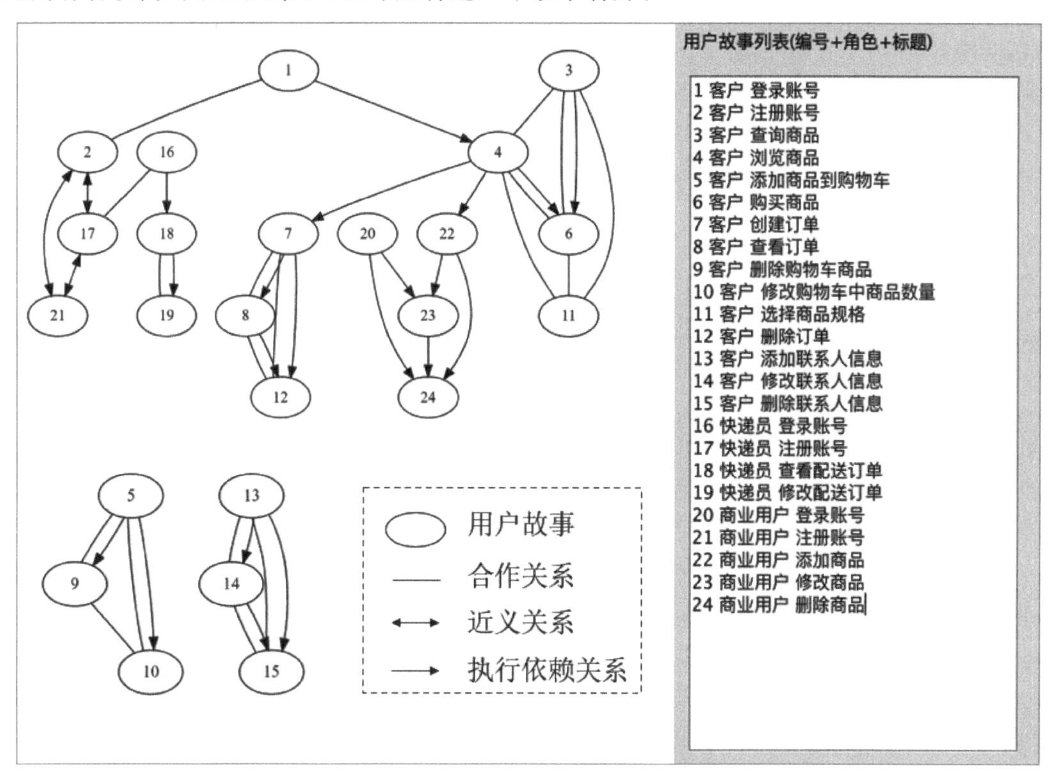

图 11.10 用户故事关系识别案例

用户故事可能存在不完整、不一致和不可测试等质量问题。采用 11.3.1 节介绍的需求验证方法，能够发现用户故事中存在的质量问题，并报告可能存在的问题。图 11.11 展示了一个关于“手机界面切换”的带场景用户故事的质量检测反馈结果，包括用户故事文档、用户故事出错信息和用户故事文档中的领域术语候选词三部分信息。用户故事文档每行以关键词开头；用户故事错误信息显示错误发生的位置(行数)、错误的类型和修改推荐；领域术语候选词是系统从该用户故事文档中提取并反馈的候选领域术语，供领域专家从中选择并确认。确认后的领域术语词被加入领域术语库，用于提高用户故事质量分析过程中的分词准确率。

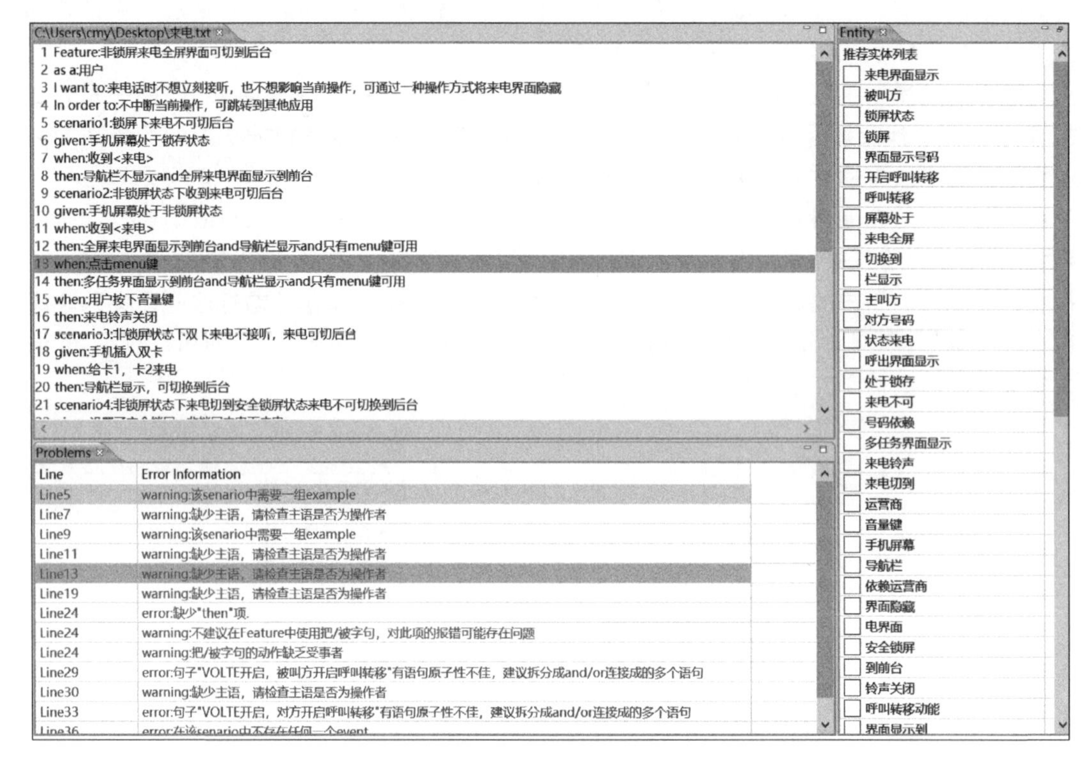

图 11.11 用户故事质量检测结果反馈界面(来源 USQI)

11.4.3 常用工具

常用的敏捷需求管理工具有 Jira、Agile for Scrum、VersionOne、Rally、Planbox、Visual Paradigm 等。这些工具在使用方式、项目规划和项目追踪以及是否为免费版本等方面均有不同。在使用方式上，有的工具基于平台(Platform based)，而有的工具基于网络(Web based)并支持在线(Online)使用，也有的工具基于云服务(Cloud based)，支持包括众包、资源共享、测试等活动。在项目追踪上，不同工具采用不同种类的图形化表示，帮助项目团队监察用户故事开发进度及开发过程中的问题。例如，一些工具采用燃尽图(Burn Down Chart)、用户故事面板(User Story Boards)、时间表(Milestones)、资源管理(Resource Management)等方式组织用户故事和标注用户故事开发进度；一些工具采用进度追踪(Time Tracking)和出错追踪(Bug Tracking)追踪用户故事需求的完成情况和查看开发过程中出现的错误。在项目规划上，有的工具采用任务(Tasks)、报告(Report)或者对用户故事需求进行整合(Integration)的方式形成需求文档；有的通过创建工作空间(Workspaces)、用户故事角色划分(User Role)以及评估(Evaluating)和版本控制(Version Control)等方式促进干系人间的交互与协同。表 11.5 给出了一些常用敏捷需求管理工具在使用方式、项目规划、项目追踪以及是否为免费版本(Free Version)方面的比较。

表 11.5 常用敏捷需求管理工具的比较

管理工具	Platform based	Web based	Online	Cloud based	Burn Down Chart	User Story Boards	Milest-ones	Reso-urce Manage-ment	Time Tracking	Bug Tracking	Tasks	Integr-ation	Report	Version Control	Works-paces	User Role	Evalu-ating	Free Version
Jira		√	√	√	√	√	√		√	√	√	√	√	√		√	√	
Active Collab			√	√					√		√		√			√	√	
Agile for Scrum	√					√					√		√			√	√	
SpiraTeam by Inflectra	√		√		√	√	√	√	√	√	√		√		√	√	√	
Pivotal Tracker			√			√			√				√		√	√	√	√
Visual Paradigm			√		√	√	√		√		√		√	√		√	√	√
Icesrum	√		√	√	√	√				√		√	√	√		√	√	
SprintGro-unds			√		√		√			√	√	√	√	√		√	√	√
VersionOne			√			√	√		√	√	√	√	√			√	√	√
Taiga	√	√				√	√				√	√	√	√		√		√
Agielan			√	√		√				√	√		√				√	
Wrike	√		√	√	√	√	√	√	√		√					√	√	√
Trello			√	√		√	√		√		√		√				√	√
Axosoft			√	√	√	√	√	√				√					√	
Planbox			√	√			√	√	√		√						√	√
Rally	√		√	√	√		√	√	√	√	√	√	√	√	√		√	

11.5 小结与讨论

本章讨论了敏捷开发中的需求活动。敏捷需求开发中整个需求过程都以用户故事为核心,为如何获取用户的真实需求并实现敏捷化提供解决方案。通过有效的对话沟通和迭代式的故事完善,实现需求过程的敏捷化。通过优先级排序和故事点,实现了需求与开发的连接。通过验收标准的持续明确,用户故事实现了需求与测试的连接。总之,用户故事把需求、开发、测试等环节有机地连接和融合在一起。

随着互联网和协同工具的发展,敏捷方法论在较大规模的项目中也开始得到积极应用。一些大规模敏捷项目团队可能包括几十个(甚至上百个)小规模敏捷项目团队。在小团队内部,团队成员共同维护待办事项列表,根据自己团队的目标对用户故事需求进行定义、开发和测试。在团队之间,各团队持续定义和交流整个项目的愿景,维护路线图,使相关团队的工作具有公共目标。同时,整个团队需要协商若干团队的活动,按照企业的开发节奏来建立增量的发布,定期集成、测试与验证是否满足性能、安全性、可靠性等质量需求和必须遵循的外部标准。整个团队还需要在部署和资源管理方面进行协调,以便于消除阻碍,促进项目的进展。

在敏捷需求验证活动中,采用形式化的建模和验证方法能够促进敏捷需求的完整性方面的有效验证。一方面,对敏捷需求进行建模有助于追踪敏捷需求开发的迭代过程,增量式地实施需求验证;另一方面,形式化的验证方法能够对照时间逻辑的形式属性检查未完成的设计,以表示和检查全局的系统需求。

11.6 思 考 题

根据以下描述,编写用户故事,估算用户故事的故事点数,确定优先级,并结合版本规划绘制用户故事地图。(以下描述来自第6章思考题)

在医生的办公室里,接待员、护士和医生使用病人记录和计划安排系统。当病人第一次来这里看病时,接待员使用该系统来输入病人信息,并且安排所有的预约。护士使用系统来跟踪病人每次看病的结果并输入护理病人的信息,如医疗和诊断。护士也可以访问这些信息以打印病人诊断结果或病人看病历史。医生主要用这个系统来查看病人的病史,偶尔也输入病人医疗信息,但通常让护士输入这些信息。

请基于你的用户故事,回答以下问题:

1. 用户故事的角色都有哪些?

2. 你觉得哪些用户故事应该写故事测试?针对需要写测试的用户故事,请使用Gherkin语言写出完整的测试场景。

3. 有比较大的用户故事吗?这些大故事是否需要拆分?如果有,请列出。

4. 是否有用户故事粒度太细,需要合并?如果有,请列出。

5. 是否有用户故事重复?如果有,请列出。

6. 是否有用户故事存在场景冲突问题?如果有,请列出。

7. 哪些用户故事之间存在依赖关系?请列出。

8. 哪些用户故事之间存在合作关系？请列出。

9. 你计划安排几名开发者，经过几轮迭代完成该系统的开发？请使用 Visual Paradigm 或 ProcessOn 等绘图工具绘制用户故事地图，展示你的规划。

参考文献

[1] Manifesto for Agile Software Development[EB/OL]. [2023-04-30]. http://agilemanifesto.org/iso/en/manifesto.html.

[2] Douglass, Bruce Powel. Agile Systems Engineering[M]. Burlington, MA: Morgan Kaufmann, 2015.

[3] Jyothi V E and Rao K N. Effective Implementation of Agile Practices: Ingenious and Organized Theoretical Framework[J]. (IJACSA) International Journal of Advanced Computer Science and Applications, Vol. 2, No. 3, March 2011.

[4] Jeffries R. Essential XP: Card, Conversation, and Confirmation[J/OL]. XP Magazine, 2022, 8 [2022-12-05]. https://ronjeffries.com/xprog/articles/expcardconversationconfirmation/.

[5] Patton J. User Story Mapping. Discover the Whole Story, Build the Right Product[M]. Sebastopol, CA, USA: O'Reilly Media, 2014.

[6] Beck K. Extreme Programming Explained: Embrace Change[M]. Boston, MA: Addison-Wesley. 2004.

[7] Wynne M, Hellesoy A. The Cucumber Book: Behaviour-Driven Development for Testers and Developers[M]. Pragmatic Bookshelf, 2012.

[8] Beck K. Test Driven Development: by Example[M]. Boston, MA: Addison-Wesley, 2002.

[9] 王春晖，金芝，赵海燕，等. 人机协作的用户故事场景提取与迭代演进[J]. 软件学报，2019，30(10)：3186-3205.

[10] 王春晖，金芝，赵海燕，等. 一种用户故事需求质量提升方法[J]. 计算机研究与发展，2021，58(04)：731-748.

[11] Ghezzi C. Formal Methods and Agile Development: Towards a Happy Marriage[C]. The Essence of Software Engineering. Springer, 2018.

[12] ÖZkan D, Mishra A. Agile Project Management Tools: A Brief Comprative View[J]. Cybernetics and Information Technologies, 2019, 19(4): 17-25.

[13] Rally[EB/OL]. [2023-04-30]. https://www.broadcom.com/products/software/value-stream-management/rally.

[14] Visual Paradigm[EB/OL]. [2023-04-30]. http://www.visual-paradigm.com/cn/.

第12章 新时代的需求工程

软件是人类文明的新基因,软件的创新和演化与社会经济文化的创新相融合。人类的想象力有多丰富,软件的创作内容就有多广泛。成功的软件设计创意有时是设计者独自酝酿出来的,有时是由用户提出的,还可能是二者思想交流碰撞形成的火花。无论创意如何产生,最终的检验标准只有一个,即"是否满足了用户的真实需要?系统工作效率和性价比是不是足够好?"

以移动互联网软件为例,作为终端信息服务的载体,其开发方式、运行形态和服务模式等都与桌面软件有显著不同。这类软件最主要的特征是通过人与互联网环境下的软件系统交互方式的演进,来更好地满足人的需求。成功的软件系统设计是包括软件设计师和用户在内的干系人群策群力的结果。设计师和用户的眼界与品位、对领域理解的深度以及所掌握的技术知识和能力,将直接决定系统设计的优劣。

软件的创作需要需求干系人反复沟通需求,需要他们协同工作。沟通与协同可以面对面进行,也可以利用互联网、移动设备和社交软件应用随时随地在线上同步或异步进行。例如,需求干系人可以基于统一的线上集成工作环境协同工作,弥补原本在组织边界和承担不同角色的人之间存在的沟通鸿沟。

开源软件社区提供了越来越多的相似系统供研发人员参考借鉴,他们还可以从不同渠道获取有价值的信息,如产品用户论坛、技术讨论区、系统日志、开源项目引用记录与评论等。这种模式的背后是以群体智慧为特色的需求工程方法的诞生。

本章首先介绍面向群体的需求工程供读者参考,然后对新型应用软件(如大数据分析软件和面向人工智能的应用软件)的需求工程进行展望,进一步开拓读者的思路。

12.1 面向群体的需求工程

"众包"作为一种商业模型由来已久,在许多领域都取得了成功。在软件工程领域,尤其是需求工程领域,"众包"机制也提供了行之有效的手段。

涉及大规模需求干系人群体的需求获取,需要考虑需求干系人所提出的需求之间的共性、矛盾与不一致性,并做出理性的权衡决策;需要获取需求干系人的反馈,并对反馈信息进行分类。为完成对来自海量需求干系人群体的需求的分析,需要有效的分析机制和工具,来引导和支持需求干系人给出可分析、可利用的反馈,协助系统研发人员做出科学的设计决策。

下面介绍如何将需求工程活动与面向大规模群体的数据收集和协同决策方法进行有机结合。

12.1.1 群体参与需求活动

如前文所述，需求活动的最终目的是使产品能用、管用和好用。对面向群体的需求工程而言，其主要出发点是通过激励更多需求干系人参与到需求工程活动中，从而覆盖广泛的用户群体，来实现对用户真实需求的采集、汇聚、分析和决策，提升产品的适用性和最终用户满意度。

每个用户都有自己偏好的功能和使用方式，面向大规模用户群体的主动需求获取，往往产生丰富的需求项。受时间和研发资源限制，产品开发团队在每一步迭代中往往只能实现有限的功能，可以通过建立用户画像，选定目标用户群，并根据用户群进行需求项的优选和磋商。对上线运行的系统，可以收集用户群的系统运行时反馈，识别新的功能需求或对使用质量的需求，包括可用性、用户体验、安全与隐私需求等。这里可采用的支撑机制有：协同建模与模型融合工具，日志采集与分析工具，支持群体用户的行为监控与反馈的新型体系结构，完成需求"众包"任务的招投标和奖励机制等。

基于群体的需求验证可以通过各种平台完成，如领英、产品用户论坛和学术讨论会等，采用"众包"模式获取群体需求，可以让参与者对采集到的需求进行分析和优选，也可以让开发者、第三方专家或用户等不同的需求干系人完成对需求项的验证。

在面向群体的需求工程中，获取海量需求干系人的反馈是形成产品生命周期闭环最关键的一步。有效的反馈机制，一方面可以实时监控并获取用户使用系统时的交互行为，从而根据系统运行状态来分析系统功能是否满足用户实际需要，为软件的演化设计提供客观参考；另一方面也可以成为用户主动反馈的通道，采集来自群体用户的使用感受和改进建议，通过聚类分析发掘新需求，为后续产品的研发规划提供有价值的参考。例如，基于前文介绍的需求建模方法，把用户群体及其需求反馈相关联，将用户画像和目标需求与典型场景相关联；通过社交网络组织在线用户群体参与投票或交互式游戏活动，获取海量需求及用户群体对系统的评价或评分，从中提取版本演化策略。

12.1.2 群体需求工程模型

面向群体的需求工程涉及多个维度，包括：群体，群体成员承担的任务，群体成员间的协作与竞争机制，群体成员间的沟通媒介与渠道，群体激励机制，群体工作成果的质量评估等。

(1) 需求干系人群体：参与需求过程的有多少人？他们是哪些人？各自扮演什么角色？需要具备什么技能？实施面向群体的需求工程，目的是充分采集各方观点，既覆盖普通用户也覆盖高端熟练用户，既包含领域专家也包含软件工程师。对群体成员水平的要求是"众包"项目的重要指标之一。对面向群体的需求工程而言，群体成员的选择不是盲目随机的，他们可能是待开发系统的用户、领域专家或者软件工程师；群体成员参与需求活动的原因不同，所扮演的角色也可能不同；对群体成员的能力和知识要求要依据其完成的任务和承担的角色来定。

(2) 需求工程任务：需求工程任务是委托给群体成员完成的需求活动的内容，可以按照类型和复杂程度进行细分，包括：提供原始需求、识别需求错误、识别特征请求、识别质量需求、提取用户反馈等。对一个特定的需求工程任务而言，任务的复杂度与群体成员所掌握的技能和完成任务所需的时间有关。

(3) 面向群体的需求工程机制设计：这是面向群体的需求工程方法所采取的具体措施，包括：通过何种媒介来获得群体的关注和参与；如何吸引和激励更多需求干系人参与需求活动；如何组织协调群体成员之间的合作和竞争；如何汇聚群体工作成果；等等。主要包括以下三方面。

- 协作与汇聚机制：协作是指群体成员之间协同工作来完成同一个任务。汇聚是指成员的贡献需要合并起来才能具有价值。有多种协作方式和汇聚方法来支持群体成员完成任务，以及汇聚个体贡献。竞争机制则用于在若干独立需求提案中选出最优的结果。
- 平台、媒介和渠道：为得到更广大群体的关注，需要平台和媒介的支持。面向群体的需求工程一般采用通用的平台来获得特定群体社区的关注，如在线论坛、移动应用商店、社交网络工具、学术讨论会等。还可以在通用的众包任务分发平台获取需求数据集，并将数据公布出来供群体用户社区研究，形成需求分析和最优决策研究的基准数据集。
- 激励机制：为吸引更多群体成员参与，积极提供需求和建议，鼓励和激励机制是必要的。常用的方式包括奖励、公示、游戏等，鼓励群体成员持续参与需求获取、建模、分析和确认并给出反馈。

(4) 需求质量保证：大家常问，从群体成员那里获得的需求可靠吗？采用群体化方法本身并不能保证取得最优的结果，获取的需求质量不仅和需求数据内容有关，还和群体成员的邀请方式、组织参与方式有关，也可能受到系统开发者自身经验的局限和现实世界复杂性的影响而使所开发的系统达不到预想的效果。需要有适用的需求质量评估标准，提供通畅的沟通渠道，选择正确的知识汇聚方式，才能让大规模群体协作得到有用的需求。

12.1.3 群体需求工程框架

表 12.1 给出一个群体需求工程框架，供读者参考。框架从两个维度划分群体需求工程活动：横轴是群体的组织与协作支撑机制，纵轴是群体参与的需求活动。每个方格都涵盖横纵两个维度。

表 12.1 群体需求工程框架

需求活动	任务		机制			
	角色/能力要求	类型	协作/竞争	平台/媒介/渠道	激励机制	需求质量保证
需求获取	系统用户/一般要求	特征请求 新需求识别	成员协作/结果汇聚	推文 用户讨论区 社交网络 产品留言 移动应用商店	游戏化 代金券 信誉 经济利益	个体质量无法保证，通过概率统计分析方法保证

续表

需求活动	任务		机制			
	角色/能力要求	类型	协作/竞争	平台/媒介/渠道	激励机制	需求质量保证
需求建模	分析师与领域专家/研发团队开展日志分析/中等或较高要求	协同建模 目标建模 特征建模 过程建模 辩论	直接或间接合作	平台支持	游戏化 分配或者强制要求	依赖建模者个人经验
需求分析与运行时自适应/演化		出错反馈 系统运行日志 例外记录 异常行为 信息抽取 情感分析 文本分析 推荐系统	无协作 结果汇聚	手工或自动化文本分析，语言动作识别工具，日志分析与挖掘工具	游戏化 信誉，经济利益，分配或者强制要求	依赖个人经验，质量较可靠
需求验证	开发者或第三方专家/要求高	人工标注 走查 评审		需要做影响分析		依赖个人经验
需求优选与磋商	系统用户/一般要求	偏好获取 共赢条件获取	直接或者间接群体决策	群体投票或决策支持工具	游戏化 代金券 信誉 经济利益	个体质量无法保证，通过共识保证

可以看出，群体的参与对需求工程的各阶段都有助益。需求活动的阶段目标不同，参与活动的群体规模和参与深度也有所不同。

需求工程活动中涉及最多群体的是需求获取和用户反馈收集，汇聚来自领域专家、分析师、设计师、普通用户的群体智慧。为了有效汇聚群体智慧，产生真正的价值，需要支持协作、竞争与汇聚过程的工具。根据项目具体情况，群体成员可以独立提供需求相关的输入，无须直接协作；也可以依赖群组讨论区、协同编辑工具、版本管理工具、变更追踪工具、文本分析与数据挖掘工具等的支持，通过观点汇集、分类和抽象产生协同效果；还可以引入结构化知识的自动汇聚和融合机制，产生群体需求。

对已有系统的演化需求的采集，可以依赖用户主动反馈可用性问题和系统异常信息，也可以在系统运行时主动监控用户行为，分析系统日志。运行时的用户行为监控和日志分析任务包括以下几方面：用户情感分析、操作习惯识别、基于日志挖掘的信息抽取、用户关注点的分类标注等。其他辅助沟通手段，如照片、动画等，可以提升群体成员对需求的理解，从而更好地提供真实需求和参与决策。

需求建模活动中，领域专家、需求分析师、系统设计师群体主要通过直接交互或基于制品的间接协同，汇聚群体智慧，完成需求分析与决策。协同建模的规模随群体的规模而变化。例如，进行半自动或全自动的目标、环境、场景或特征建模时，建模过程中的矛盾与冲突通过辩论或模型分析来解决。开放的软件开发环境中,基于模型的协同建模方法往往比传统的建模者直接沟通的方式产生更好的效果。

例如,前文介绍了用故事表达用户需求,每个用户故事由需求干系人根据自身业务需求编写,对应一项相对独立的功能需求。当面对大规模用户群体时,需要将来自不同需求干系人的用户故事整合在一起,并通过协商讨论的方式排列优先级,反复细化、修改和完善用户故事。又如,为了更好地融合用户故事表达的需求,首先将用户故事转换为图形化表示形式,然后采用基于图的需求融合方法,增量式地获得用户故事融合图。在融合过程中,消解需求间的冲突,识别用户故事之间关系,如可组合关系、依赖关系、相似关系、冲突关系等。存在可组合关系的用户故事在组合后,变成更粗粒度的功能需求;存在依赖关系的用户故事必须同步完成;存在相似关系的用户故事可以在找出共性和差异性后进行需求归并与取舍;存在冲突关系的故事则可以在找出分歧点和矛盾条件后,进行冲突消解。

为鼓励群体成员参与需求活动,需要在用户社区中给予持续的激励和准确及时的反馈。鼓励百花齐放和百家争鸣更利于社区氛围的营造。应该意识到,越是看起来有差异的需求意见越有参考价值,对需求的共性和差异性分析有助于产生新的产品创意。群体激励往往因人而异,因地制宜,用户社区培育与持续学习也有助于提升群体的参与。游戏化的方法有助于群体用户的激励和留存,这种方式得到许多需求研究和实践者的青睐。例如,为提升用户满足度和软件系统可用性,在软件平台中引入游戏元素,发放奖券和优惠券,发布英雄榜等。

需求分析与验证过程中,大规模群体的参与能覆盖和反映不同用户群组的意见。但是来自大规模用户群体的需求数据往往无法人工处理,数据也往往是稀疏的,这是群体需求工程的主要局限,依赖自动化的需求文本分析与验证,或者将分析与验证任务众包委托给用户群体,都是有效的应对手段。

从所获得的大量需求项中选择下一次迭代要实现的需求项,是一个多目标群体决策问题,可以借助人工智能中的辩论方法来去除需求文本中隐含的矛盾、不一致、无效的观点和论据,从而推荐出基于现有知识的无矛盾需求集合。这时需要回答的问题包括:在获得候选需求项的列表后,如何获取群体成员对各需求项的偏好?如何定义和求解群体共赢的条件?当出现矛盾和冲突时,如何有效地组织磋商过程?等等。可以通过对用户进行分类,引导用户对功能需求和质量特征进行量化打分或投票,再采用合理的统计分析方法给出量化评估结果。采用需求推荐技术能有效提升需求工程实践的水平和成熟度。

用户行为监控可以采用的方法包括用户操作日志挖掘、用户鼠标点击事件的分析等。将日志数据与用户的体验及需求满足度关联起来,可以识别系统的可用性问题,分析系统异常与例外行为。如果进一步与用户使用系统的意图关联起来,则能支持对用户反馈的正确理解。

总之,从社会学角度看,群体成员参与需求活动会使其对项目产生归属感和责任感。大众参与表达意见和观点,通过磋商与辩论来解决矛盾冲突,形成共识,对项目全生命周期有积极影响。

12.2 面向新型应用的需求工程

本节内容主要涉及两类新型应用的需求，即大数据分析软件的需求和智能软件的需求。

12.2.1 大数据分析软件的需求

大数据分析技术在许多学科领域有广泛应用，为了降低大数据分析技术在各行各业应用普及的门槛，快速开发面向领域的大数据分析软件，需要有效的需求工程方法和支撑工具。

大数据具有复杂性、动态性、弱关联性和价值稀疏性等特征。需要有系统化的需求分析方法，准确理解大数据支撑的领域业务需求和大数据全生命周期对应的技术需求，从而构建大数据分析软件的需求。大数据分析软件的需求工程不仅要描述系统功能需求和质量需求，还要提供对业务场景的数据资产及其与业务间关系的描述与分析手段。首先，要将大数据分析软件覆盖的数据内容描述清楚；其次，要将数据的采集、转换、存储、集成、计算、分析、可视化等大数据全生命周期功能表述清楚；最后，要将软件系统技术选型与需求优先级决策的参考依据和环境限制描述清楚。大数据全生命周期的各环节可能涉及多种解决方案，面向领域的大数据创新应用的需求分析涉及云架构选型、数据库选型、数据分析软件选型等，要基于用户需要灵活定制、组合使用、优化配置。

由于大数据分析软件选型配置多样，维护管理代价高，需求分析的结果要作为大数据应用系统集成设计的架构辅助选型和运行状态监控与分析的参考依据。不同的大数据应用系统所适用的场景不同，要根据系统能实现的功能及其能承受的压力做出相应的决策，还需要采集、分析不同的应用场景、工作负载与大数据应用系统配置参数之间的关系，建立需求模式，形成大数据应用系统配置调优知识库。需要从大数据应用的领域分类入手，对可用的大数据应用系统架构和组件进行功能与性能配置的梳理和参数化定义，建立大数据应用系统需求知识体系，再根据具体领域的应用需求，支持大数据应用系统的选型。

除了传统应用系统的功能需求和非功能需求之外，大数据应用系统的需求还需要包含软硬件资源约束和领域约束。既要支持对单一类型资源的需求定义，也要支持多种类型资源配套需求的表达；既要支持对所需各类硬件资源、软件资源、领域知识、配置参数和性能指标的精确表达，又要支持对上述所需资源的抽象模糊表达。此外还有一些指标性需求，如用户规模、数据规模、性能要求等。例如，针对不同的应用场景，对大数据应用系统组件目录进行业务功能维度的分类整理，形成面向时序数据的、面向历史数据的，面向实时更新的、面向只读数据的、离线的、流式的等多种业务功能需求维度的分类，以及面向读多写少、读少写多、峰值压力、所能承受数据量等多种业务性能维度的分类。真实的应用会覆盖大数据生命周期的多个阶段，解决方案往往是多个大数据应用系统的混搭使用。为此，大数据需求需要表示不同的大数据应用系统之间的兼容关系，包括是否可以混搭、混搭时所需要的中间接口和连接器等。

大数据应用系统是一种大型复杂软件系统，在其软件生命周期中本身也会产生大量多样化数据，如开发过程中的源代码、需求文档、缺陷报告、测试用例，系统运行中的运行日志、性能度量、事件记录，用户交互操作行为序列，相关性反馈等。其中，运行数据是增长最快、最复杂、也最有价值的数据资源之一，覆盖了大数据应用系统运行时的事务操作、用户行为、网络动作、机器行为等丰富信息，是实现大数据应用系统智能化运行的关键数据资源。系统运行维护需求成为大数据应用系统项目的成本瓶颈，因此对复杂大数据应用系统进行智能化运行与演化，提高系统自适应、自管理能力，是降低大数据应用系统项目运行成本的关键。基于系统运行数据，软件开发者可以分析关于软件质量和开发模式的重要信息，因此，运行数据对软件开发与调优的作用日益明显。运用关联分析、机器学习、数据挖掘、信息可视化等技术，可以帮助软件开发者以数据驱动方式获取用户需求和软件系统需求，进行软件的迭代开发、运行和演化，有效处理、分析软件运行生命周期中生成的数据，从中挖掘有用的信息，做出最优化决策。

12.2.2 智能软件的需求

前文介绍的各种需求工程方法能帮助需求工程师描述和分析系统目标及功能、质量、安全性、可用性等需求，软件开发者再根据需求设计和编写软件程序。智能软件和传统软件不同，其软件成分不仅包含根据功能逻辑编写的程序模块，还包含数据驱动的、通过机器学习算法训练获得的问题求解模块，如采用深度学习算法通过大规模数据训练而得的模块。这类系统模块具有与传统程序模块不同的特性，包含这类模块的软件系统常常表现出很强的对数据和环境的依赖性。

从软件工程角度，智能模块与传统程序模块在开发、运行和演化上存在很大差异。经常遇到这样的情况，领域用户说“我们这里有几年来关于这个主题的数据资源，看看能开发什么样的智能应用?”或者“我们想做一个智能应用，能帮我解决这方面问题吗？数据不是问题，告诉我需要什么数据，我们能想办法找到数据资源”。这表明，智能应用的目标往往是模糊和不确定的，需求工程对于智能应用的重要性体现在如何确保智能应用对用户有价值，确保所获取的数据和使用数据训练得到的智能模型能公平、无偏见、合理、有效地支撑既定的目标。

1. 智能软件需求分析思路

智能软件包含通过大规模数据和机器学习算法训练出来的模型，开发这类模型(如深度学习模型)的过程通常是：程序员定义一个模型结构和训练算法，算法针对特定的训练数据集，自动完成其内部参数的学习过程。当模型的准确率超过一定阈值时，该模型就成为求解特定任务的模型。可以看出，这些模型对数据的依赖性很强。开发这类模型的需求分析思路大致可表述如下：

(1) 从用户感兴趣的顶层业务目标出发，逐步细化，抽取出具体的智能应用目标；

(2) 对每个应用目标，确定实现该目标所需的支撑数据，评估数据资源的类型、规模、质量和可用性；

(3) 找到满足要求的数据资源后，明确具体的学习任务，确定模型的优化目标；

(4) 研发可用的学习模型，并对学习模型的可用性进行实验验证与可用性评估；

(5) 以通过评估的智能模型为基础，开发并部署智能软件组件，跟踪获取其在实际应用场景下的应用结果；

(6) 基于在实际应用场景下的应用反馈，持续地对模型进行迭代优化，形成闭环。

上述过程可以简单表述为：定义问题，收集数据，建立基本假设，选择算法，选择特征，创建和评估机器学习模型、迭代演化。

2. 智能软件需求分析案例

机器学习已经广泛应用于各行各业，从社交推荐系统到电子商务服务，再到严格监管下的产品，如自动驾驶汽车和军事智能，这些软件系统赋予企业基于业务系统数据来创新的能力。下面从背景介绍、用例场景、开发过程的描述、训练数据来源、机器学习模型训练和部署及所面临的工程挑战等方面，介绍一些来自不同应用领域的典型智能应用案例。

案例 12.1：自动驾驶软件

两大汽车业巨头成立合资公司，共同开发自动驾驶软件。该系统的感知模块采用深度学习模型，对车载传感设备（如摄像机和激光雷达）数据进行分析，实现对行人和车辆等对象的感知。海量交通流数据从路面实时采集而来，并传输到交通大数据中心集中存储，经过预处理，提取出用作模型训练的图像数据，交给第三方技术公司进行标注。机器学习专家用标注后的数据离线训练深度学习模型。

深度学习部门由软件工程师和机器学习专家组成，负责深度学习模型的训练、深度学习底层架构的开发及大规模数据集的存储管理。他们借助于 GPU 等计算资源快速训练深度网络模型，训练完成后对产品模型组件进行快速迭代更新。他们还开发若干工具，包括模型训练任务调度引擎、深度学习弹性架构监控与诊断工具等。这个智能感知分析引擎为系统其他模块提供基础数据，系统的决策引擎和控制模块则由其他团队开发。这些团队与深度学习部门联合制定相关接口规范，定义模型评估的关键指标要求。

这个案例中待满足的需求有：①深度学习模型训练的性能需求；②创建深度学习模型所需的数据集存储和预处理的功能需求；③深度学习基础设施构建的工程质量和效率需求；④自动驾驶汽车的需求持续演化带来的对模型快速再训练的需求。⑤这些需求的满足需要相应的工具，带来对技术团队支撑平台工具研发的需求。

案例 12.2：智能软件研发平台

智能软件研发平台的目标是简化机器学习应用的开发，如以下两个应用场景：在线音乐库曲目的情绪自动标注，基于物联网设备和原料质量预测最终产品的质量。该平台的客户提供机器学习应用场景和可用数据，产品团队的软件开发人员与数据科学团队合作开发平台。

数据科学家获得训练数据集后，将该数据集上传到智能软件研发平台，通过平台对训练数据集进行质量检查，并制定相应的训练策略，然后利用训练数据集，在平台上离线建立、训练和评估不同的机器学习模型。再将选定的深度学习模型部署到云端的计算集群，可以根据需要弹性扩展计算资源。这类平台软件需要功能灵活可定制，结果可复现，支持多方协作和强易用性。另外，平台功能的设计、定制和权衡决策及数据漂移、模型老化和失效等也是这类系统需要考虑的重要问题。

案例 12.3：网络销售平台

网络销售平台的设计目标是提升销售人员和潜在客户间的沟通效率，销售沟通可以通过不同渠道进行，如电话、短信、邮件、微信等。典型任务场景包括：利用自然语言处理技术在自动回复邮件中找出“不在办公室”的电子邮件，提取其中的人员、日期和最佳联系信息，从而提升联系效率。又如，分析“不在办公室”的电子邮件中的电话号码，以便销售人员可以暂不联系号码的主人，或确定下次联系的最佳时间。销售人员的电子邮件存储在数据库中，部分已被标注并作为训练和测试数据集。用测试数据集对预训练模型进行评估，并根据用户数据集进行调优，以提高其准确性。通过 A/B 测试收集实际用户体验，为模型训练提供反馈。数据科学团队负责数据分析、机器学习、A/B 测试和分析报告生成。

案例 12.4：在线协同标注平台

在线协同标注平台为客户创建机器学习系统中使用的监督学习训练数据集。平台采用机器学习模型来预测数据标签的可靠性。协同标注流程的设计通过反复迭代来完善数据标注规则，在标注者和客户间建立快速闭环反馈。客户基于标注规则给出标注结果的验收标准和容错度。

工作流程为：将来自客户的数据集上传平台，将数据样本提供给客户和标注人员进行人工标注，以便评估标注结果的质量和不确定性；客户可以根据结果改进标注规则，从而缩短客户和标注者之间的闭环反馈；标注者基于改进的规则在平台上标注数据集；标注元数据被记录下来，如标注用时和单击次数等，根据这些数据和同行的评价，平台为每个标注者建立贝叶斯风险模型，评估其数据标注质量，并预测该标注者达到客户预期的概率；训练好的模型在云环境下运行，通过客户端调用连接到平台，当人工标注完成时，即可接受来自客户端的调用。本案例涉及的需求包括：需要提供准确、一致的数据标注方法和工具；当标注者间的标注差异较大时，需要提供磋商、分析和处理这些分歧的机制；评估客户的数据标注质量；通过分布众包方式处理海量数据样本。

案例 12.5：移动网络智能运营

某大型通信公司希望引入机器学习技术，实现智能运维。系统主要目标如下：第一是预测在某个站点上可能出现的错误，预测延迟、吞吐量等关键指标的退化，以方便远程排除故障并预测问题源；第二是对可能出现的问题自动进行评估并按优先级排序，采取预防措施；第三是基于电池充电频率数据，预测断电时站点备用电源的持续时间。不同用例场景下，数据的访问地点(云侧、边缘、端侧)不同，数据集的大小不同，数据所有权不同，因此模型的训练条件和策略不同。重点考虑数据权方面的需求，如：法律规定禁止将数据转移到境外；在模型训练时，数据权要求禁止混合不同客户的数据。此外，还需要跨多个分布站点，实时监控模型使用情况和准确性及 CPU 和内存使用情况。

案例 12.6：在线实验平台

在线实验平台支持产品研发团队进行测试。平台可用于通用软件的测试，当用于测试包含机器学习和深度学习组件的应用程序时，通过在线 A/B 测试来比较训练模型的重要指标。平台包括四个功能组件：在线实验网站、在线实验服务引擎、日志处理服务和分析服务。平台需要有完善的日志功能，以捕捉重要目标、关键事件和关键时间。除了通过数据(重新)训练模型之外，日志还需要标注实验用户的信息。用户根据自己的需求在平台上进行实验，可以用预先定义好的模板或不用模板，目标是找出训练结果更好的模型，模型的优劣以业务部门的评价指标来比较和度量，用户最终使用的是系统功能而不是学习模型本身。

3. 智能系统需求工程挑战

包含机器学习组件的智能软件系统从以实验研究为目的的机器学习组件，逐步成为成熟的自主智能系统，需要经历以下五个阶段。

(1) 机器学习实验原型阶段。

机器学习技术的应用和工业生产环境下模型的搭建通常从实验原型开始。在这个阶段尝试引入机器学习技术，对现有软件系统进行不同程度的创新性改造，通常仅有对机器学习问题或用例的粗略描述。对学习算法、模型表示和训练数据集等的关键决策都是由设计人员做出的，这些决策对机器学习组件的成功应用有重要的作用。

案例 12.2 中提到的智能物联网场景处于原型实验阶段，其数据采集和存储机制并不是为机器学习系统设计的，而是在制订机器学习项目规划之前就有的，日志记录和数据清洗机制都相对较弱。除了要分析并确定该应用领域中的机器学习组件要解决的问题外，还要在数据准备上花费大量的精力，此外还需要事先确定一个基线，以评估模型的准确性和性能。虽然在数据采集和数据集构建过程中可以使用数据分析工具，但创建模型时仍需要依赖领域专家的设计决策，如关键特征的选取、结果的验证和解读等。在这个阶段，模型不会在生产环境下部署，但会向专家介绍实验效果，获取专家反馈。

(2) 机器学习组件作为非安全攸关部件。

通过原型实验阶段获得的机器学习模型在目标领域初步应用检验后，可以部署到软件系统中。在应用检验过程中，机器学习组件的分析预测结果要经过人类专家的确认。这个过程的目的是，采用机器学习技术是为了提升软件系统的能力，但所实现的能力需要在真实生产环境中进行量化评估。获得效果好的机器学习组件，所面临的困难除了机器学习数据获取难、高质量标注数据缺乏、数据分布不均衡等问题，还有学习过程需要严格遵循数据访问和隐私保护的相关法律这样的约束。

案例 12.2 中的音乐推荐场景和案例 12.4 的协同标注平台处于这个阶段。数据分析和验证是机器学习组件设计的关键活动。对训练数据结果的批判性分析不足，会导致训练和服务不准确，导致模型在训练和部署时性能有差异。其原因是训练时与运行时的数据分布和数据通道有差异，数据取值的变化可能使在原数据集上训练获得的模型失效，因此数据监控和跟踪是机器学习组件设计的重要需求。

(3) 机器学习组件作为安全攸关部件

如表 12.2 所示，任何通过机器学习获得的系统组件，如果是系统的安全攸关部件，则在模型训练和模型服务上都要考虑其系统架构和数据分布上的差异。通常，机器学习组件与其他软件组件在系统中是并存的，如案例 12.1 自动驾驶软件。机器学习组件与软件系统的演化需要同时进行，随着对环境变化的感知和目标的演进，系统不断进行自适应优化。需要建立有效的端到端的机器学习管道，快速比对和可靠重现模型的创建、训练并评估结果。自动驾驶、销售网络和在线实验案例都属于这种情况。

表 12.2　在商业软件中使用机器学习组件所面临的挑战

	机器学习实验原型	机器学习组件为非安全攸关组件	机器学习组件为安全攸关组件	多个机器学习组件级联部署
创建数据集	问题定义与预期结果的描述	数据孤岛、标记数据稀缺、训练集不均衡	从大规模数据流中收集训练数据的技术限制	复杂数据依赖及其影响
创建模型	使用不具代表性的数据集、数据漂移	没有对训练数据进行批判性分析	难以构建高度可伸缩的机器学习通道	模型相互纠缠，导致很难隔离改进模型带来的相互影响
模型训练与评估	缺乏验证基线	未采用业务相关的度量指标对模型进行评估	难以复现模型、结果和调试深度学习模型	最终模型中需要切片分析技术
模型部署	无部署机制	从重训练到重服务	需要严守服务需求，如：延迟事件，吞吐量	隐性闭环反馈和模型消费者

机器学习组件作为安全攸关部件的挑战在于：为实现端到端的学习过程，需要有效的实验基础设施，要采用以业务为中心的度量标准，而非以算法为中心的度量标准，来评估机器学习模型的性能改进和应用效果。模型训练和验证是在线进行的，要确保不影响系统的使用，就要确保服务响应延迟和吞吐量总能满足需求。

(4) 级联部署多个机器学习组件。

可以将多个机器学习组件级联，完成一些复杂任务，即将一个机器学习组件的输出作为后续机器学习组件的输入。例如，先部署筛选无关数据的学习组件，再部署识别相关数据的学习组件。级联部署的智能应用对海量电子商务数据进行智能排序，可以在获得良好的推荐效果与用户体验和节省计算成本之间实现动态平衡。例如，案例 12.3 的网络销售平台中，可以添加从潜在客户的电子邮件回复中检测采购意图的模型。

级联部署方案中，在级联流程中位置靠后的机器学习模型需要跟踪为其提供输入数据的模型的变化，并对评估结果进行分析。当系统扩展、串联更多的模型时，较难确定导致系统整体性能变差的真正原因。当最终的模型性能贡献无法切分时，若仅关注基于训练集的模型准确性验证，则可能导致部分模型的质量提升，而其他模型的质量下降。

(5) 部署自主学习组件

自主学习组件是机器学习在软件系统中部署的最高形式，它是包含机器学习组件的系统，能够自主适应环境变化、自我保护，在意外或故障发生时，无需人工干预就可以保障系统安全，并随需进行模型再训练和模型伸缩。实现主动学习首先需要有效的学习策略，目前这个方向上的探索性应用有精准广告投放，采用主动学习的自动驾驶场景、协同标注平台中采用强化学习策略的应用场景等。通过主动学习自动获取数据和标注已经取得了技术层面的成功，但仍需要结合领域实践和工具来监控各种需求变化的来源。

12.3 结 束 语

人工智能技术，特别是机器学习技术，在计算机视觉、自然语言处理、语音识别等应用领域取得了突破。以深度学习为代表的人工智能技术，大大增强了软件系统处理现实世界中识别、预测和分类任务的能力。但在复杂问题场景下，特别是安全攸关的复杂问题场景下，如自动驾驶系统面临的现实世界场景，虽然可以利用基于深度学习训练的对象识别模型，但系统不能仅依靠用机器学习算法通过数据训练出来的模型来实现。这类智能软件的设计和开发仍然需要系统化的解决方案，从系统整体的角度对需求进行综合评估。要进行安全需求的识别和分析，定义系统的可靠性，特别要消除针对机器学习的威胁和攻击。例如，在图片加上人类很难察觉到的背景噪声，可能导致神经网络输出完全意想不到的结果，而且这样的攻击可以通过黑盒方法自动实现，这些攻击对于自动驾驶中的路标识别和对象识别等场景构成巨大安全隐患，需要系统化的需求分析过程去细化和扩展单一的准确率及防攻击能力等质量指标。

例如，采用前文介绍的基于环境模型的需求工程方法，识别智能软件应用场景中的可靠性需求关注点，有助于定位和确定智能模块的服务质量需求，选择有针对性的操作化解决方案。还可以从具体的应用场景出发，识别其中潜在的风险和细粒度的服务质量需求，从而系统地分析和评估智能软件需要满足的关键质量需求指标，生成相应的测试用例。

又如，针对智能软件的公平性、透明性、模型可解释性、抗攻击性、安全性、隐私保护等服务质量特性，以智能软件典型应用场景的环境模型为基础，根据上述关注点分析环境和系统风险，从系统与环境的交互中识别和定位系统服务质量需求。针对智能问题求解任务，从解决数据的多样性、推理的可解释性和决策的容错性等方面，选择可用的应对方法。

人工智能技术也可以应用于需求工程实践本身。例如，用自然语言处理技术分析用户需求数据，进行需求分类和聚类，区分功能需求和非功能需求，区分特征请求、错误和简单评论等。可以采用文本挖掘技术、图像与语音分析技术和自然语言处理技术，对用户反馈和运行时人机交互进行自动分析。常用的人工智能算法，如针对群体的智能算法——蚁群算法、基于案例的学习算法、协同过滤推荐算法等，可用于对群体用户数据进行分析，以获得有价值的需求预测。采用统计学习方法，可以基于用户行为数据挖掘和用户反馈聚类分析，发现新需求并进行需求推荐。新技术、新应用与软件需求分析方法协同演进，但从问题出发、从目标出发、从环境和应用场景出发的基本原理始终不变。

参考文献

[1] Khan J A，Liu L，Wen L. Requirements Knowledge Acquisition from Online User Forums[J]. IET Software，2020，14(3)：242-253.

[2] Khan J A，Xie Y，Liu L，et al. Analysis of Requirements-Related Arguments in User Forums[C]//RE 2019：63-74.

[3] Khan J A，Liu L，Wen L，et al. Crowd Intelligence in Requirements Engineering：Current Status and Future Directions[C]//REFSQ 2019：245-261.

[4] Khan J A，Liu L，Jia Y，et al. Linguistic Analysis of Crowd Requirements：An Experimental Study [C]//IEEE 7th International Workshop on Empirical Requirements Engineering（EmpiRE）Banff，Canada，2008：24-31.

[5] Xie H，Yang J，Chang C K，et al. A Statistical Analysis Approach to Predict User's Changing Requirements for Software Service Evolution[J]. Journal of Systems and Software，2017，132：147-164.

[6] Affan Y，Liu L，Cao Z，et al. Big Data Services Requirements Analysis[C]//Asia Pacific Requirements Engineering Conference 2017，Melaka，Malaysia. Springer，2017：3-14.

[7] Wang C，Zhang W，Zhao H，et al. Eliciting Activity Requirements from Crowd Using Genetic Algorithm[C]//Asia Pacific Requirements Engineering Conference 2017，Melaka，Malaysia. Springer，2017：99-113.

[8] Liu L，Zhou Q，Liu J，et al. Requirements Cybernetics：Elicitation Based on User Behavioral Data[J]. Journal of Systems and Software，2017，124：187-194 .

[9] Liu L，Feng L，Li Y，et al. Flourishing Creativity in Software Development via Internetware Paradigm [J]. Sci. China Inf. Sci. ，2016，59(8)：1-13.

[10] Horkoff J. Non-Functional Requirements for Machine Learning：Challenges and New Directions[J]. Requinement Engineering，2019：386-391.

[11] Dalpiaz F，Ferrari A，Franch X，et al. Natural Language Processing for Requirements Engineering：The Best is Yet to Come[J]. IEEE Software，2018，35(5)：4-6.

[12] Carlos E O，Adrian P. Research Directions for Engineering Big Data Analytics Software[J]. IEEE Intelligent Systems，2015，30(1)：13-19.

附录 A 时间需求模式

A.1 简单时序约束模式

1. 蕴含关系模式

模式名称：状态蕴含

模式上下文：描述当一个状态成立，另一个状态也成立的情况。

自然语言表达：如果<状态 S_1 >，则 <状态 S_2 >

例子：如果路线中的所有轨道进路都被锁定，则路线是畅通的。

结构化表达：状态 S_1 **蕴含** 状态 S_2

代数语义：$\forall i \in N^*, (S_2.s[i] \leqslant S_1.s[i]) \wedge (S_1.f[i] \leqslant S_2.f[i]) \wedge (S_1.s[i] \prec S_1.f[i]) \wedge (S_1.f[i] \prec S_1.s[i+1]) \wedge (S_2.s[i] \prec S_2.f[i]) \wedge (S_2.f[i] \prec S_2.s[i+1])$

CCSL 描述：$S_2.s \leqslant S_1.s; S_1.s \sim S_1.f$；$S_1.f \leqslant S_2.f$；$S_2.s \sim S_2.f$

2. 状态排斥模式

模式名称：状态排斥

模式上下文：描述当一个状态成立时，禁止另一个状态成立，即两个状态不能同时成立。

自然语言表达：如果<状态 S_1 >，则不能处于 <状态 S_2 >

例子：当进路满足锁定条件时，其冲突进路不能处于锁定条件满足状态。

结构化表达：状态 S_1 **禁止** 状态 S_2

代数语义：$\forall i \in N^*, ((S_1.f[i] \prec S_2.s[i]) \vee (S_2.f[i] \prec S_1.s[i])) \wedge (S_1.s[i] \prec S_1.f[i]) \wedge (S_1.f[i] \prec S_1.s[i+1]) \wedge (S_2.s[i] \prec S_2.f[i]) \wedge (S_2.f[i] \prec S_2.s[i+1])$

CCSL 描述：$S.s = S_1.s + S_2.s$；$S.f = S_1.f + S_2.f$；$S.s \sim S.f$；$S_1.s \# S_2.s$ $S_1.f \# S_2.f$；$S_1.s \sim S_1.f$；$S_2.s \sim S_2.f$

3. 状态允许事件模式

模式名称：状态允许事件

模式上下文：描述在某个状态成立时，允许给定事件发生。

自然语言表达：当 <状态 S >，允许 <**事件** e >

例子：当道岔未锁定时，它允许接收移动指令。

结构化表达：状态 S **允许** **事件** e

代数语义：$\forall i \in N^*, (S.s[i] \leqslant e[i]) \wedge (e[i] \leqslant S.f[i]) \wedge (S.s[i] \prec S.f[i]) \wedge (S.f[i] \prec S.s[i+1])$

CCSL 描述：$S.s \leqslant e$；$e \leqslant S.f$；$S.s \sim S.f$

4. 状态禁止事件模式

模式名称：状态禁止事件
模式上下文：描述在某个状态成立时，给定事件不能发生。
自然语言表达：当 <状态 S>，不允许 <**事件** e>
例子：当列车在运行时，不允许打开车门。
结构化表达：状态 S **禁止** **事件** e
代数语义：$\forall i \in N^*, ((e[i] \prec S.s[i]) \vee (S.f[i] \prec e)) \wedge (S.s[i] \prec S.f[i]) \wedge (S.f[i] \prec S.s[i+1])$
CCSL 描述：$\text{Event} \sim S.s$；$e \subseteq \text{Event}$；$S.s \sim S.f$

5. 事件先于事件模式

模式名称：事件先于事件
模式上下文：描述一对事件发生的先后顺序。
自然语言表达：<**事件** e_1> 之后 <**事件** e_2>
例子：列车在申请进路之后，会收到一个反馈。
结构化表达：事件 e_1 **先于** 事件 e_2 或者 事件 e_1 **严格先于** 事件 e_2
代数语义：$\forall i \in N^*, e_1[i] \preccurlyeq e_2[i]$**或者** $e_1[i] \prec e_2[i]$
CCSL 描述：$e_1 \preccurlyeq e_2$ 或者 $e_1 < e_2$

6. 事件禁止事件模式

模式名称：事件禁止事件
模式上下文：描述两个事件不能同时发生。
自然语言表达：当 <事件 e_1>，不允许<事件 e_2>
例子：当信号灯发送红灯信号时，不允许发出绿灯信号。
结构化表达：事件 e_1 **禁止** 事件 e_2
代数语义：$\forall i, j \in N^*, e_1[i] \neq e_2[j]$
CCSL 描述：$e_1 \# e_2$

A.2 简单实时需求模式

1. 状态持续时间模式

模式名称：状态持续时间
模式上下文：描述一个状态能够持续的(最长/最短)时间。
自然语言表达：<状态 S> 能够保持最多/少于/最少/多于 T 单位
例子：引擎启动系统在发动机盘模式下一次运行不超过 10 秒。
结构化表达：状态 S **持续** 时间 T 单位，其中 T 可能是单个数值，也可能是区间，如$[o,t]$，(o,t)，$[t,\infty)$，(t,∞)等，其中 t 为具体数值。
代数语义：$\forall i \in N^*, (S.s[i] - S.f[i] = (\leqslant, <, \geqslant, >) t) \wedge (S.s[i] \prec S.f[i]) \wedge (S.f[i] \prec S.s[i+1])$
CCSL 描述：$S.s - S.f = (\leqslant, <, \geqslant, >) t$；$S.s \sim S.f$

2. 状态持续时间蕴含模式

模式名称：状态持续时间蕴含
模式上下文：描述一个状态的持续时间与另一个状态的持续时间之间的关系。
例子：如果转向臂下降的时间持续不少于 0.5 秒，则左指示灯亮起将持续 3 秒。
自然语言表达：如果 <状态 S_1> 持续 <t_1 时间>，则 <状态 S_2> 将持续 <t_2 时间>
结构化表达：状态 S_1 **持续** 时间 t_1 **蕴含** S_2 **持续** t_2 时间
代数语义：$\forall i\in N^*, (S_1.f[i]-S_1.s[i]=t_1)\wedge(S_2.f[i]-S_2.s[i]=t_2)\wedge(S_1.f[i]\leqslant S_2.s[i])\wedge(S_1.s[i]\prec S_1.f[i])\wedge(S_1.f[i]\prec S_1.s[i+1])\wedge(S_2.s[i]\prec S_2.f[i])\wedge(S_2.f[i]\prec S_2.s[i+1])$
CCSL 描述：$S_1.s-S_1.f=t_1$；$S_1.f\leqslant S_2.s$；$S_2.s-S_2.f=t_2$；$S_1.s\sim S_1.f$；$S_2.s\sim S_2.f$

3. 状态间隔时间模式

模式名称：状态间隔时间
模式上下文：描述两个状态每次发生时所需的间隔时间。
自然语言表达："<状态 S_1 结束>，<t 时间之内>，进入<状态 S_2>"
例子：自检结束 10 秒之后进入诊断状态。
结构化表达：状态 S_1 **结束** t 时间之后 **进入** 状态 S_2
代数语义：$\forall i\in N^*, (S_2.s[i]\text{-}S_1.f[i]=t)\wedge(S_1.s[i]\prec S_1.f[i])\wedge(S_1.f[i]\prec S_1.s[i+1])\wedge(S_2.s[i]\prec S_2.f[i])\wedge(S_2.f[i]\prec S_2.s[i+1])$
CCSL 描述：$S_2.s-S_1.f=t$；$S_1.s\sim S_1.f$；$S_2.s\sim S_2.f$

4. 周期性状态模式

模式名称：周期性状态
模式上下文：描述了进入同一个状态必须间隔的时间。
自然语言表达：每隔 <t 时间>，重新进入 <状态 S>
例子：引擎启动系统在重新进入起动模式前至少有 120 秒的"关闭"时间。
结构化表达：**每隔** t 单位，**重启** 状态 S
代数语义：$\forall i\in N^*, (S.s[i+1]-S.s[i]=t)\wedge(S.s[i]\prec S.f[i])\wedge(S.f[i]\prec S.s[i+1])$
CCSL 描述：$S.s\$1-S.s=t$；$S.s\sim S.f$

5. 状态持续时间与事件间隔模式

模式名称：状态持续时间与事件间隔
模式上下文：描述一个状态持续一段时间，在某个时间段内，一个事件发生。
自然语言表达：若 <状态 S><超过 t_1 时间>，在 <t_2 时间之内>，<事件 e>
例子：若环境亮度低于 70%超过 5 秒，在 30 毫秒之内，系统发出开灯脉冲。
结构化表达：状态 S **持续** t_1 时间 $(0,t_2]$ 事件 e
代数语义：$\forall i\in N^*, (\mathrm{tmp}[i]-S.s[i]=t_1)\wedge(\mathrm{tmp}[i]\leqslant S.f[i])\wedge(e[i]-\mathrm{tmp}[i]\leqslant t_2)\wedge(S.s[i]\prec S.f[i])\wedge(S.f[i]\prec S.s[i+1])$
CCSL 描述：$\mathrm{tmp}-S.s=t_1$；$\mathrm{tmp}\leqslant S.f$；$e-\mathrm{tmp}\leqslant t_2$；$S.s\sim S.f$

6. 状态开始时间与事件间隔模式

模式名称：状态开始时间与事件间隔

模式上下文：描述从一个状态开始到一个事件发生的间隔时间。

自然语言表达：若 <状态 S> <t 时间之内> <事件 e>

例子：若系统设置了诊断请求，在 10 秒之内，系统发送打开红外线灯的脉冲信号。

结构化表达：状态 S $(0,t]$**发生**事件 e

代数语义：$\forall i\in N^*,(e[i]-S.s[i]\leqslant t)\wedge(S.s[i]<S.f[i])\wedge(S.f[i]<S.s[i+1])$

CCSL 描述：$e-S.s\leqslant t$；$S.s\sim S.f$

7. 事件触发状态模式

模式名称：事件触发状态

模式上下文：描述事件发生后一段时间，某个状态将开始。

自然语言表达：当 <事件 e>时 <时间 t 内> <触发状态 S>

例子：当道岔收到手动锁定命令时，在 30 毫秒内将其锁定。

结构化表达：事件 e $[0,t]$**触发**状态 S

代数语义：$\forall i\in N^*,(S.s[i]-e[i]\leqslant t)\wedge(S.s[i]<S.f[i])\wedge(S.f[i]<S.s[i+1])$

CCSL 描述：$S.s-e\leqslant t$；$S.s\sim S.f$

8. 事件终止状态模式

模式名称：事件终止状态

模式上下文：描述一个事件发生后一段时间内将终止一个状态。

自然语言表达：<事件 e> 在 <t 时间内> 结束 <状态 S>

例子：如果道岔处于锁定状态，则在收到解锁命令后，必须在 30 毫秒内结束锁定状态。

结构化表达：事件 e $(0,t]$**终止**状态 S

代数语义：$\forall i\in N^*,(S.f[i]-e[i]\leqslant t)\wedge(S.s[i]<S.f[i])\wedge(S.f[i]<S.s[i+1])$

CCSL 描述：$S.f-e\leqslant t$；$S.s\sim S.f$

9. 事件导致状态维持模式

模式名称：事件导致状态维持

模式上下文：描述一个事件发生后，让一个状态维持一段时间。

自然语言表示：如果<事件 e>发生，<状态 S> <维持 t 时间>

例子：如果引擎启动系统中错误 502 发送到驾驶员信息系统，制动系统将被禁用 10 秒。

结构化表达：事件 e **导致**状态 S **维持** t 时间

代数语义：$\forall i\in N^*,(e[i]<S.s[i])\wedge(S.f[i]-S.s[i]=t)\wedge(S.s[i]<S.f[i])\wedge(S.f[i]<S.s[i+1])$

CCSL 描述：$e<S.s$；$S.f-S.s=t$；$S.s\sim S.f$

10. 事件间隔模式

模式名称：事件间隔

模式上下文：描述两个事件之间必须间隔的时间。

自然语言表达：如果<事件 e_1>，<t 时间之后>，则<事件 e_2>

例子：刹车系统中，从直接客户端输入，响应快速减速必须在 0.015 秒内发生。

结构化表达：事件 e_1 **间隔**$(0,t]$时间 事件 e_2

代数语义：$\forall i\in N^*,e_2[i]-e_1[i]\leqslant t$

CCSL 描述：$e_2-e_1\leqslant t$

11. 周期性事件模式

模式名称：周期性事件

模式上下文：用来表示事件的周期性出现，描述周期性出现的时间属性。

自然语言表达：每隔 <t 时间><事件 e> 发生一次

例子：防抱死系统中控制器每隔 10 毫秒检查一次车轮是否打滑。

结构化表达：**每隔** t 时间 事件 e 发生一次

代数语义：$\forall i \in N^*, e[i+1]-e[i]=t$

CCSL 描述：$e\$1-e=t$

A.3 复合模式

1. 状态与模式

模式名称：状态与

模式上下文：描述多个状态同时成立的情况。

自然语言表达：如果 <状态 S_1> 和 <状态 S_2>成立，则……

例子：如果进路信号是允许的并且进路尚未分配，则将该进路分配给请求的列车。

结构化表达：状态 S_1 与 状态 S_2

代数语义：$\forall i \in N^*, (((S.s[i] \equiv S_2.s[i]) \wedge (S_1.s[i] \leqslant S_2.s[i])) \vee ((S.s[i] \equiv S_1.s[i]) \wedge (S_2.s[i] \leqslant S_1.s[i]))) \wedge (((S.f[i] \equiv S_1.f[i]) \wedge (S_1.f[i] \leqslant S_2.f[i])) \vee ((S.f[i] \equiv S_2.f[i]) \wedge (S_2.f[i] \leqslant S_1.f[i]))) \wedge (S_1.f[i] \leqslant S_2.s[i]) \wedge (S_1.s[i] \prec S_1.f[i]) \wedge (S_1.f[i] \prec S_1.s[i+1]) \wedge (S_2.s[i] \prec S_2.f[i]) \wedge (S_2.f[i] \prec S_2.s[i+1])$

CCSL 描述：$S.s=S_1.s \wedge S_2.s$；$S.f=S_1.f \vee S_2.f$；$S.s \sim S.f$；$S_1.s \sim S_1.f$；$S_2.s \sim S_2.f$

2. 状态或模式

模式名称：状态或

模式上下文：描述多个状态或的情况，只要其中一个状态成立即可。

自然语言描述：如果 <状态 S_1> 或 <状态 S_2> 成立，则……

例子：如果进路信号是禁止的或者进路还没有被分配，则列车不允许进入进路轨道。

结构化表达：状态 S_1 **或**状态 S_2

代数语义：

$\forall i \in N^*, \exists j, k \in N^*, (((S.s[i] \equiv S_1.s[i]) \wedge (S_1.s[i]?\ S_2.s[i]) \wedge (S_2.s[i] \leqslant S_1.f[i])) \vee$

$((S.s[i] \equiv S_2.s[i]) \wedge (S_2.s[i] \leqslant S_1.s[i]) \wedge (S_1.s[i] \leqslant S_2.f[i])) \vee$

$((S.s[i] \equiv S_1.s[j]) \wedge (S_1.f[i] \leqslant S_2.s[i])) \vee$

$((S.s[i] \equiv S_2.s[k]) \wedge (S_1.f[i] \leqslant S_2.s[i]))) \wedge$

$(((S.f[i] \equiv S_2.f[i]) \wedge (S_1.f[i] \leqslant S_2.f[i]) \wedge (S_2.s[i] \leqslant S_1.f[i])) \vee$

$((S.f[i] \equiv S_1.f[i]) \wedge (S_2.f[i] \leqslant S_1.f[i]) \wedge (S_1.s[i] \leqslant S_2.f[i])) \vee$

$((S.f[i] \equiv S_1.f[j]) \wedge (S_1.f[i] \leqslant S_2.s[i])) \vee$

$((S.f[i] \equiv S_2.f[k]) \wedge (S_1.f[i] \leqslant S_2.s[i]))) \wedge$

$(S_1.f[i] \leqslant S_2.s[i]) \wedge (S_1.s[i] \prec S_1.f[i]) \wedge (S_1.f[i] \prec S_1.s[i+1]) \wedge (S_2.s[i] \wedge (S_1.s[i] \prec S_1.f[i]) \wedge (S_1.f[i] \prec S_1.s[i+1]) \wedge (S_2.s[i] \prec S_2.f[i]) \wedge (S_2.f[i] \prec S_2.s[i+1])$

CCSL 描述：

S_1 和 S_2 相交时用 CCSL 表示为

$S.s = S_1.s \vee S_2.s$；$S.f = S_1.f \wedge S_2.f$；$S.s \sim S.f$；$S_1.s \sim S_1.f$；$S_2.s \sim S_2.f$

S_1 和 S_2 不相交时用 CCSL 表示为

$S.s = S_1.s + S_2.s$；$S.f = S_1.f + S_2.f$；$S.s \sim S.f$；$S_1.s \sim S_1.f$；$S_2.s \sim S_2.f$

图书资源支持

感谢您一直以来对清华版图书的支持和爱护。为了配合本书的使用,本书提供配套的资源,有需求的读者请扫描下方的“书圈”微信公众号二维码,在图书专区下载,也可以拨打电话或发送电子邮件咨询。

如果您在使用本书的过程中遇到了什么问题,或者有相关图书出版计划,也请您发邮件告诉我们,以便我们更好地为您服务。

我们的联系方式:

清华大学出版社计算机与信息分社网站: https://www.shuimushuhui.com/

地　　址: 北京市海淀区双清路学研大厦 A 座 714

邮　　编: 100084

电　　话: 010-83470236　010-83470237

客服邮箱: 2301891038@qq.com

QQ: 2301891038(请写明您的单位和姓名)

资源下载: 关注公众号“书圈”下载配套资源。

资源下载、样书申请

书圈

图书案例

清华计算机学堂

观看课程直播